全国水利行业规划教材　高职高专水利水电类
中国水利教育协会策划组织
“互联网+”新形态教材

AutoCAD 工程绘图实用技术

（修订本）

主　编　武　荣　樊培利
副主编　宋　亮　高文强
主　审　樊振旺

黄河水利出版社
·郑州·

内容提要

本书是全国水利行业规划教材,是根据中国水利教育协会职业技术教育分会高等职业教育教学研究会组织制定的 AutoCAD 工程绘图实用技术课程教学标准编写完成的。本书以计算机辅助设计软件 AutoCAD 2007 以上版本为基础,采用 AutoCAD 2019 的操作界面,综合了 AutoCAD 2008、AutoCAD 2010、AutoCAD 2012、AutoCAD 2019 和 AutoCAD 2022 的主要功能,介绍了计算机绘图的基本知识和实用技术。并结合工程实际采用典型实例详细地介绍了 AutoCAD 绘图的基本方法和操作技巧。全书分为三大部分:第一部分是基本技能,包括基础知识、环境设置和辅助绘图;第二部分是绘图技术,包括图形绘制、图形编辑、图样标注、图块操作和等轴测图;第三部分是三维建模能力,包括三维建模和图样输出等。

本书适合作为高等职业技术院校水利、建筑、路桥、市政等土建类专业 AutoCAD 工程绘图课程的教材,也可以作为 AutoCAD 技术培训教材,同时可供土建类工程技术人员学习参考。

图书在版编目(CIP)数据

AutoCAD 工程绘图实用技术/武荣,樊培利主编. —郑州:黄河水利出版社,2022.6 (2024.5 修订本重印)
全国水利行业规划教材
ISBN 978-7-5509-3187-9

Ⅰ.①A… Ⅱ.①武… ②樊… Ⅲ.①工程制图-AutoCAD 软件-高等职业教育-教材 Ⅳ.①TB237

中国版本图书馆 CIP 数据核字(2021)第 264200 号

组稿编辑:王路平 电话:0371-66022212 E-mail:hhslwlp@163.com
陈俊克 66026749 hhslcjk@126.com

出 版 社:黄河水利出版社 网址:www.yrcp.com
地址:河南省郑州市顺河路黄委会综合楼 14 层 邮政编码:450003
发行单位:黄河水利出版社
发行部电话:0371-66020550、66028024
E-mail:hhslcbs@126.com
承印单位:河南承创印务有限公司
开本:787 mm×1 092 mm 1/16
印张:14
字数:320 千字 印数:3 101—6 000
版次:2022 年 6 月第 1 版 印次:2024 年 5 月第 2 次印刷
2024 年 5 月修订本

定价:45.00 元

前 言

本书是贯彻落实《国家职业教育改革实施方案》(国发〔2019〕4号)、《国务院关于加快发展现代职业教育的决定》(国发〔2014〕19号)和《水利部 教育部关于进一步推进水利职业教育改革发展的意见》(水人事〔2013〕121号)等文件精神,依据教育部印发的《高等职业学校专业教学标准(试行)》中关于课程的教学要求,在中国水利教育协会指导下,由中国水利教育协会职业技术教育分会高等职业教育教学研究会组织编写的第四轮水利水电类专业规划教材。第四轮教材以学生能力培养为主线,体现出实用性、实践性、创新性的教材特色,是一套理论联系实际、教学面向生产的高职教育精品规划教材。

为了不断提高教材质量,编者于2024年5月,根据近年来在教学实践中发现的问题和错误,对全书进行了修订完善。本次修订以习近平新时代中国特色社会主义思想为指引,贯彻落实党的二十大精神,全面落实立德树人根本任务。全书融入了课程思政内容,体现了大国工匠精神、钉钉子精神、劳动精神、奋斗精神、奉献精神、创造精神。

本书是根据编者多年来积累的教学实践经验,向读者介绍了计算机辅助设计软件AutoCAD 2007、AutoCAD 2008、AutoCAD 2010、AutoCAD 2012、AutoCAD 2019、AutoCAD 2022多个版本的各项主要功能和应用技巧。

AutoCAD是当今最为流行的计算机辅助设计软件,是Autodesk公司研制开发的通过微机辅助设计和绘图软件包,广泛应用于建筑、土木、水利、机械、电子、广告等设计领域。它是一个一体化的、面向未来的世界领先设计软件。在它强大的技术平台框架之上,结合了众多用户一直追求的特征,构成了充满活力而又轻松易用的设计环境。

AutoCAD自1982年推出最初版本以来,如今已发展到AutoCAD 2022版本,它在AutoCAD 2000的基础上多次进行了较大幅度的简化和改进,新增了不少功能,特别是在人机交流方面,减少了命令的使用限制,增加了对话输入方式的使用。使得应用更加透明、简便、直观,使用户能将精力更集中于设计而不是软件本身。

本书按照AutoCAD软件的功能划分为10个项目,针对各职业岗位的目标、用途和特点,在内容上不求面面俱到,强调实际需要,侧重于水利工程、建筑工程、道桥工程、测绘工程、电子信息工程、机械制造工程等工程专业,特别是在上机操作方面做了精心的论述和编写,所有实操技术都源于工程典型实例,注重绘图实用技巧,旨在培养快速掌握绘图软件的主要功能,掌握工程绘图的技术,提高绘图能力。本书结构清晰,模块化强,内容丰富,循序渐进,举例巧妙,易学易懂,重点突出,特色明显。

本书编写人员及编写分工如下:杨凌职业技术学院武荣编写绪论、项目1、项目2和项目4;杨凌职业技术学院宋亮、中水北方勘测设计研究有限责任公司高文强编写项目3;山西水利职业技术学院樊培利编写项目5~10;山西省运城市河清建设工程有限公司丁秋菊参加了本书的编写。本书由武荣、樊培利担任主编,武荣负责全书统稿;由宋亮、高文强担任副主编;由山西水利职业技术学院樊振旺担任主审。

由于作者水平有限,书中疏漏之处在所难免,恳请广大读者不吝赐教。

编　者

2024 年 5 月

本书互联网全部资源二维码

目 录

绪 论

一、CAD 技术简介

计算机辅助设计(computer aided design)简称 CAD,是一种计算机硬件、软件系统辅助人们对生产或工程进行设计的方法与技术。它包括设计、绘图、工程分析与文档制作等内容。它是一种新的设计方法,也是一门多学科综合应用的新技术,还是电子计算机技术应用于工程领域产品设计的新兴交叉技术。其定义为:CAD 是计算机系统在工程和产品设计的整个过程中,为设计人员提供各种有效的工具和手段,加快设计过程,优化设计结果,从而达到最佳设计效果的一种技术。

计算机辅助设计包含的内容很多,例如概念设计、工程绘图、三维设计、优化设计、有限元分析、数控加工、计算机仿真及产品数据管理等。人们常常认为计算机绘图就是 CAD,但这一看法并不确切,应当说计算机绘图是计算机辅助设计和计算机辅助制造的重要组成部分。因为无论哪种设计,最终的设计结果都离不开图样。

由此可知,CAD 有它自身极为丰富的内涵和广泛的应用范围,不等于计算机绘图。计算机绘图是 CAD 一个重要的应用领域。计算机绘图贯穿于 CAD 的整个过程。

二、AutoCAD 的发展

AutoCAD 是美国 Autodesk 公司开发研制的一种通用计算机辅助设计软件包,它在设计、绘图及相互协作等方面展示了强大的技术实力。由于它具有易于学习、使用方法方便及体系结构开放等优点,因而深受广大工程技术人员的喜爱。

Autodesk 公司在 1982 年推出了 AutoCAD 的第一个版本 V1.0,随后经由 V2.3、R9、R10、R12、R13、R14、AutoCAD 2000 等典型版本,发展到目前的最新的 AutoCAD 2022 版。在这 30 多年的时间里,AutoCAD 产品在不断适应计算机硬件发展的同时,自身的功能也日益增强且趋于完善。早期的版本只是二维绘图的简单工具,画图速度也非常慢,但现在 AutoCAD 已经集成平面绘图、三维造型、数据库管理、渲染着色及连接互联网等功能于一体,并提供了丰富的工具集。这些功能使用户不仅能够轻松快捷地进行设计工作,而且还能方便地重复利用各种数据,从而极大地提高了设计效率。如今,AutoCAD 在机械、建筑、电子、纺织、地理及航空等领域得到了广泛的使用。AutoCAD 在全世界 150 多个国家和地区广为流行,占据了近 75%的国际 CAD 市场。此外,全球现有上千家 AutoCAD 授权培训中心,有近 3 000 家独立的增值开发商及 4 000 多种基于 AutoCAD 的各类专业应用软件。可以说,AutoCAD 已经成为微机 CAD 系统的标准,而 DWG 格式文件已经成为工程设计人员交流思想的公共语言。

三、CAD 技术的应用领域

在现代化生产中,要不断更新产品及降低产品成本,就必须缩短设计、绘图与制造的周期。其有效途径是利用计算机绘图、计算机辅助设计、计算机辅助制造、计算机辅助工程等实现设计、绘图和制造管理的全自动化。在全自动化生产中,计算机绘图是整个计算机辅助工程的核心。其应用非常广泛,例如:

(1)工程图。如二维或三维机械图、建筑图、管线图、水利工程图等。

(2)测量图。如地理图、地形图、地质图、航海图、气象图、资源图、矿藏勘探图等。

(3)统计管理图。如直方图、线条图、工作进度表及生产中的各种图表等。

(4)模拟及动画。如仿真模拟图形,人体运动、动画、广告、游戏等。

(5)美术设计。如花纹图案、平面广告设计等。

(6)科学计算的可视化。如各种声、光、热、电、力学、流体场的三维及多维空间中的各种各样的图形显示问题。

(7)物质结构、医学方面的图。如分子结构图、结晶解析图、人体结构图等。

随着计算机硬件技术和软件技术的进步及多媒体技术的发展,计算机绘图的应用领域会越来越广泛,越来越展示出它无穷的魅力。

四、研究 CAD 技术的方法

我国早在 2000 年就制定了发展规划,采取了强制性的推广应用措施,规划的总目标是:在国民经济主要的科研、设计单位和企业大面积普及 CAD 技术,摆脱手工绘图,甩掉图板,实现工程设计和产品设计现代化,提高设计效率和质量,扩大我国 CAD 市场,并建立起我国的 CAD 产业。现实迫使我们必须学习、研究和掌握计算机绘图技术,要跟上迅速发展的数字信息时代,必须刻苦努力钻研。因此,在学习研究中应采用以下方法:

(1)了解计算机绘图常用硬件的使用操作要领。

(2)熟悉计算机绘图软件所需要的操作系统环境,如 Windows 等。

(3)绘图时先从简单图形开始,并尽可能在上机操作过程中掌握绘图方法与技巧。

(4)不断总结绘图经验,掌握快捷命令,提高绘图效率。在上机操作过程中潜心研究,在实践中不断探索出自成一体的快捷绘图方法。多交流,多观摩,可获得"事半功倍"的效果。

(5)尽可能多结合实际工程图上机操作,真正掌握实用技术。

总之,希望通过对本书的学习研究,所学者能够正确掌握使用图形软件和硬件绘制各种图形的技巧,能熟练掌握有关图样标注的方法和技能,完整地绘制出符合国标要求的二维工程图样,同时具有三维建模的能力。当然,在学习 CAD 的每一个阶段,都会遇到瓶颈,但只要专心致志,百折不挠,多看多练,持之以恒,朝着既定的目标,踏着坎坷路途,勇往直前,必能突破瓶颈而进入佳境,使自己成为一个计算机绘图高手,并真正成为面向未来、适应未来和驾驭未来的有用型技术人才。

项目 1　基础知识

本项目主要论述 AutoCAD 软件的基本知识、操作界面、命令使用和文件管理等内容。通过本项目学习,使学生立志做有理想、敢担当、能吃苦、肯奋斗的新时代好青年。

当前,计算机硬件的性能飞速提高,各种计算机绘图软件相继开发,最常见的绘图软件是 Autodesk 公司开发的计算机辅助绘图软件包 AutoCAD。因此,本书主要介绍 AutoCAD 2019 版,以便为今后深入学习 CAD 技术打下基础。

任务 1.1　基本知识

1.1.1　软件简介

AutoCAD 自 1982 年问世以来,版本不断更新,从最早的 V1.0 版已更新到 AutoCAD 2019 版,可以说 AutoCAD 2019 是 Autodesk 公司又一次划时代之作,它的绘图环境与操作界面更为友好和便捷。

1.1.2　主要功能

当系统满足要求时,AutoCAD 软件将发挥它巨大的功能。其特点是:图形绘制功能比较完善,提供编程接口二次发展,是通用的 CAD 软件平台,使用方便,易学易用性好。其主要功能可概括如下:

(1)强大的绘图功能。在 AutoCAD 下可以方便地用多种方式绘制各种二维基本图形对象。如点、直线、圆、圆弧、正多边形、椭圆、多段线、样条曲线等。

(2)灵活的图形编辑功能。可以用多种方式对选定的图形对象进行图形编辑。如移动、旋转、缩放、延伸、修剪、倒角、圆角、复制、阵列、镜像、删除等。

(3)方便的标注功能。在 AutoCAD 下可以为绘制的图形标注尺寸,注写中文和西文字体以及对封闭区域标注填充图案(剖面材料符号)。

(4)实用的绘图辅助功能。为了达到精确绘图,AutoCAD 提供了多种绘图辅助工具,包括绘图区光标点的坐标显示、用户坐标系、栅格捕捉、目标捕捉、自动捕捉、正交方式等功能。

(5)图层、颜色和线型设置管理功能。为了便于对图形的组织和管理,AutoCAD 提供有图层、颜色、所要求的线型和图线宽度等对象特性。图层可以被打开或关闭、冻结或解冻、锁定或解锁。

(6)图块和外部参照功能。为了提高绘图效率,AutoCAD 提供了图块和对非当前图形的外部参照功能。可以将重复使用的图形定义成图块,在需要时依不同的基点、比例、转角插入到新的图形中,或将外部的图形文件引入到当前图形中,此外,还增加了动态块。

(7)显示控制功能。AutoCAD 提供了多种方法来显示与观看图形。“缩放”能改变当前视窗中图形的视觉尺寸,以便观察图形的全貌或某一局部区域的细节;“扫视”相当于窗口不动,但上、下、左、右地移动一张图纸以看到不同部位的图形;“三维视图控制”能选择视点或投影方向,显示轴测图、透视图或平面视图,消除三维显示中的隐藏线,实现三维动态显示等;对于三维实体,可将其显示方式设置为网、线框等多种形式;“多视窗控制”能将屏幕分成几个窗口,各自独立地进行显示,进行重画或重新生成图形等。

(8)三维绘图和渲染功能。AutoCAD 提供有多种三维绘图命令,如长方体、圆柱体、球、圆锥、圆环、楔形体,以及将平面图形经回转和平移分别生成回转扫描体和平移扫描体等。通过对立体间的交、并、差等布尔运算,可完成更复杂的立体三维实体造型。

(9)图形输出功能。可以用任意比例将所绘图形的全部或部分输出到图纸或文件中,从而获得图形的硬拷贝或电子拷贝。

(10)网络功能。主要体现在 Internet 方面的功能,用户可以实时更新产品信息,发布含有图形、图像的 Web 页。“通讯中心”可以查看所需的帮助信息。在兼容性和设计共享方面的功能,可以将不同地域的用户连接在一起相互沟通,与会人员可以共享图形文件,并可以用 VoloView 等创建电子标记文件,以便对设计提出修改和建议。

除上述外,AutoCAD 2019 还新增了 PDF 导入增强功能,使用 SHX 文字识别工具将导入的 PDF 几何图形快速转换为文本和多行文本对象;外部文件参考,使用简单的工具来修复外部参考文件中断开的路径,节省时间并最大程度地减少挫败感;对象选择,选择保持在选择集中的对象的同时在图形中自由导航,即使平移或缩放屏幕;文本转换为多行文本增强功能,使用合并文字工具,将文字组合和多个多行文字对象转换为单个多行文字对象。

1.1.3 计算机绘图国家标准

《总图制图标准》(GB/T 50103—2010)、《房屋建筑制图统一标准》(GB/T 50001—2017)、《水利水电工程制图标准》(SL 73—2013)中的制图规则在计算机及其外围设备中显示、绘制、打印机械图样和有关技术文件时使用。

1.1.3.1 图线

图线是组成图样的最基本要素之一,为了便于机械制图与计算机信息的交换,标准将 8 种线型(粗实线、粗点划线、细实线、波浪线、双折线、虚线、细点划线、双点划线)分为 5 组。一般 A0、A1 幅面采用第 3 组要求,A2、A3、A4 幅面采用第 4 组要求,具体数值见表 1-1。

表 1-1 计算机制图线宽的规定

组别	1	2	3*	4*	5	一般用途
线宽(mm)	2.0	1.4	1.0	0.7	0.5	粗实线、粗点划线
	0.7	0.5	0.35	0.25	0.18	细实线、波浪线、双折线、虚线、细点划线、双点划线

注:带 * 号的两组为优先使用组。必要时,允许在同一张图样中采用同一种线型。

图线的颜色和图层。计算机绘图图线颜色和图层的规定见表 1-2。

表 1-2 计算机绘图图线颜色和图层的规定

图线名称及代号	样式	图线层名	图线颜色
粗实线 A		01	白色
细实线 B		02	红色
波浪线 C		02	绿色
双折线 D		02	蓝色
虚线 F		04	黄色
细点划线 G		05	蓝绿/浅蓝
粗点划线 J		06	棕色
双点划线 K		07	粉红/橘红
尺寸标注形式		08	
参考圆		09	
剖面线		10	
字体	机械制图	11	
尺寸公差	123±4	12	
标题	KLMN 标题	13	
其他用途	其他	…	

1.1.3.2 字体

字体是技术图样中的一个重要组成部分。标准 GB/T 50103—2010 和 GB/T 50001—2017 规定图样中书写的字体,必须做到:字体端正、笔画清楚、间隔均匀、排列整齐。

(1)字高。字体高度与图纸幅面之间的选用关系见表 1-3,该规定是为了保证当图样缩微或放大后,其图样上的字体和幅面总能满足标准要求而提出的。

表 1-3 计算机制图字高的规定 (单位:mm)

字体 h	图幅				
	A0	A1	A2	A3	A4
汉字	7	5	3.5	3.5	3.5
字母与数字	5	5	3.5	3.5	3.5

注:h 为汉字、字母与数字的高度。

(2)汉字。输出时一般采用国家正式公布和推行的简化字。

(3)字母。一般应以斜体输出。

(4)数字。一般应以斜体输出。

(5)小数点。输出时应占一位,并位于中间靠下处。

重点:了解计算机绘图的国家标准,使绘图既符合规范又便于交流。

任务 1.2 操作界面

启动 AutoCAD 并完成初始绘图环境设置后,将出现草图与注释的主窗口(见图 1-1),它由选项卡、图形窗口、命令窗口和状态栏等组成。它是用户与 AutoCAD 进行交互的操作界面。

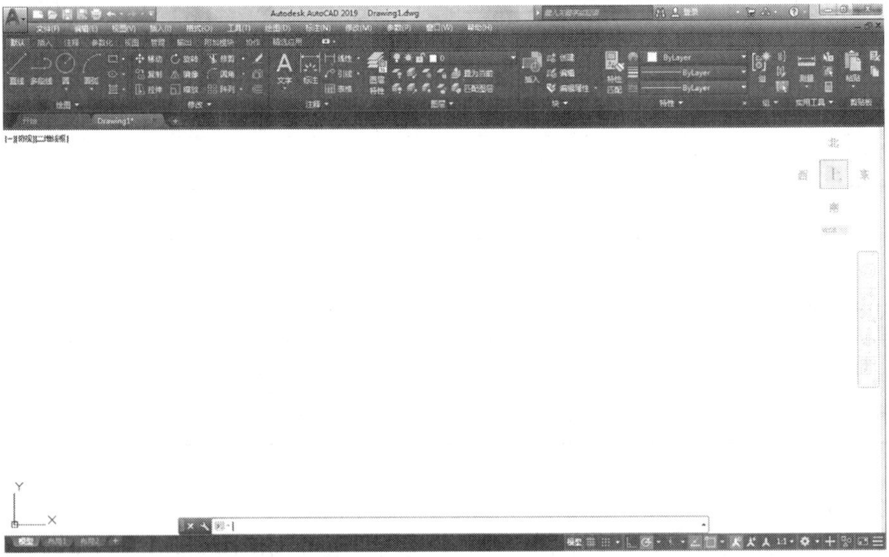

图 1-1 主窗口

启动 AutoCAD 有多种方法,常用的方法有:①在 Windows 桌面上双击 AutoCAD 快捷图标  ;②双击已经存盘的任意 AutoCAD 图形文件;③选择 Windows 的"开始"菜单中的"程序"子菜单下的 AutoCAD 选项。

根据绘图需要,可将草图与注释切换至经典模式,但在 AutoCAD 2015 以后的版本中,都需要自定义经典模式工作空间。其操作步骤如下:

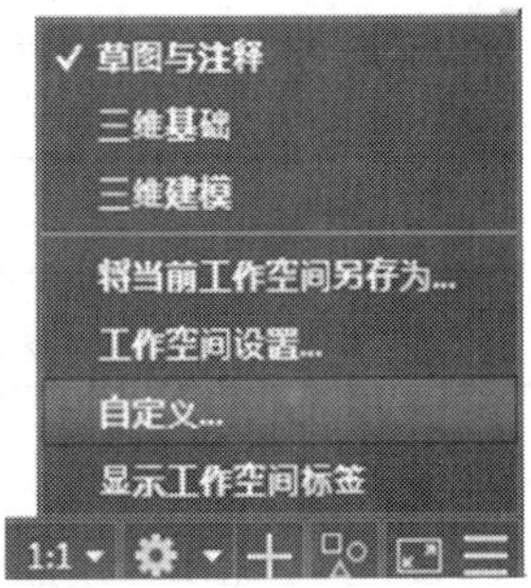

图 1-2 自定义工作空间

单击"切换工作空间"图标,选择"自定义..."，如图 1-2 所示。右击"工作空间"新建"经典模式",如图 1-3 所示。先将左侧"工具栏"中的"绘图"等依次拖到右侧的"工具栏"中,如图 1-4 所示。再将左侧"菜单"中的内容依次拖到右侧的"菜单"中,如图 1-5 所示。然后在"特性"中将"菜单栏"设置为"开",如图 1-6 所示。最后单击"确定"按钮,并在“切换工作空间”中选择“经典模式”，如图 1-7 所示。

图 1-3　新建经典模式

图 1-4　设置工具栏

现将经典模式主窗口分别介绍如下。

1.2.1　标题栏

标题栏位于窗口顶端，其左端是控制菜单图标，用鼠标单击该图标或按 Alt+空格键，将弹出窗口控制菜单，用户可以用该菜单完成还原、移动关闭窗口等操作。标题栏右端有 3 个按钮，从左至右分别为“最小化”按钮、“最大化”按钮（“还原”按钮）和“关闭”按钮，单击这些按钮可以使窗口最小化、最大化（还原）和关闭。

图 1-5　设置菜单栏

图 1-6　设置特性

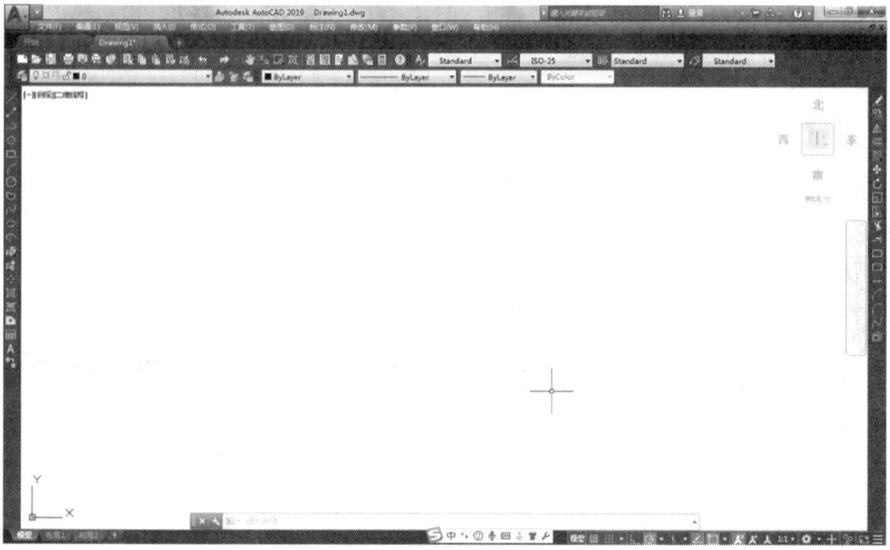

图 1-7　经典模式

1.2.2　菜单栏

菜单栏位于标题栏下面，由文件、编辑、视图、插入、格式、工具、绘图、标注、修改、窗口和帮助下拉菜单组成，每个下拉菜单上包含若干菜单项。每个菜单项都对应了一个命令，单击菜单项时将执行这个命令。

1.2.2.1　下拉菜单

(1)在菜单栏用鼠标左键点取一项标题，则下拉出该标题项的菜单，称为下拉菜单。要选择某一菜单项，可用鼠标左键点取。同时，用户可以在图形窗口下的状态栏中，看到该菜单项的功能说明及相应的 AutoCAD 命令名。

(2)如某一菜单项右端有一黑色小三角，说明该菜单项仍为标题项，它将引出下一级菜单，称为级联菜单，可进一步在级联菜单中点取菜单项。

(3)如某一菜单后跟...，说明该菜单项引出一个对话框，用户可通过对话框实施操作。例如，若点取菜单项“文件—另存为...”，则引出“图形另存为”对话框，在此对话框中可完成另存图形文件名及文件类型的设定等操作。

(4)如某一菜单项为灰色，则表示该项不可选。

1.2.2.2　光标菜单

在当前光标位置弹出的菜单称为光标菜单(快捷菜单)。当单击鼠标右键时，弹出快捷菜单。快捷菜单的选项因单击环境的不同而变化，快捷菜单提供了快速执行命令的方法，光标菜单的选取方法与下拉菜单相同。

每个菜单和菜单项都定义有快捷键，快捷键用下划线标出，如“保存(S)”，用户在按住 Alt 键的同时按住“S”键，就执行了保存命令。

可以右击鼠标弹出快捷菜单的位置有:图形窗口、命令行、对话框、窗口、工具栏、状态栏、模型标签和布局标签等。

1.2.3 工具栏

工具栏是一组图标型工具的集合,把光标移动到某个图标,稍停片刻即在该图标一侧显示相应的工具提示,同时在状态栏中,显示对应的说明和命令名。因此,点取图标也可以启动相应命令。在缺省情况下,可以见到绘图区顶部的“标准”、“样式”、“图层”和“特性”工具栏(见图 1-8)和位于绘图区两侧的“绘图”和“修改”工具栏(见图 1-9)。

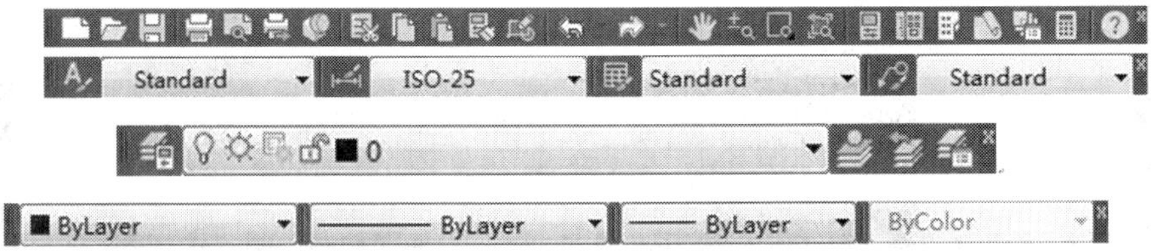

图 1-8 “标准”、“样式”、“图层”和“特性”工具栏

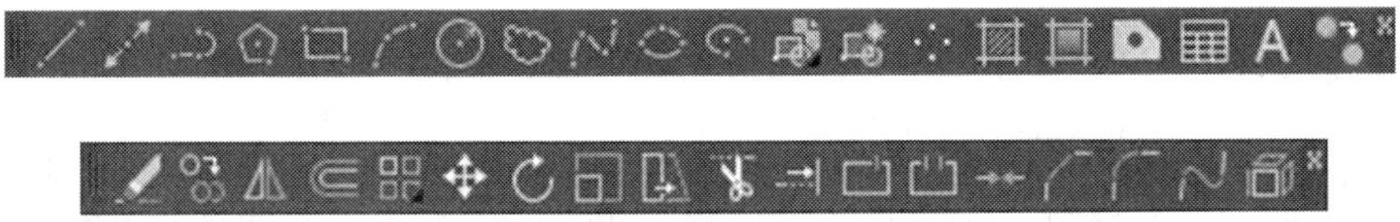

图 1-9 “绘图”和“修改”工具栏

1.2.3.1 “自定义用户界面”对话框

AutoCAD 提供了大约 30 种工具栏,用户可通过“自定义用户界面”对话框里的“工具栏”(见图 1-10)来对其进行管理,可以隐藏某些工具栏,也可以将自己常用的其他工具栏显示出来。调出“工具栏”的方法有以下三种:

(1)菜单栏:视图→工具栏→自定义用户界面。

(2)命令行:TOOLBAR。

(3)鼠标:将光标放在任一工具栏的图标上,单击鼠标右键,然后在菜单中选取所需工具栏。

1.2.3.2 工具栏的“固定”、“浮动”与“弹出”

工具栏可以在绘图区“浮动”(见图 1-9),并可关闭该工具栏,用鼠标可以拖动“浮动”工具栏到图形区边界,使它变为“固定”工具栏;也可以把“固定”工具栏拖出,使它成为“浮动”工具栏。

有些图标的右下角带有一个小三角,按住鼠标左键不放会弹出相应的工具栏,将光标移动到某一图标上再松开,该图标就变为当前图标。单击当前图标,并执行相应命令(见图 1-11)。

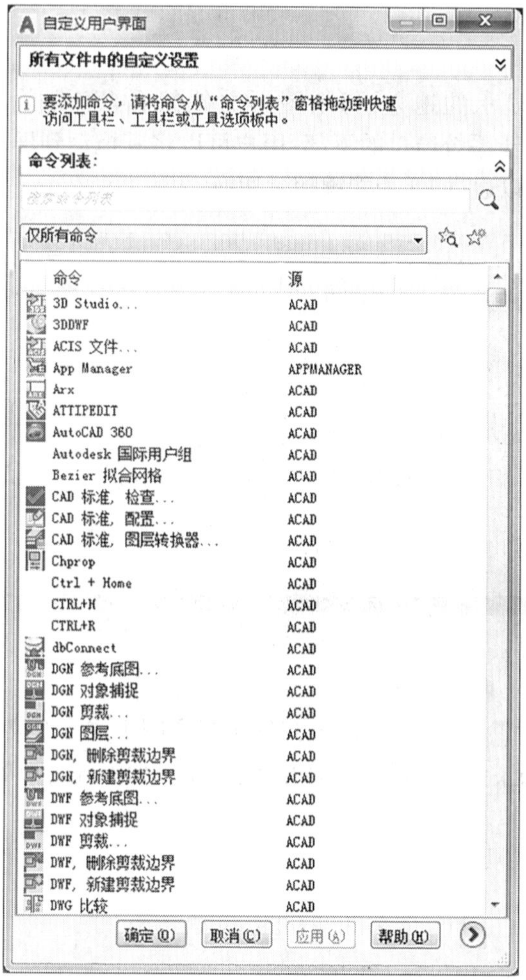

图 1-10　“自定义用户界面”对话框

图 1-11　弹出“窗口缩放”

1.2.4　绘图区

绘图区是显示绘制图形和编辑图形对象的区域。一个完整的绘图区如图 1-7 所示，包括标题栏、滚动条（可以开、关）、控制按钮、布局选项卡、坐标系图标等元素。布局标签提供了在不同布局间迅速切换的方法。

十字光标是显示在绘图区中、由鼠标等定点设备控制的十字叉丝（与当前用户坐标系的 X 轴、Y 轴方向平行），当移动定点设备时，十字光标的位置也相应地移动。十字光标的大小（相对于屏幕）由系统变量 CURSORSIZE 控制。

在公制测量系统中 1 个绘图单位对应 1 mm。AutoCAD 采用两种坐标系：①世界坐标系（WCS），是固定的坐标系统；②用户坐标系（UCS），是可用 UCS 命令相对世界坐标系重新定位、定向的坐标系。在缺省情况下，坐标系图标为模型空间下的 UCS 坐标系图标，通常放在绘图区左下角。AutoCAD 的基本作图平面为当前 UCS 的 XY 平面。

1.2.5 命令行

命令行是键入命令以及信息显示的地方，每个图形文件都有自己的命令行（见图 1-12）。在缺省状态下，命令行位于系统窗口的下部，用户可以将其拖动到屏幕上的任意位置。文本窗口和命令行窗口可以通过 F2 功能键随时切换。

图 1-12　命令窗口

1.2.6 状态栏

状态栏位于屏幕的底部，左端显示绘图区中光标定位点的坐标 X、Y、Z，向右侧依次有“模型”“栅格”“捕捉”“正交”“极轴”“等轴测草图”“ 对象捕捉追踪”“对象捕捉”等按钮，如图 1-13 所示。

图 1-13　状态栏

对于某些命令，除可以通过在命令窗口输入命令、点取工具栏图标或点取菜单项来完成外，还可使用键盘上的一级功能键。现将可使用的功能键及相应功能说明如下：

F1：调用 AutoCAD 帮助对话框。

F2：图形窗口与文本窗口的互相切换。

F3：对象捕捉开关。

F4：三维对象捕捉开关。

F5：不同方向正等轴测立体图作图平面间的切换开关。

F6：坐标显示模式的切换开关。

F7：栅格（Grid）模式开关。

F8：正交（Ortho）模式开关。

F9：间隔捕捉（Snap）模式开关。

F10：极轴追踪（Polar）开关。

F11：对象捕捉追踪（Otrack）开关。

F12：DYN（动态输入）开关。

任务 1.3　命令的使用

AutoCAD 的操作过程都是由命令控制的。一般来说，初学者在使用命令的过程中，应该不停地关注命令行窗口，以便实现“人机对话”。但对使用 AutoCAD 命令的高手，他们则往往是一手握鼠标，一手敲键盘，明显地提高了绘图的速度。

AutoCAD 命令名和系统变量名仍为西文，如命令 LINE（直线）、CIRCLE（圆）等，系统变量 TEXTSIZE(文字高度)、THICKNESS(对象厚度)等。

1.3.1　命令的调用方法

有多种方法可以调用 AutoCAD 命令(以画直线和圆为例):

(1)在命令行输入命令名。在命令行的“命令:”提示后键入命令的字符串,命令字符可不区分大小写。例如,命令:LINE (画图 1-14 中的直线)。

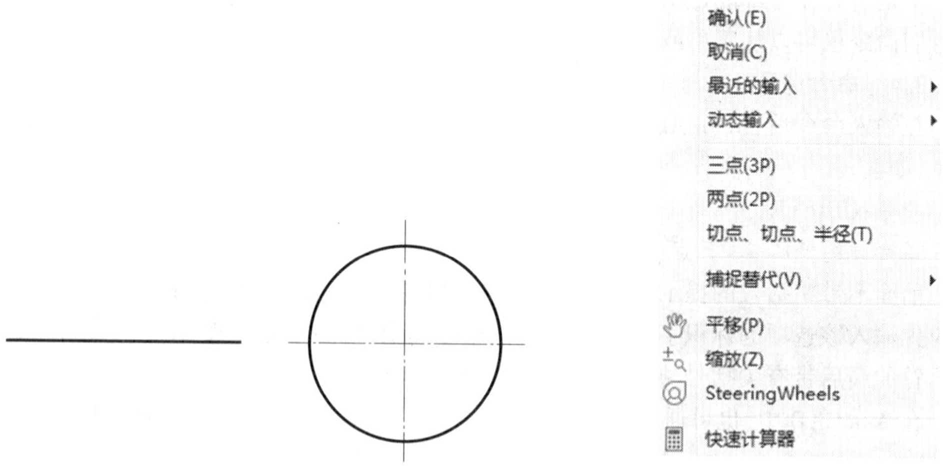

(a)画直线　　(b)画圆　　(c)快捷菜单

图 1-14　命令的使用

(2)在命令行输入命令缩写字:如 L(LINE)、C(CIRCLE)、A(ARC)、Z(ZOOM)等。例如,命令:C(画图 1-14 中的圆)。

(3)单击下拉菜单中的菜单选项。在状态栏中可以看到对应的命令说明及命令名。

(4)单击工具栏中的对应图标。例如,点取“绘图”工具栏中的图标,也可执行画直线命令,同时在状态栏中也可以看到相应的命令说明及命令名。

(5)单击屏幕菜单中的对应选项。绘图过程中在屏幕中右击鼠标,然后从显示的菜单中选取“直线”菜单项,将执行画直线命令。

1.3.2　命令及系统变量的有关操作

1.3.2.1　命令的取消

在命令执行的任何时刻都可以用 Esc 键取消和中止命令的执行。

1.3.2.2　命令的重复使用

若在一个命令执行完毕后欲再次重复执行命令,可在命令行中“命令”提示下按回车键。

1.3.2.3　透明命令的使用

有的命令不仅可直接在命令行中使用,而且可以在其他命令的执行过程中插入执行,该命令结束后系统继续执行原命令。例如:

命令:CIRCLE

指定圆的圆心或[三点(3P)/两点(2P)/相切、相切、半径(T)]:100,100

指定圆的半径或[直径(D)]<28.0000>:'ZOOM(使用透明命令)

>>…(执行 ZOOM 命令)

正在恢复执行 CIRCLE 命令。

指定圆的半径或[直径(D)]<28.0000>:(继续执行原命令)

不是所有命令都能透明使用,可以透明使用的命令在透明使用时要加前缀“'”。使用透明命令也可以从菜单或工具栏中选取。

1.3.2.4 命令选项

在输入命令后,AutoCAD 会出现对话框或命令行提示,在命令行提示常会出现命令选项,如:

命令:CIRCLE

指定圆的圆心或[三点(3P)/两点(2P)/相切、相切、半径(T)]:

前面不带中括号的提示为缺省选项,因此可直接输入起点坐标,若要选择其他选项,则应先输入该选项的标识字符,如“三点(3P)”选项,然后按系统提示输入数据。若选项提示符的最后带有尖括号,则尖括号中的数值为缺省值。

在 AutoCAD 中,也可通过“快捷菜单”用鼠标点取命令选项。在上述画圆示例中,当出现“指定圆的圆心或[三点(3P)/两点(2P)/相切、相切、半径(T)]:”提示时,若单击鼠标右键,则弹出图 1-14(c)所示快捷菜单,从中可用鼠标快速选定所需选项。右键快捷菜单随不同的命令进程而有不同的菜单选项。

1.3.2.5 命令的执行方式

有的命令有两种执行方式,通过对话框或通过命令行输入命令选项。例如,指定使用命令行方式,可以在命令名前加一减号来表示用命令行方式执行该命令,如“-LAYER”。

1.3.2.6 系统变量的访问方法

访问系统变量可以直接在命令提示下输入系统变量名或点取菜单项,也可以使用专用命令 SETVER。

1.3.3 数据的输入方法

1.3.3.1 点的输入

在绘图过程中,常需要输入点的位置,AutoCAD 提供了如下几种输入点的方式。

(1)用键盘直接在命令行中输入点的坐标。

点的坐标可以用直角坐标、极坐标、球面坐标或柱面坐标表示,其中直角坐标和极坐标最为常用。

直角坐标有两种输入方式:“X,Y[,Z]”(点的绝对坐标值,例如:“100,50”)和“@X,Y[,Z]”(相对于上一点的相对坐标值,如“@50,-30”)。坐标值均相对于当前的用户坐标系。

极坐标的输入方式为:“长度<角度”(其中,长度为点到坐标原点的距离,角度为原点至该点连线与 X 轴的正向夹角,如“25<45”)或“@长度<角度”(相对于上一点的相对极

坐标,如“@ 50<-30”)。

(2)用鼠标等定标设备移动光标单击左键在屏幕上直接取点。

(3)用键盘上的箭头移动光标单击回车键取点。

(4)用目标捕捉方式捕捉屏幕上已有图形的特殊点(如端点、中点、中心点、插入点、交点、切点、垂足点等,详见项目 3)。

(5)直接距离输入。先用光标拖拉出橡皮筋线确定方向,然后用键盘输入距离。

(6)使用过滤法得到点。

1.3.3.2　距离值的输入

在 AutoCAD 命令中,有时需要提供高度、宽度、半径、长度等距离值。AutoCAD 提供了两种输入距离值的方式:一种是用键盘在命令行中直接输入数值;另一种是在屏幕上点取两点,以两点的距离值定出所需数值。

上机操作:用直线命令和不同的数据输入方法绘制平行四边形,如图 1-15 所示。

命令: LINE
指定第一点: 100,100
指定下一点或 [放弃(U)]: @ 50,0
指定下一点或 [放弃(U)]: @ 50<45
指定下一点或 [闭合(C)/放弃(U)]: 50
指定下一点或 [闭合(C)/放弃(U)]: C

码 1-1　微课:平行四边形

数值输入的五种格式见表 1-4。

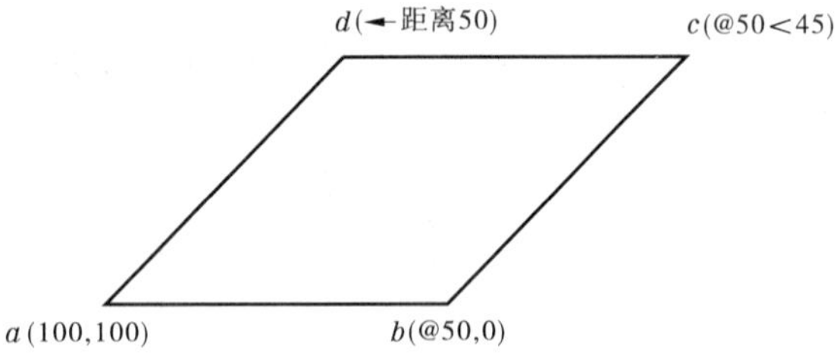

图 1-15　平行四边形

表 1-4　数值输入的五种格式

1	整数	18,58,98,-10,-20
2	实数	21.8,53.8,-19.1
3	分数	70/8,100/7,-50/3
4	选取两点	直接在屏幕中选取两点
5	'CAL 计数器	结合其他命令,务必要使用透明命令'CAL 调出表示式后就可输入正常的数学计算式

注意:在命令上有“'”符号的,表示该命令为透明命令,可以不中断当前正在使用的命令。

技巧:如果输入分数 138.5/9,则是无法接受的,可以改为 1385/90,就是将分子和分

母同乘以 10,去掉小数点。实例操作如下:

命令:OFFSET

当前的设置:删除源=否 图层=源 OFFSETGAPTYPE=0

指定偏移距离或[通过(T)/删除(E)/图层(L)]<通过>:70/8 ←正确(可操作)

命令:OFFSET

当前的设置:删除源=否 图层=源 OFFSETGAPTYPE=0

指定偏移距离或[通过(T)/删除(E)/图层(L)]<8.7500>:138.5/9 ←分数含小数点

需要数值距离、两点或选项关键字。 ←错误(不可操作)

命令:OFFSET

当前的设置:删除源=否 图层=源 OFFSETGAPTYPE=0

指定偏移距离或[通过(T)/删除(E)/图层(L)]<8.7500>:123.5/12+2.8*3.5←计算式

需要数值距离、两点或选项关键字。 ←错误(不可操作)

命令:OFFSET

当前的设置:删除源=否 图层=源 OFFSETGAPTYPE=0

指定偏移距离或[通过(T)/删除(E)/图层(L)]<15.3750>:'CAL ←调用计算器

>>>>表达式:123.5/12+2.8*3.5 ←正确(可操作)

继续执行 OFFSET 命令。

1.3.4 快捷键

快捷键常用来代替一些常用命令的操作,只要键入命令的第一个字母或前两三个字母即可,常用快捷键如表 1-5 所示。

表 1-5 常用快捷键

快捷键	命令	快捷键	命令
A	ARC(弧)	ML	MLINE(多线)
AR	ARRAY(阵列)	N(PL)	PLINE(多段线)
B	BLOCK(块)	O	OFFSET(偏移)
BO	BOUNDARY(边界)	P	PAN(平移)
BR	BREAK(断开)	PO	POINT(点)
C	CIRCLE(圆)	POL	POLYGON(多边形)
CH	PROPERTIES(修改特性)	R	REDRAW(重画)
CP(CO)	COPY(复制)	RE	REGEN(刷新)
D	DIMSTYLE(尺寸样式)	REC	RECTANG(矩形)
E	ERASE(删除)	REG	REGION(面域)
EX	EXTENG(延长)	RO	ROTATE(旋转)

续表 1-5

快捷键	命令	快捷键	命令
F	FILLET(圆角)	S	STRETCH(伸展)
G	GROUP(项目组)	SC	SCALE(比例)
H	HATCH(剖面线)	SPL	SPLINE(多义线)
I	INSERT(插入)	ST	TEXT STYLE(字型)
J	PEDIT(多段线编辑)	T	MTEXT(多行文字)
K	DTEXT(单行文字)	TR	TRIM(修剪)
L	LINE(线)	U	UNDO(取消)
LEN	LENGTHEN(拉长)	V	VIEW(视图)
LA	LAYER(层)	W	WBLOCK(块存盘)
LT	LINETYPE(线型)	X	EXPLODE(分解)
M	MOVE(移动)	Z	ZOOM(缩放)
MI	MRROR(镜像)		

任务 1.4　文件管理

在 AutoCAD 中对图形文件的操作与一般软件文件的操作很相似，AutoCAD 提供了一系列图形文件管理命令。

1.4.1　创建图形文件

1.4.1.1　调用命令

命令行：QNEW

菜单栏：文件(F)→新建(N)...

工具栏："标准" →

1.4.1.2　说明

打开如图 1-16 所示的"选择样板"窗口，可选用默认样板"acadiso"创建新图形，系统默认图名为 drawing1. dwg。

1.4.2　打开图形文件

1.4.2.1　调用命令

命令行：OPEN

菜单栏：文件(F)→打开(O)...

工具栏："标准" →

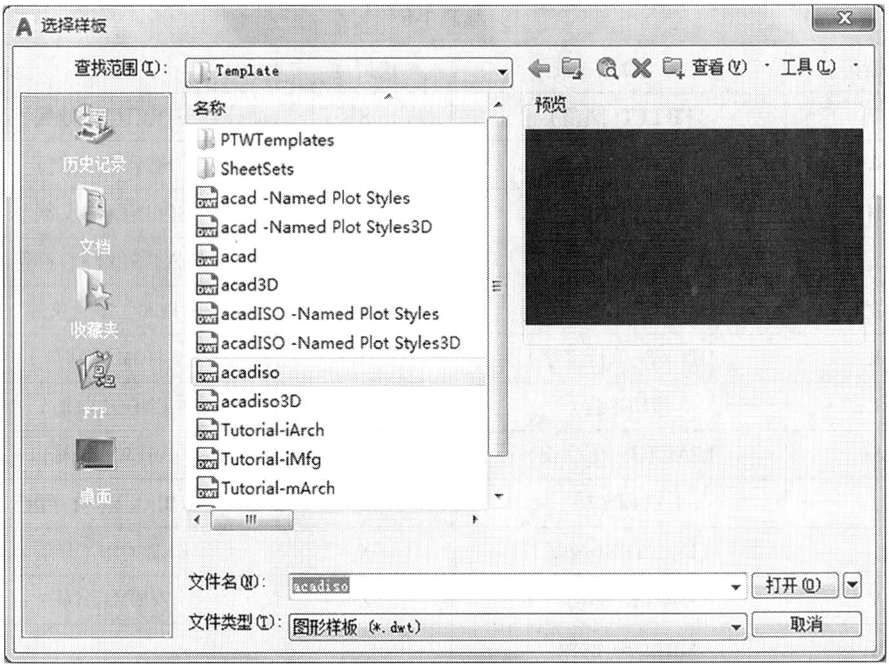

图 1-16　创建新图

1.4.2.2　说明

打开“选择文件”对话框(见图 1-17),在“文件类型(T)”列表框中用户可选择:图形(＊.dwg)、标准(＊.dws)、DXF(＊.dxf)和图形样板(＊.dwt)文件。

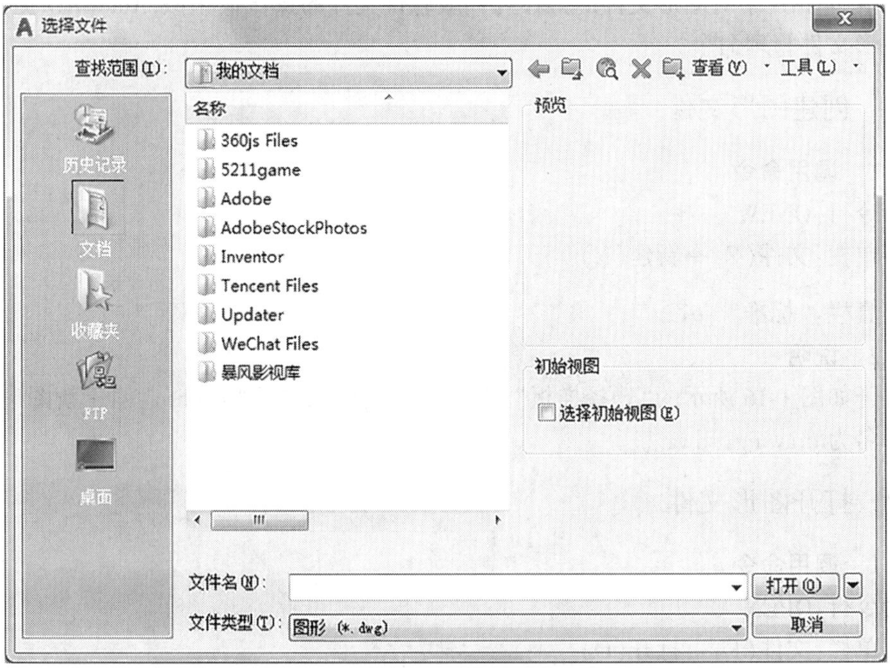

图 1-17　“选择文件”对话框

1.4.3 保存图形文件

1.4.3.1 调用命令

命令行:QSAVE

菜单栏:文件(F)→保存(S)

工具栏:“标准”→

1.4.3.2 说明

若文件已命名,则 AutoCAD 自动保存;若文件未命名(为缺省名 drawing1. dwg),则系统调用“图形另存为”对话框,用户可以命名保存。在“文件类型(T)”下拉列表框中可以指定保存文件的类型。

AutoCAD 还提供一个 SAVE 命令,功能与 QSAVE 类似,且只能在命令行中调用。

1.4.4 另存图形文件

1.4.4.1 调用命令

命令行:SAVEAS

菜单栏:文件(F)→另存为(A)...

1.4.4.2 说明

调用“图形另存为”对话框,AutoCAD 即保存原图形文件,又把当前图形文件更名保存。

1.4.5 同时打开多个图形文件

在同一个 AutoCAD 任务下可以同时打开多个图形文件。方法是在“选择文件”对话框(见图 1-17)中,按下 Shift 键或 Ctrl 键,同时选中几个要打开的文件,然后单击“打开”按钮即可。同样,也可以从 Windows 浏览框中把多个图形文件导入 AutoCAD 任务中。

欲将某一打开的文件设置为当前文件,只需单击该文件的图形区域即可,也可以通过组合键 Ctrl+F6 或 Ctrl+Tab 在已打开的不同图形文件之间切换。

注意:同时打开多个图形文件的功能,为重复使用过去的设计及在不同图形文件间移动、复制图形对象提供了方便。但不是打开得越多越好,否则因受内存的限制而影响运行速度。

重点:保存文件一定要确定文件命和路径,切记保存在什么位置,以免保存后找不到。

1.4.6 关闭图形文件

1.4.6.1 调用命令

命令行:CLOSE

菜单栏:文件(F)→关闭(C)

图标:在窗口关闭

1.4.6.2 说明

用户结束 AutoCAD 作业后应正常地退出 AutoCAD,可以使用菜单栏、窗口关闭,也可在命令行中输入 QUIT 命令关闭整个 AutoCAD。若用户对图形所做的修改尚未保存,则会出现图 1-18 所示的系统警告对话框提示保存。

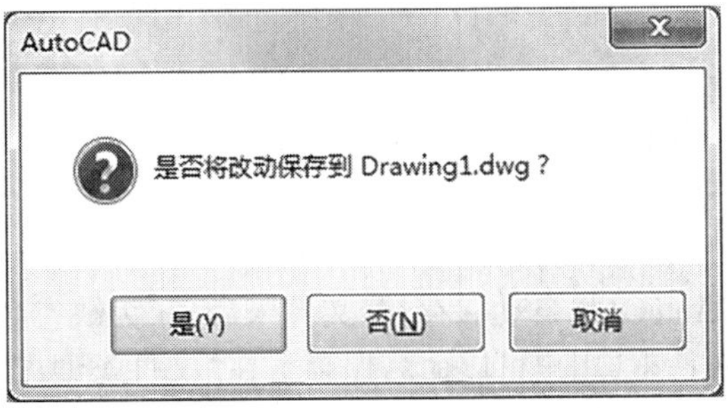

图 1-18　系统警告对话框

重点:选择“是(Y)”按钮,系统将保存文件,然后退出;选择“否(N)”按钮,系统将不保存文件。

注意:操作任务完成后,千万不要匆忙退出,确定文件保存完好,然后退出,否则将功亏一篑。

项目 2　环境设置

本项目主要研究绘图环境、系统环境、设置图层和使用图层。为了绘图的方便，对设置样板的方法和步骤做了较详细的研究。作为一个未来优秀的工程师，除了要有过硬的专业基础知识、高超的实践技能，还需要具有守正创新的能力、高尚的道德文化修养和思想品质。

任务 2.1　绘图环境

一般情况下，多采用默认的 A3 图幅来绘图，但经常也需要采用其他幅面的图纸来绘制较复杂的工程图或机械图。这就要求在绘图之前，首先考虑绘图的单位和精度，然后根据实际需要设置适当的图形界限，以控制绘图的范围。通常把这个过程叫作设置绘图环境。

2.1.1　绘图单位

2.1.1.1　调用命令

命令行：UNITS（可透明使用）

菜单栏：格式（O）→单位（U）…

2.1.1.2　主要功能

调用“图形单位”对话框（见图 2-1），设置长度和角度的记数单位和精度。

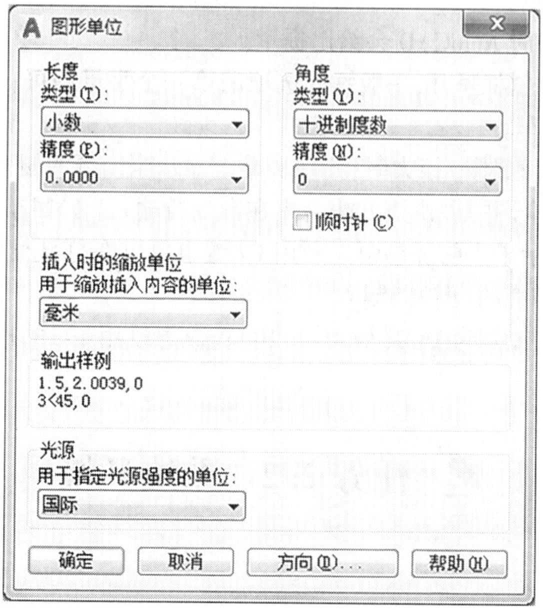

图 2-1　“图形单位”对话框

(1)长度单位缺省设置为十进制,小数位数为4。

(2)角度单位缺省设置为度,小数位数为0。

(3)“方向(D)…”按钮弹出角度“方向控制”对话框,缺省设置为0,方向为正东,逆时针为正。

2.1.2 图形界限

2.1.2.1 调用命令

命令行:LIMITS(可透明使用)

菜单栏:格式(O)→图形界限(A)

2.1.2.2 主要功能

设置图形界限,以控制绘图的范围。图形界限的设置方式主要有以下两种:

(1)按绘图的图幅设置图形界限。例如,对A3图幅,图形界限可控制为420 mm×297 mm。

(2)按实物实际大小使用绘图面积,设置图形界限。这样可以按1:1的比例绘图,在图形输出时设置适当的比例系数。

2.1.2.3 格式示例

命令:LIMITS↙

重新设置模型空间界限:↙

指定左下角点或[开(ON)/关(OFF)]<0.0000,0.0000>:(可重设左下角点)

指定右上角点<420.0000,297.0000>:↙(可重设右上角点)

2.1.2.4 说明

提示中的“[开(ON)/关(OFF)]”指打开图形界限检查功能,设置为“ON”时,检查功能打开,图形超出界限时AutoCAD会给出提示。

注意:各个选项用斜杠隔开,一般键入选项的第一个字母即可;尖括号中是系统默认值。符号“↙”表示回车。

重点:当图纸(图形界限)很大时,要在屏幕上显示全图纸的栅格,此时会因栅格太密而无法显示。欲显示全图的最快捷方法是先在命令行输入“Z”回车,再输入“A”回车,即可将图形界限全部显示于当前屏幕中。利用F7键也可以在打开栅格和关闭栅格功能之间随意切换(或按状态栏的“栅格”键)。

技巧:如果原绘图比例为1:M(如M为100),而想改用1:1的比例绘图,则应该将原图纸的界限扩大M倍。

任务2.2 系统环境

2.2.1 调用命令

命令行:OPTIONS(可透明使用)

菜单栏：工具(T)→选项(N)...→“选项”对话框

2.2.2　主要功能

打开“选项”对话框，利用“选项”对话框对用户界面的配置及系统设置进行修改。

2.2.3　格式示例

命令：OPTIONS↙
执行命令后调出“选项”对话框，如图 2-2 所示。

图 2-2　“选项”对话框

2.2.4　说明

AutoCAD 有许多配置功能，此处仅介绍部分常用功能。用户可以利用该对话框对各参数选项进行设置与修改。下面就各选项标签的功能做简单介绍。

(1)“文件”。用于确定 AutoCAD 搜索支持文件、驱动程序文件、菜单文件和其他文件时的路径以及用户定义的一些设置。

(2)“显示”。用于控制图形布局和设置系统显示。该选项卡上包括“窗口元素”“布局元素”“十字光标大小(Z)”“显示精度”“显示性能”等选项组。

若在图 2-2 所示的“窗口元素”中单击“颜色(C)...”按钮，则弹出“图形窗口颜色”对话框，如图 2-3 所示。从中便可修改窗口颜色。若想修改图形窗口中十字光标的大小，可直接拖动滑块到适当位置。

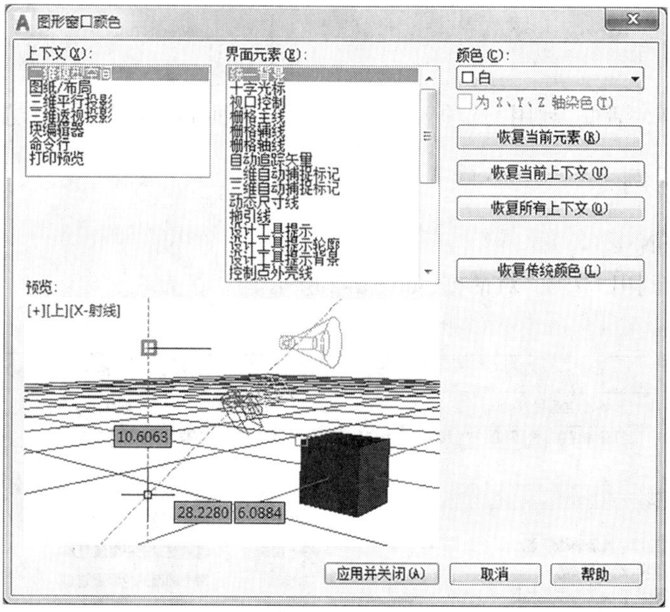

图 2-3 “图形窗口颜色”对话框

(3)“打开和保存”。用于设置是否自动保存文件、自动保存文件时间间隔、是否保持日志、是否加载外部参照等。该选项卡包括“文件保存”“文件安全措施”“文件打开”“外部参照”等选项组。

(4)“打印和发布”。用于设置 AutoCAD 的输出设备。默认情况下,输入设备为 Windows 打印机,但在很多时候,为了输出较大的图形,也可能需要使用专门的绘图仪。该选项卡包括“新图形的默认打印设置”等选项组。

(5)“系统”。用于设置当前图形的显示特性,设置定点设备、是否显示 OLE 特性对话框、是否显示所有警告信息、是否显示启动对话框、是否允许长符号名等。该选项卡包括“当前三维图形显示”“当前定点设备”“布局重生成选项”“数据库连接选项”“基本选项”等选项组。

(6)“用户系统配置”。用于优化系统,设置是否使用右键快捷菜单和对象的排序方式。该选项卡包括“Windows 标准优化”“拖放比例”“超链接”“坐标数据输入的优先级”“对象排序方式”“关联标注”等选项组。

(7)“绘图”。用于设置自动捕捉、自动追踪等绘图辅助工具。该选项卡包括“自动捕捉设置”“自动捕捉标记大小(S)”“自动追踪设置”“对齐点获取”“靶框大小(Z)”等选项组。各项功能与操作将在项目 4 做详细介绍。

(8)“选择集”。用于设置选择对象方式和控制显示工具。该选项卡包括“拾取框大小(P)”“选择集模式”“夹点大小”“夹点”等选项组。

(9)“配置”。用于实现新建系统配置、重命名系统配置、删除系统配置等操作。

注意:初学者一般不要随意进行系统配置,若配置不当,将会造成不必要的麻烦。

重点:当需要把 CAD 图形插入到 Word 文档时,最好将窗口颜色修改为白色。

任务 2.3 图层设置

2.3.1 图层简介

2.3.1.1 图层的概念

图层类似于透明胶片，用来分类组织不同的图形信息；在绘制较为复杂的图形时，为了使图形的结构更加清晰，并使绘制以及修改图形更加方便，通常可以将图形中不同性质的实体放置于不同的层面上。比如，所有的尺寸标注处于一层，图形中各种不同的线型各自处于一层，这些不同的层就叫图层。

图形分层的例子已司空见惯。套印和彩色照片都是分层做成的。AutoCAD 的图层(Layer)可以被想象为一张没有厚度且透明的电子图纸，上边画着属于该层的图形对象。图形中所有这样的图层叠放在一起，就组成了一个 AutoCAD 的完整图形。

应用图层在图形设计和绘制中具有很大的实际意义。例如，在城市道路规划设计中，就可以将道路、建筑以及给水、排水、电力、电信、煤气等管线的布置图画在不同的图层上，把所有图层加在一起就是整条道路规划设计图。而单独对各个图层进行处理时(如要对排水管线的布置进行修改)，只要单独对相应的图层进行修改即可，不会影响到其他图层。

重点：在绘制一些复杂的图形时，建立图层不仅能使图形的各种信息清晰、有序，而且也给图形的绘制、修改、编辑和输入提供了很多的方便。

2.3.1.2 图层的特点

用户绘制的每个对象都具有各自的对象特性。在某一图层中生成的对象一般都具有用户预先为该图层定义的特征。具体来说，图层都具有下列特点：

(1)每一图层对应有一个图层名，系统缺省设置的图层为“0”(零)层，其余图层由用户根据绘图需要命名创建，数量不要超过 256 层。

(2)各图层具有同一坐标系，好像透明纸重叠在一起。每一图层对应一种颜色、一种线型。新建图层的缺省为白色、连续线(实线)。图层的颜色和线型设置可以修改。一般在一个图层上创建图形对象时，就自然采用该图层对应的颜色和线型，称为随层(ByLayer)方式。

(3)当前作图使用的图层称为当前层，当前层只有一个，但可以切换。

(4)图层所具有的特征，可以根据用户的需要进行设置和控制。

(5)AutoCAD 通过图层命令(LAYER)、“图层”工具栏中的图层列表以及工具图标等实施图层操作。

2.3.2 设置图层

2.3.2.1 创建图层

1. 调用命令(创建图层)

命令行：LAYER(缩写名：LA，可透明使用)

菜单栏:格式(O)→图层(L)

工具栏:"对象特性"→

2. 主要功能

打开"图层特性管理器",在此可对图层进行各种操作。

3. 格式示例

命令:LAYER↙

执行了上面的操作后,会弹出"图层特性管理器"对话框,如图 2-4 所示。

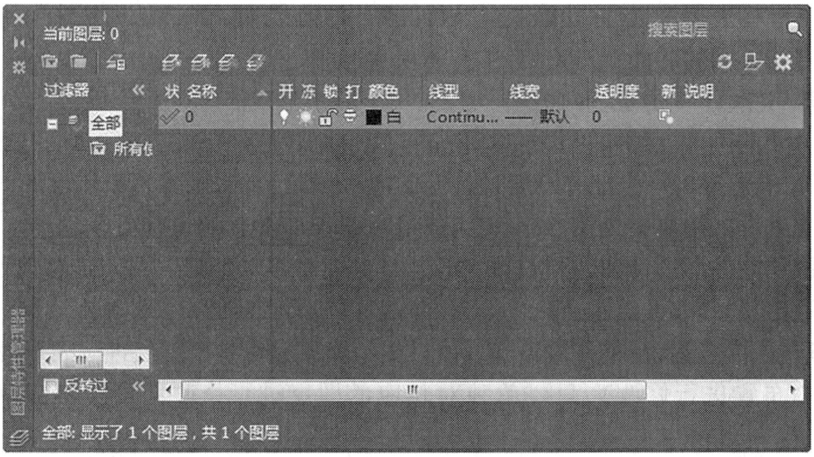

图 2-4 "图层特性管理器"对话框

在"图层特性管理器"对话框中,单击"新建"按钮,可以新建一个名为"图层 1"的图层,如果继续单击新建按钮,就会依次新建名为"图层 2""图层 3"等图层。

在新建图层之后,为了便于区分和管理不同的图层,可以根据需要给图层重命名。重命名图层的方法是:在"图层特性管理器"对话框中,用鼠标在名称列双击需要重命名的图层,然后直接输入新图层名即可。

重点:在 AutoCAD 中,默认情况下只有一个名为"0"(零)的图层。如果用户要使用图层来绘制图形,就需要先创建新图层。创建图层需要在"图层特性管理器"对话框中进行。系统缺省设置的图层为"0"(零)层,它不能随意被删除。

2.3.2.2 设置图层颜色

1. 调用命令(设置图层颜色)

命令行:COLOR

菜单栏:格式(O)→颜色(C)...

工具栏:"对象特性"→"选择颜色"

2. 主要功能

打开"选择颜色"对话框。利用此对话框可设置图层的颜色。

3. 格式示例

命令:COLOR↙

执行命令后,弹出"选择颜色"对话框,如图 2-5 所示。

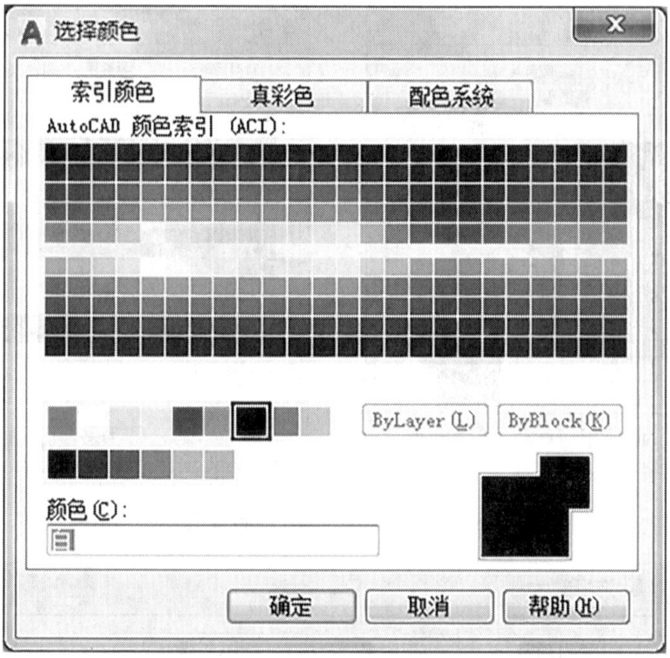

图 2-5 “选择颜色”对话框

在“选择颜色”对话框中,包括“索引颜色”“真彩色”“配色系统”3 个选项卡,可以根据需要进行选择。

(1)“索引颜色”。在该选项卡中,可以使用 AutoCAD 的标准颜色(ACI 颜色),如图 2-5 所示。在 ACI 颜色表中,每一种颜色用一个 ACI 编号(1~255 的整数)标识。用户也可以直接在“颜色”文本框中输入颜色的编号来设定颜色值。

(2)“真彩色”。在该选项卡中,真彩色使用 24 位颜色定义显示 13M 色。指定真彩色时,可以使用 HSL 或 RGB 颜色模式,可以指定颜色的色调、饱和度和亮度,如图 2-6 所示。在这两种颜色模式下,可以得到同一种所需的颜色,但是它们组合颜色的方式却不同。

(3)“配色系统”。在该选项卡中,可以在“配色系统”下拉列表中选择定义好的色库表。选择一种色库表后,就可以在下面的颜色条中选择需要的颜色,如图 2-7 所示。

颜色也是 AutoCAD 图形对象的重要特性,一般不单独设置图形对象的颜色,而是把颜色设置为随层,让颜色随层而变;有时也可设置为随块。

(1)随层(ByLayer)。依对象所在图层,具有该层所对应的颜色。

(2)随块(ByBlock)。当对象创建时,具有系统缺省设置的颜色(白色),当该对象定义到块中,并插入到图形中时,具有块插入时所对应的颜色(块的概念将在项目 7 中介绍)。

(3)指定颜色。即图形对象不随层、随块时,可以具有独立于图层和图块的颜色,AutoCAD 颜色由颜色号对应,编号范围是 1~255,其中 1~7 号是 7 种标准颜色,如表 2-1 所示。其中 7 号颜色随背景而变,背景为黑色时,7 号代表白色;背景为白色时,则其代表黑色。

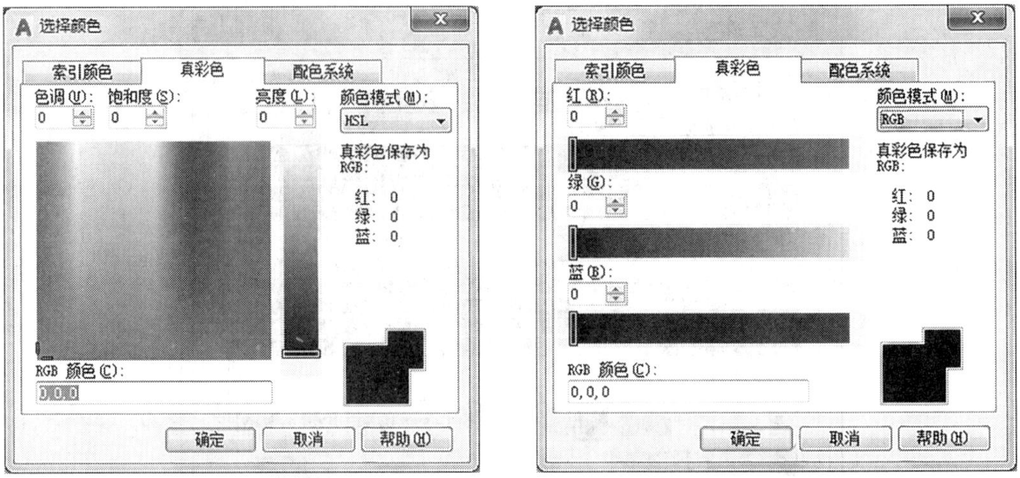

(a) (b)

图 2-6 HSL 和 RGB 颜色模式

图 2-7 “配色系统”选项卡

因此,根据具体的设置,画在同一图层中的图形对象,可以具有随层的颜色,也可以具有独立的颜色。

2.3.2.3 设置图层线型

1. 调用命令(设置图层线型)

命令行:LINETYPE(缩写名:LT,可透明使用)

菜单栏:格式(O)→线型(N)…

工具栏:“对象特性”→“其他”

表 2-1　标准颜色列表

编号	颜色名称	颜色
1	RED	红
2	YELLOW	黄
3	GREEN	绿
4	CYAN	青
5	BLUE	蓝
6	MAGENTA	紫(洋红)
7	WHITE/BLACK	白/黑

2. 主要功能

打开“选择线型”对话框。利用此对话框可设置图层的线型。

3. 格式示例

命令:LINETYPE↙

执行命令后,弹出“选择线型”对话框,如图 2-8 所示。

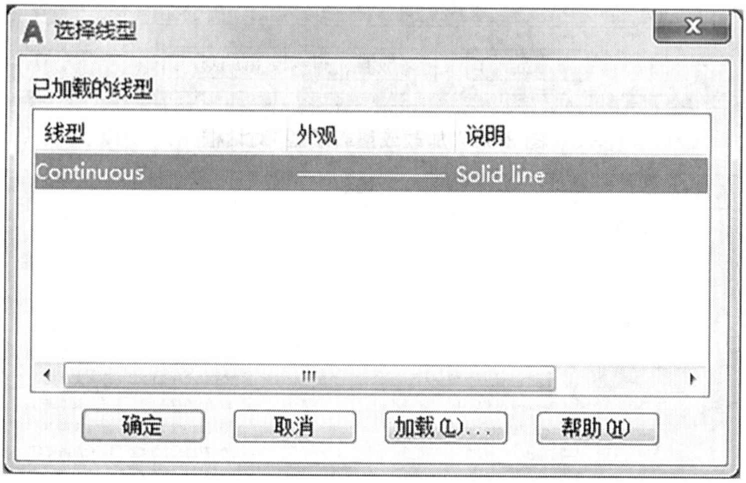

图 2-8　“选择线型”对话框

所谓“线型”,是指作为图形基本元素的线条的组成和显示方式,如虚线、实线等。在 AutoCAD 中既有简单线型,也有由一些特殊符号组成的复杂线型,因此可以满足不同国家和不同行业标准的要求。

在 AutoCAD 中,默认线为“Continuous”型,用户可以为各个图层设置不同的线型或相同的线型,要改变某个图层的线型,可单击该图层的默认线型,在打开的“选择线型”对话框中来进行。

默认情况下,在“选择线型”对话框的“已加载的线型”列表框中,只列出了当前图形文件所加载的线型。如果用户要使用其他线型,可以单击“加载(L)...”按钮,打开“加载或重载线型”对话框，将需要的线型加载到“已加载的线型”列表框中。

如图 2-9 所示，在“加载或重载线型”对话框的“可用线型”列表框中，列出了当前可以选用的各种线型。AutoCAD 中的线型包含在线型库定义文件 acad. lin 和 acadiso. lin 中。其中，在英制测量系统下，使用线型库定义文件 acad. lin；在公制测量系统下，使用线型库定义文件 acadiso. lin。用户可以根据需要，单击对话框中的“文件(F)…”按钮，打开“选择线型文件”对话框，从中选择合适的线型库定义文件，如图 2-10 所示。

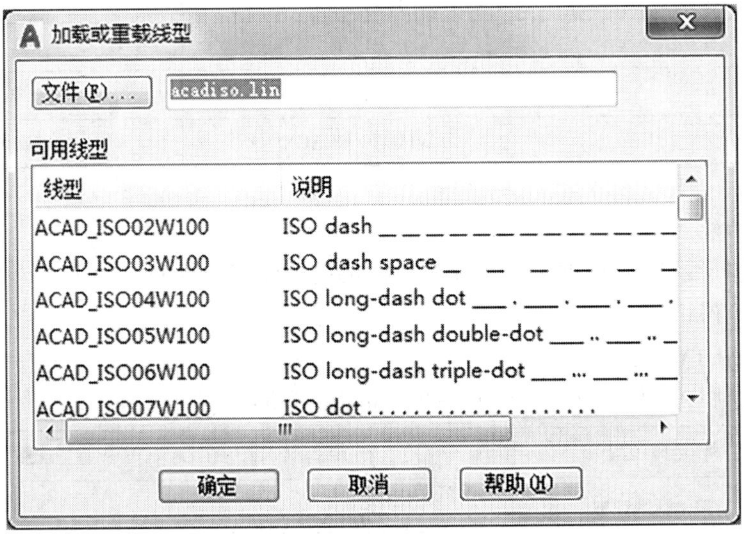

图 2-9　“加载或重载线型”对话框

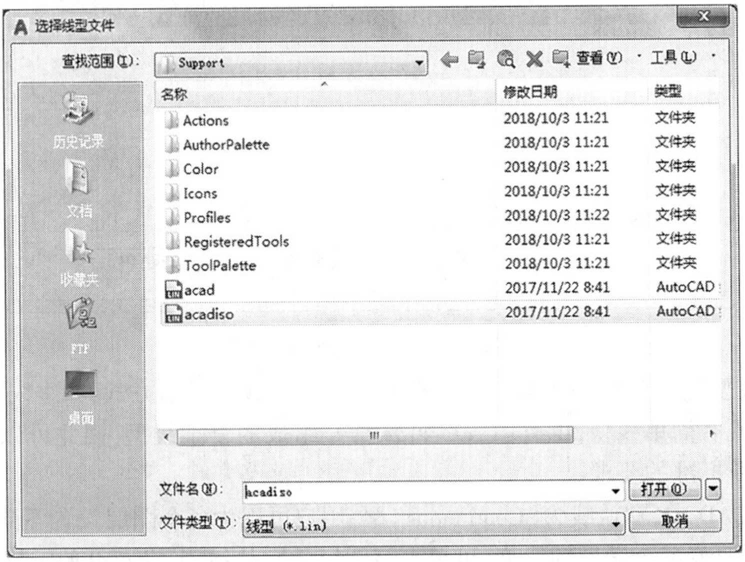

图 2-10　“选择线型文件”对话框

线型设置方式和颜色相似，AutoCAD 中图形对象的线型设置有三种方式：

(1) 随层(ByLayer)。按对象所在图层，具有该层所对应的线型。

(2) 随块(ByBlock)。当对象创建时，具有系统缺省设置的线型(连续线)，当该对象定义到块中，并插入到图形中时，具有块插入时所对应的线型。

(3)指定线型。图形对象不随层、随块，而是具有独立于图层的线型，用对应的线型名表示。

2.3.2.4 设置线型宽度

1. 调用命令(设置线型宽度)

命令行：LWEIGHT(可透明使用)

菜单栏：格式(O)→线宽 (W)…

也可以用状态栏中的“线宽”按钮来设置线宽。

2. 主要功能

打开“线宽设置”对话框。

3. 格式示例

命令：LWEIGHT↙

执行“LWEIGHT”命令后，AutoCAD 可以打开“线宽设置”对话框，如图 2-11 所示。在该对话框中可以设置当前线宽等选项。

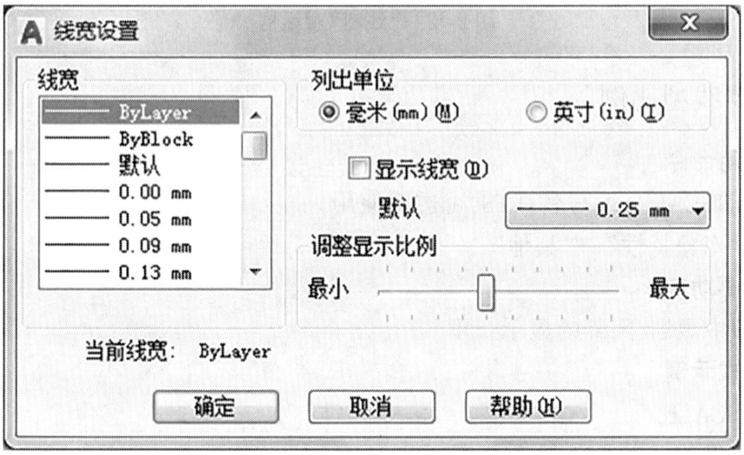

图 2-11 “线宽设置”对话框

4. 选项

(1)线宽。该框中列出了全部的可用线宽，当选择了一个线宽后，单击“确定”按钮，则将该线宽设置为当前线宽。

(2)列出单位。该部分用于确定线宽的单位(mm 或 in)。

(3)显示线宽。是否按照线宽来显示图形对象(也可用状态栏中“线宽”按钮来设置)。

(4)默认。设置“默认”线宽的实际宽度。

(5)调整显示比例。设置线宽在屏幕上的显示比例。

重点：最常用的方法是在“图层特性管理器”中，单击图层的默认线宽，打开如图 2-12 所示的“线宽”对话框来设置图层的线宽。

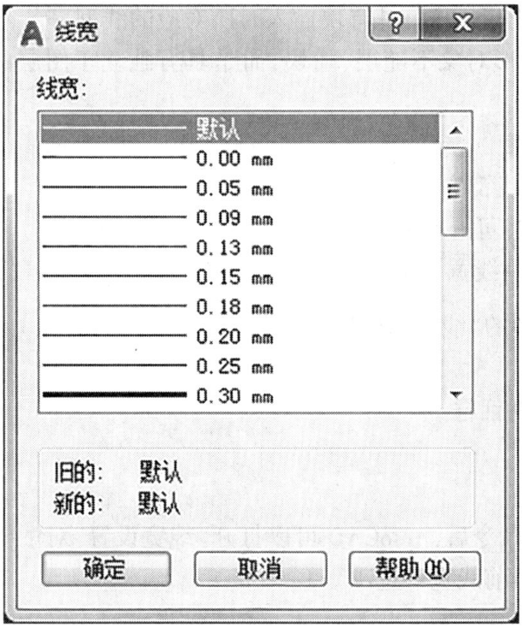

图 2-12 “线宽”对话框

2.3.3 设置线型比例

2.3.3.1 调用命令

命令行:LTSCALE(缩写名:LTS,可透明使用)

工具栏:“对象特性”→“其他”

2.3.3.2 主要功能

调整线型中短划、间隔的显示长度。

2.3.3.3 格式示例

命令:LTSCALE↙

新比例因子<1.0000>:(输入新值)

此时 AutoCAD 根据新的比例因子自动重新生成图形。比例因子大于 1 时,则线段增长;反之亦然。

注意:AutoCAD 提供的线型比例的功能,即对一条线段,在总长不变的情况下,用线型比例来调整线型中短划、间隔的显示长度。要删除的图层必须是不能含有任何对象才可删除,否则会出现警告的信息。

任务 2.4 使用图层

AutoCAD 提供的“图层”和“对象特性”工具栏,使用户可以方便地对图层进行控制和管理,如对当前图层的颜色、线型和线宽等进行设置与修改。

2.4.1　图层控制

2.4.1.1　“图层”工具栏

AutoCAD 提供的“图层”工具栏，排列了当前图层的颜色和控制管理状态（见图 2-13）。

图 2-13　“图层”工具栏(6 行)

1. 对象层

对象层用于打开图层特性管理器。单击该图标，AutoCAD 打开图 2-4 所示的“图层特性管理器”对话框，可对图层的各个特性进行修改。

2. 过滤器

过滤器用于修改图层的开/关、锁定/解锁、冻结/解冻、打印/非打印特性。单击右侧箭头，出现图层下拉列表，用户可单击相应层的相应图标改变其特性。

3. 当前层

当前层用于改变当前图层。单击该图标，然后在图形中选择某个对象，则该对象所在图层将成为当前层。

4. 上一层

上一层用于恢复到原图层。即使将几个对象所在图层多次设置成为当前层，都可返回到原图层。

2.4.1.2　“特性”工具栏

AutoCAD 提供的“特性”工具栏，排列了有关当前图层对象的颜色、线型和线宽（见图 2-14）。

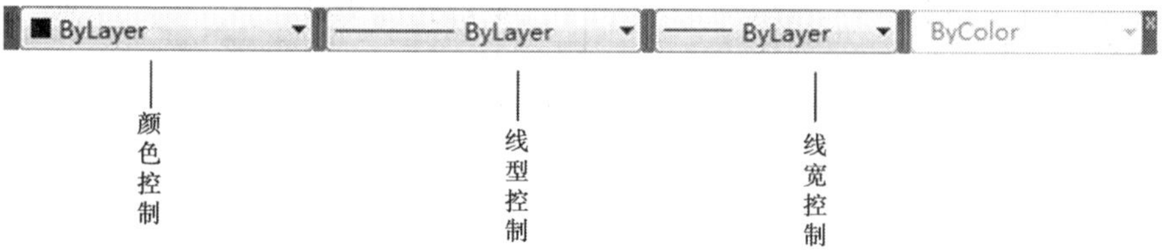

图 2-14　“特性”工具栏(6 行)

1. 颜色控制

颜色控制用于修改当前颜色。下拉列表中列出了“随层”“随块”及七种标准颜色，单击“其他”按钮可打开“选择颜色”对话框，从中可修改当前绘制图形所用的颜色。此修改不影响当前图层颜色设置。

2. 线型控制

线型控制用于修改当前线型。此修改只改变当前绘制图形用的线型,不影响当前图层的线型设置。

3. 线宽控制

线宽控制用于修改当前线宽。与前两项相同,不影响图层的线宽设置。

4. 打印样式控制

打印样式控制用于修改当前的打印样式,对图层的打印样式设置不影响。

2.4.2 图层状态

在图层的实际使用中,有时为了修改的方便或出图的目的要求,需要对图层进行保护性的管理操作,即"关闭""冻结""锁定"。

打开(ON)/关闭(OFF):如果关闭图层的显示,那么图形不能被显示或打印出来,但这些图形仍然是存在的。在重生成图形时,该图层上的图形可以重新生成。

冻结(Freeze)/解冻(Thaw):如果冻结图层,那么其中的图形不能被显示或打印出来,并且重新生成图形时,不能生成这些图形。也就是说,冻结图层上的对象不参加计算,因此可明显提高绘图速度。

锁定(Lock)/解锁(Unlock):如果图层为锁定,那么其上的实体仍然可以在屏幕上显示,也可以打印出来,只是不能对其中的图形进行修改。

注意:需要指出的是,在被关闭的图层上可以添加、删除、修改任何实体,仅仅是不被显示而已,只能在当前层上画图,不能冻结当前层(读者可以通过实例进行图层的控制操作)。

重点:"关闭""冻结""锁定"和不打印之间的区别(见表 2-2)。

表 2-2 图层控制管理的效果

图层的控制项目	荧屏视觉	编辑处理结果	当前层
关闭	看不到	找不到不能编辑	可(能画图)
冻结	看不到	找不到不能编辑	不可
锁定	看得到	可找到不能编辑	可
不打印	看得到	不打印	可

2.4.3 图层应用

图层广泛应用于组织图形,通常可以按线型(如粗实线、细实线、虚线和点划线等)、按图形对象类型(如图形、尺寸标注、文字标注、剖面线等)、按功能(如桌子、椅子等),或按生产过程、管理需要来分层,并给每一层赋予适当的名称,使图形管理变得十分方便。

上机操作:图 2-15 为一圆圈图,现结合绘图过程设置图层,对其进行绘图操作。

分析:如图 2-15(a)所示,弄清图中各圆的尺寸和各种不同的线型,需要建立不同的图层,将每个对象放在不同的图层上。

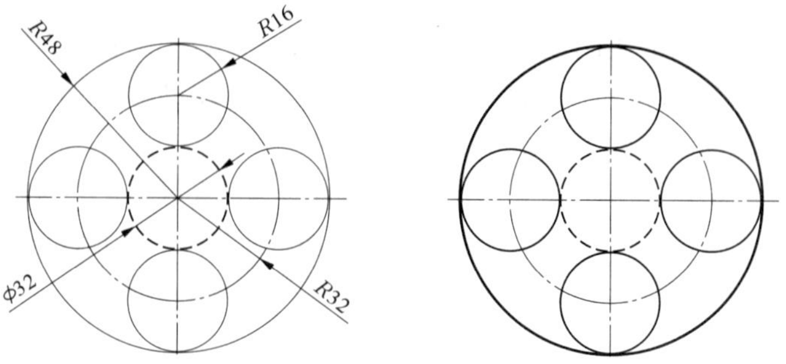

(a) (b)

图 2-15 圆圈图

码 2-1 微课:圆圈图

作图:

(1)打开“图层特性管理器”对话框,建立六个图层,并规定其名称、颜色、线型、线宽,如表 2-3 所示(通常保留系统提供的“0”层,供辅助作图用)。

表 2-3 图层设置

名称	颜色	线型	线宽	用途
点划线(DHX)	蓝绿/浅蓝	CENTER	0.25	定位轴线
粗实线(CSX)	白	Continuous	0.7	可见轮廓线
细实线(XSX)	红	Continuous	0.25	作图线
虚线(XX)	黄	DASHED	0.25	不可见轮廓线
剖面(PM)	青	Continuous	0.25	材料符号
标注(BZ)	紫	Continuous	0.25	标注尺寸
“0”层	白	Continuous	默认	默认

(2)选中“DHX”为当前层,画定位轴线及点划线圆,以确定圆心。

(3)将“CSX”设置为当前层,画可见轮廓线的圆。

(4)将“XX”设置为当前层,画不可见轮廓线的圆。

(5)将“BZ”设置为当前层,进行图样标注(略),作图结果如图 2-15(b)所示。

任务 2.5 设置样板

2.5.1 建立样板文件

一般情况下,用 A3 图幅,按 1:100 的比例出图。其建立样板文件的方法及步骤如下。

2.5.1.1 新建图形

以公制缺省设置开始一张新图。此时屏幕绘图范围应为 A3 图幅。

2.5.1.2 **图幅设置**

考虑到将在模型空间出图，因为出图比例为 1∶100（画图比例），所以应将 A3 图幅范围放大 100 倍，设置为 4 200×29 700，也就是说，画图如果用 1∶*n* 的比例，就先把所用图幅放大 *n* 倍，这样便可用 1∶1的比例画图。

2.5.1.3 **单位制与精度**

从格式下拉菜单中点取“单位...”命令，选择十进制（Decimal）精度（Precision）为 0（取整数）。

2.5.1.4 **图层设置**

图层设置如下（线型比例系数 LTSCALE 一般取值为 1.00）：

新建图层	颜色	线宽
点划线（DHX）	蓝绿/浅蓝	0.25
粗实线（CSX）	白色	0.7
细实线（XSX）	红色	0.25
虚线（XX）	黄色	0.25
剖面线（PMX）	青色	0.25
尺寸线（CHCX）	紫色	0.25

2.5.1.5 **文字样式**

设置文字样式，一般设置为以下三种（设置其中一种即可）：

（1）长仿宋字体名为“仿宋 GB 2312”，字体样式为“常规”，宽度系数为 0.7，其他为默认值。

（2）gb 字体名 gbeitc. shx，大字体 gbcbig. shx，其他为默认值。

（3）complex 字体名 complex. shx，其他为默认值。

2.5.1.6 **尺寸标注样式**

打开“标注样式”对话框，新建标准样式，取名 SG-dim。先修改 Standard 为 SG-dim，单击“确定”按钮，然后做如下设置：

单击下拉菜单“格式”→“标注样式” →对话框“修改”，按如下进行修改：

（1）直线和箭头的修改：

①尺寸线间距取 7。

②尺寸界线超出量取 2。

③尺寸标注比例系数设为 100。

④选择文字为十进制单位，精度 0，文字样式为 Isocp 或 gb，字高 2.5。

⑤单击“保存”按钮。

（2）选择标注族中的“线性”，修改如下：

①将箭头大小取 1.25（也可取默认值 1）。

②其他均按默认设置，单击“保存”按钮。

（3）选择标注族中的“直径”，修改如下：

①选择标注格式中“用户自定义”及文字“界外水平”，自适应设置中选择“箭头”。

②其他均按默认值，单击“保存”按钮。

(4)选择标注族中的“半径”,做与“直径”相同的修改。

(5)选择标注族中的“角度”,修改如下:

①选择标注格式中文字“界内水平”及“界外水平”。

②其他均按默认设置,单击“保存”按钮。

单击“确定”按钮,退出“标注样式”对话框,于是有了符合国标的标注样式。

(6)定义图块:

①标高图块,用属性定义标高数字。

②剖面符号图块。

③图框及标题栏图块,用属性定义姓名、图名、日期等内容。

注意:应在系统“0”层定义图块。另外,样板图线应画好图框及标题栏。

(7)保存样板文件:

①拾取下拉菜单“文件→另存为...”命令,打开“保存文件”对话框。

②选择“ *.dwt”类型,输入文件名,指定文件名,指定文件夹,单击“保存”按钮。

(8)两点说明。

对自制的样板要进行测试,达到预期目的后存盘;也可以将存盘的样板文件打开进行修改再保存。当然,也可不逐项设置,直接取默认值。

2.5.2 打开样板文件

打开自制样板的方法:新建图形,单击对话框的“使用样板”按钮,选择定制样板文件,如果保存在其他文件夹下,则双击文件夹,选择保存的定制样板文件即可。

注意:“另存为”即换名存盘,使样板图纸保存完好。

项目 3　辅助绘图

辅助绘图主要是研究显示控制、辅助工具和查询命令等，更有利于精确作图，以便达到更好的效果。学习过程中，应踔厉奋发、勇毅前行，努力做社会主义核心价值观的坚定信仰者、积极传播者、模范践行者。

任务 3.1　显示控制

在 AutoCAD 中，文档窗口只能显示图形的一部分或者显示图形的全部，使用户不能有效观察图形的整体或细部，这时就需要对图形的显示效果进行控制，而图形在坐标系中的实际位置大小并不改变，这样有利于准确绘图。

3.1.1　图形缩放(ZOOM)

3.1.1.1　调用命令

命令行：ZOOM(Z)

菜单栏：视图(V)→缩放(Z)

工具栏："标准"→

"缩放"工具栏：

3.1.1.2　主要功能

用于放大或缩小图形显示，以便于用户观察和绘制图形。

3.1.1.3　格式示例

启动命令后系统提示：

命令：ZOOM

指定窗口的角点，输入比例因子（nX 或 nXP），或者

[全部(A)/中心(C)/动态(D)/范围(E)/上一个(P)/比例(S)/窗口(W)/对象(O)] <实时>：

指定窗口的角点，输入比例因子（nX 或 nXP）：（直接输入窗口的一个角点，相当于下文将介绍的"窗口(W)"选项；直接输入缩放系数，相当于下文将介绍的"比例(S)"选项）。

全部(A)：在当前视口中缩放显示整个图形，当图形超出图形界限时，不考虑图形界限，显示整个图形；当图形没有超出图形界限时，显示图形界限。此选项同时对图形进行"重生"操作。

中心(C)：缩放显示由中心点和放大比例（或高度）所定义的窗口。高度值较小时增加放大比例。高度值较大时减小放大比例。

动态(D)：对图形进行动态缩放。此选项可在屏幕上显示三种颜色的方框。

范围(E):将当前窗口中图形的全体目标尽最大可能地显示在屏幕上。

上一个(P):恢复前一个视图(最多可连续使用10次)。

比例(S):根据输入的比例值缩放图形,此项有三种比例值的输入方法。例如:输入“3”,则显示原图的3倍;输入“3X”,则将当前图形放大3倍;输入“3XP”,则将模型空间中的图形以3倍的比例显示在图纸空间中。

窗口(W):缩放显示以两个对角点确定的矩形区域。

对象(O):缩放以便尽可能大地显示一个或多个选定的对象,并使其位于绘图区域的中心。可以在启动ZOOM命令之前或之后选择对象。

实时:默认选项,交互地缩放显示图形。此时,屏幕上出现放大镜光标,按住左键沿“+”方向移动则图形放大;沿“-”方向移动则图形缩小。如果要退出缩放,可按Esc键、回车键或单击鼠标右键,在弹出菜单中选择“退出”选项。

重点:选项“全部”和“范围”的区别。

3.1.2 图形平移(PAN)

3.1.2.1 调用命令

命令行: PAN

菜单栏:视图(V)→平移(P)

工具栏: 标准→(实时平移)

3.1.2.2 主要功能

用于平移视图,以便观察当前图形上的其他区域。

3.1.2.3 格式示例

用“PAN”命令让视图图3-1(a)移动,得到如图3-1(b)所示效果。

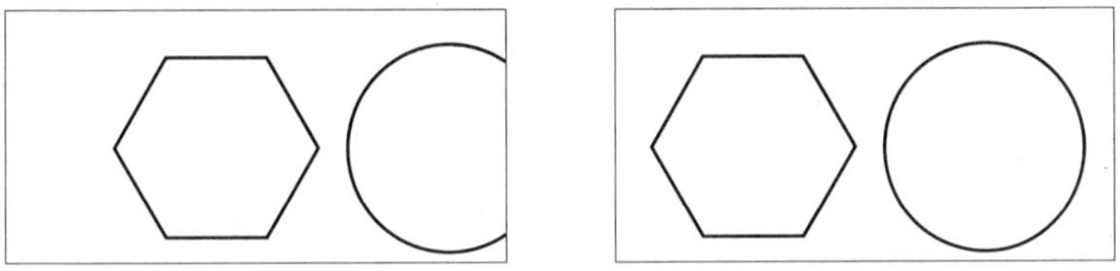

(a) (b)

图3-1 平移

其操作步骤如下:

(1)使用命令行提示作图。

命令: _pan

指定基点或位移:

指定第二点:

(2)在下拉菜单中单击“视图(V)”→“平移(P)”,出现子菜单,如图3-2所示,其含义和功能分别如下:

实时:该选项用于动态平移。用户选取该选项后,当前光标变为手的形状。按下鼠标左键,任意移动当前光标,AutoCAD的视窗也随之移动,直至达到满意位置。

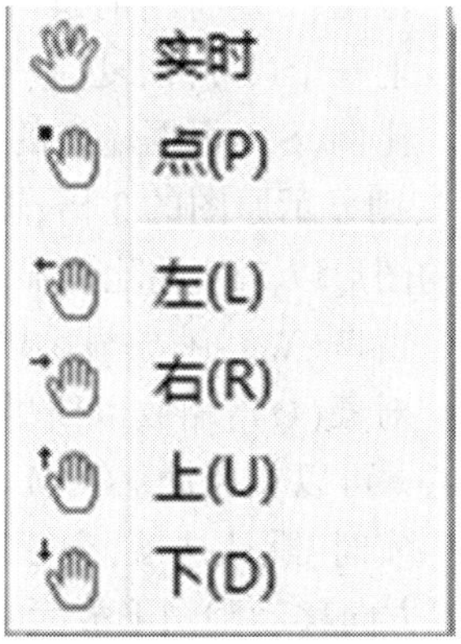

图 3-2 平移菜单

点(P):该选项用于两点平移。用户输入两个点,这两个点之间的方向和距离便是视图平移的方向和距离。

左(L)、右(R)、上(U)、下(D):将视图向左、右、上、下分别移动一段距离。

注意:该命令和缩放命令均为透明命令,可在其他命令执行过程中执行。

技巧:命令行输入命令时,如果输入"PAN",光标形状变为手形。图形显示随光标向同一方向移动。如果输入"-PAN",则通过命令行提示完成操作。

3.1.3 重画(REDRAW)

3.1.3.1 调用命令

命令行:REDRAW

菜单栏:视图(V)→重画(R)

3.1.3.2 主要功能

刷新屏幕或当前视区,擦除残留的光标点。

3.1.3.3 格式示例

使用命令行提示操作。

命令:REDRAW 执行后,屏幕上的图形重画一遍,将操作时的光标点清除使图面整洁。

3.1.4 重生成(REGEN)

3.1.4.1 调用命令

命令行:REGEN

菜单栏:视图(V)→重生成(G)

3.1.4.2 主要功能

重新计算所有图形,并在屏幕上显示出来,执行该命令时由于要重新计算,所以图形生成速度较慢,故一般尽量少使用。

3.1.4.3 格式示例

使用命令行提示操作。

命令:REGEN(重生成目前所在视口)

注意:当发生 ZOOM 或 PAN 动不了时,可执行 REGEN 命令重生成即可。

任务 3.2 辅助工具

3.2.1 捕捉与栅格

栅格是以可见的位置参考图标,由一系列规则排列的点组成,类似于作图时的方格纸，以帮助定位。尤其是与捕捉功能配合使用，可以提高作图速度。

3.2.1.1　**调用命令**

命令行：DSETTINGS

菜单栏：工具(T)→草图设置

3.2.1.2　**主要功能**

以对话框形式设置栅格显示、栅格捕捉功能。

3.2.1.3　**格式示例**

输入命令后，AutoCAD 弹出“草图设置”对话框，打开“捕捉和栅格”选项卡，如图 3-3 所示。

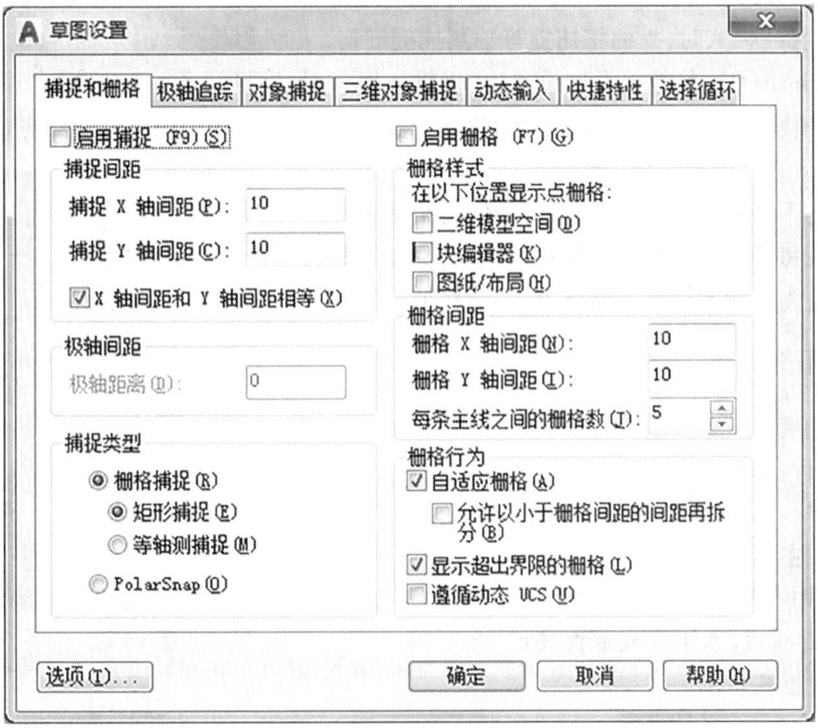

图 3-3　“草图设置”对话框

该选项卡中有如下选项：

“启用捕捉(F9)(S)”复选项：打开或关闭捕捉模式，也可以通过单击状态栏上的“捕捉”，或按 F9 键，或使用系统变量 SNAPMODE 来打开或关闭捕捉模式。

“捕捉间距”区：控制不可见的栅格，使光标按指定的间距移动。

捕捉 X 轴间距(P)：指定 *X* 方向的捕捉间距。间距值必须为正实数。

捕捉 Y 轴间距(C)：指定 *Y* 方向的捕捉间距。间距值必须为正实数。

“启用栅格(F7)(G)”复选项：打开或关闭栅格点，也可以通过单击状态栏上的“栅格”，或按 F7 键，或使用系统变量 GRIDMODE 来打开或关闭栅格点模式。

“栅格间距”区：控制点栅格的显示，有助于将距离形象化。

栅格 X 轴间距(N)：指定 *X* 方向的点间距。如果该值为 0，则栅格采用“捕捉 X 轴间距”的值。

栅格 Y 轴间距(I):指定 Y 方向的点间距。如果该值为 0,则栅格采用“捕捉 Y 轴间距”的值。

“捕捉类型”:控制捕捉模式设置。

栅格捕捉(R):设置栅格捕捉类型。如果指定点,光标将沿垂直栅格点或水平栅格点进行捕捉。

矩形捕捉(E):将捕捉样式设置为标准“矩形”捕捉模式。当捕捉类型设置为“栅格”且打开“捕捉”模式时,光标将捕捉矩形捕捉栅格。

等轴测捕捉(M):将捕捉样式设置为“等轴测”捕捉模式。当捕捉类型设置为“栅格”且打开“捕捉”模式时,光标将捕捉等轴测捕捉栅格。

PolarSnap(O):将捕捉类型设置为“极轴捕捉”。如果打开了“捕捉”模式并在极轴追踪打开的情况下指定点,光标将沿在“极轴追踪”选项卡上相对于极轴追踪起点设置的极轴对齐角度进行捕捉。

注意:不要随意打开捕捉,否则会使得鼠标不灵。

重点:将栅格捕捉与栅格显示功能结合起来使用,可以达到精确绘图。

技巧:为了使光标落在栅格上,一般将捕捉间距和栅格间距设置成相同。

3.2.2 正交

3.2.2.1 调用命令

命令行:ORTHO

状态栏:“正交”按钮,按 F8 键

3.2.2.2 主要功能

控制用户是否以正交方式绘图。在正交方式下,用户可以方便地绘出与当前 X 轴或 Y 轴平行的线段(水平线或垂直线)。

3.2.2.3 格式示例

输入命令后,系统提示:

命令:ORTHO

输入模式[开(ON)/关(OFF)]<开>:

各选项的功能如下:

开(ON):打开正交功能,用户使用正交方式绘图。

关(OFF):关闭正交功能,使其不起作用。

注意:“正交”模式和极轴追踪不能同时打开。打开“正交”将关闭极轴追踪。单击状态栏上的“正交”按钮或按 F8 键,相当于对正交功能的打开与关闭进行交替更换。

3.2.3 极轴

3.2.3.1 调用命令

命令行:DSETTINGS

菜单栏:工具(T)→草图设置

状态栏:“极轴”按钮

3.2.3.2 主要功能

以对话框形式设置极轴追踪功能。使用极轴追踪的功能可以用指定的角度来绘制对象。

3.2.3.3 格式示例

输入命令后,AutoCAD 弹出“草图设置”对话框,打开“极轴追踪”选项卡,如图 3-4 所示。

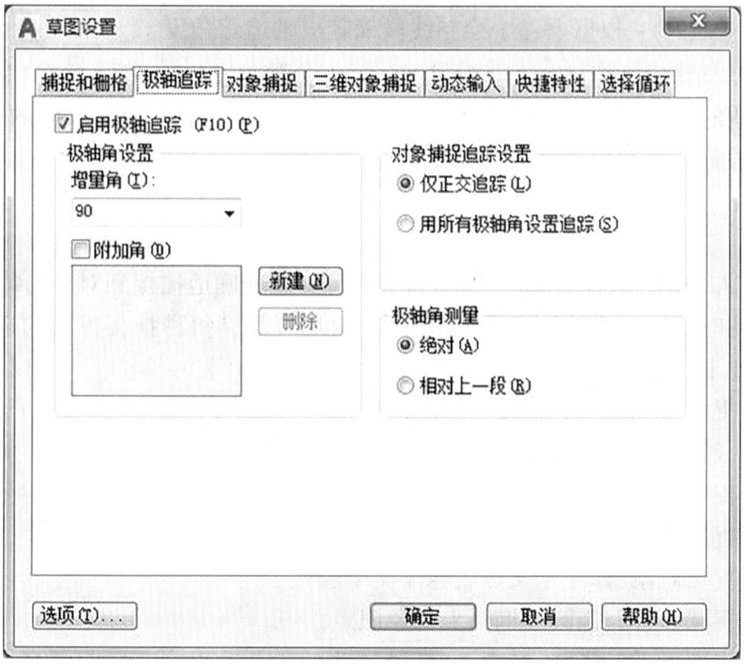

图 3-4 设置极轴追踪功能

该选项卡中有如下选项:

“启用极轴追踪(F10)(P)”复选项:打开或关闭极轴追踪,也可以按 F10 键或使用 AUTOSNAP 系统变量来打开或关闭极轴追踪。

(1)极轴角设置。设置极轴追踪的对齐角度。

增量角(I):设置用来显示极轴追踪对齐路径的极轴角增量。可以输入任意角度,也可以从列表中选择 90、45、30、22.5、18、15、10 或 5 这些常用角度。

附加角(D):对极轴追踪使用列表中的任何一种附加角度。“附加角”复选框也受 POLARMODE 系统变量控制。附加角列表也受 POLARADDANG 系统变量控制。

角度列表:如果选定“附加角”,将列出可用的附加角度。要添加新的角度,请单击“新建”。要删除现有的角度,请单击“删除”。

新建(N):最多可以添加 10 个附加极轴追踪对齐角度。

删除:删除选定的附加角度。

(2)对象捕捉追踪设置。设置对象捕捉追踪选项。

仅正交追踪(L):当对象捕捉追踪打开时,仅显示已获得的对象捕捉点的正交(水平/垂直)对象捕捉追踪路径。

用所有极轴角设置追踪(S):将极轴追踪设置应用于对象捕捉追踪。使用对象捕捉追踪时,光标将从获取的对象捕捉点起沿极轴对齐角度进行追踪。

(3)极轴角测量。设置测量极轴追踪对齐角度的基准。

绝对(A):根据当前用户坐标系(UCS)确定极轴追踪角度。

相对上一段(R):根据上一个绘制线段确定极轴追踪角度。

注意:附加角度是绝对的,而非增量的。添加分数角度之前,必须将 AUPREC 系统变量设置为合适的十进制精度以防止不需要的舍入。例如,如果 AUPREC 的值为 0(默认值),则所有输入的分数角度将舍入为最接近的整数。

3.2.4 对象捕捉

在 AutoCAD 中使用对象捕捉,绘图和编辑时都可准确地捕捉到对象的特征点。

由于绘图时所需捕捉特征点的类型不同,用户应掌握每种捕捉方式的适用范围。目标捕捉类型如下:

端点:捕捉圆弧、椭圆弧、直线、多线、多段线、样条曲线、面域或射线最近的端点,或捕捉宽线、实体或三维面域的最近角点。

中点:捕捉圆弧、椭圆、椭圆弧、直线、多线、多段线、实体、样条曲线或参照线的中点。

中心:捕捉圆弧、圆、椭圆或椭圆弧的圆心。

节点:捕捉点对象、标注定义点或标注文字起点。

象限:捕捉圆弧、圆、椭圆或椭圆弧的象限点。

交点:捕捉圆弧、圆、椭圆、椭圆弧、直线、多线、多段线、射线、面域、样条曲线或参照线的交点。“延伸交点”不能用作执行对象捕捉模式。

延伸:当光标经过对象的端点时,显示临时延长线或圆弧,以使用户在延长线或圆弧上指定点。

插入点:捕捉属性、块、图形或文字的插入点。

垂足:捕捉圆弧、圆、椭圆、椭圆弧、直线、多线、多段线、射线、实体、样条曲线或参照线的垂足。

切向:捕捉圆弧、圆、椭圆、椭圆弧或样条曲线的切点。

最近点:捕捉对象与指定点距离最近点。

外观交点:捕捉不在同一平面,但在当前视图中看起来相交的两个对象的交叉点。

平行:用于捕捉某一直线并绘制与该直线平行的直线。

手动捕捉:当用户执行某个命令时,如果需要捕捉一些特征点,即可启动捕捉方式。

下面为用户介绍两种启动捕捉方式的方法。

单击“对象捕捉”工具栏(见图 3-5)中的一个按钮。

图 3-5 “对象捕捉”工具栏

按 Shift 键的同时在绘图区域中单击鼠标右键，系统将在光标显示位置弹出捕捉菜单，然后从快捷菜单中选择一种对象捕捉方式，如图 3-6 所示。手动捕捉应用如图 3-7 所示。

注意：用上面的方式捕捉目标时，每次设置只能执行一次。

自动捕捉：自动捕捉方式是当绘图过程中需要捕捉特征点时，系统根据设置自动进行捕捉，可以执行多次捕捉。

3.2.4.1 **调用命令**

命令行：OSNAP

菜单栏：工具(T)→草图设置

3.2.4.2 **主要功能**

以对话框形式设置自动捕捉功能。

3.2.4.3 **格式示例**

输入命令后，AutoCAD 弹出“草图设置”对话框，打开“对象捕捉”选项卡，如图 3-8 所示。

该选项卡中有如下选项：

“启用对象捕捉(F3)(O)”复选项：打开或关闭执行对象捕捉。当对象捕捉打开时，在“对象捕捉模式”下选定的对象捕捉处于活动状态。

对象捕捉模式：列出可以在执行对象捕捉时打开的对象捕捉模式。各种捕捉模式为以上介绍的捕捉类型。

全部选择：打开所有对象捕捉模式。

全部清除：关闭所有对象捕捉模式。

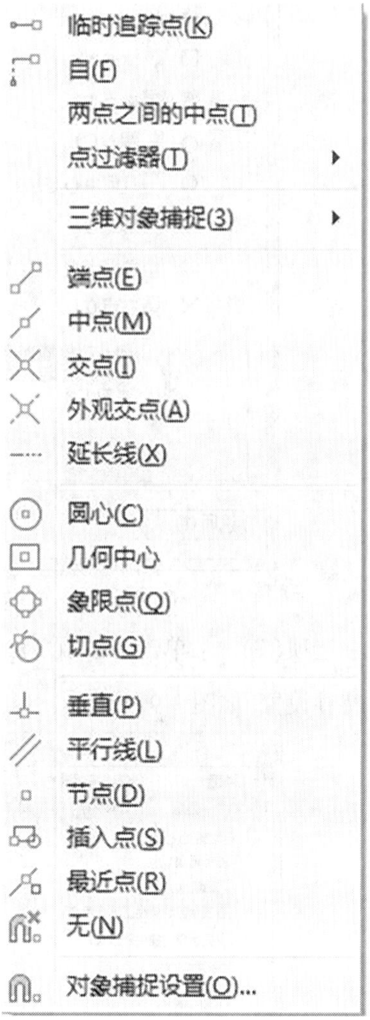

图 3-6 捕捉菜单

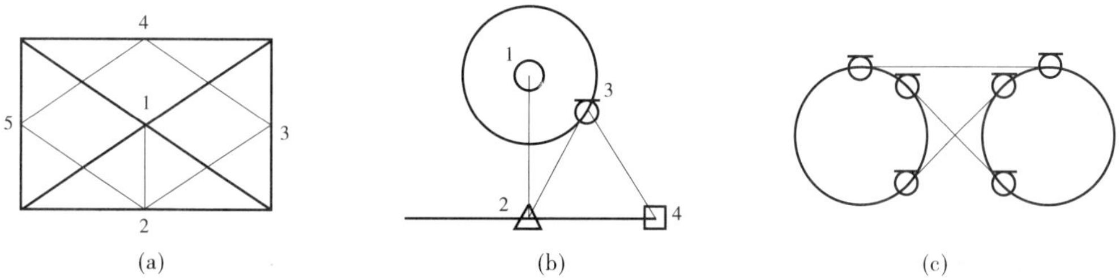

图 3-7 手动捕捉应用

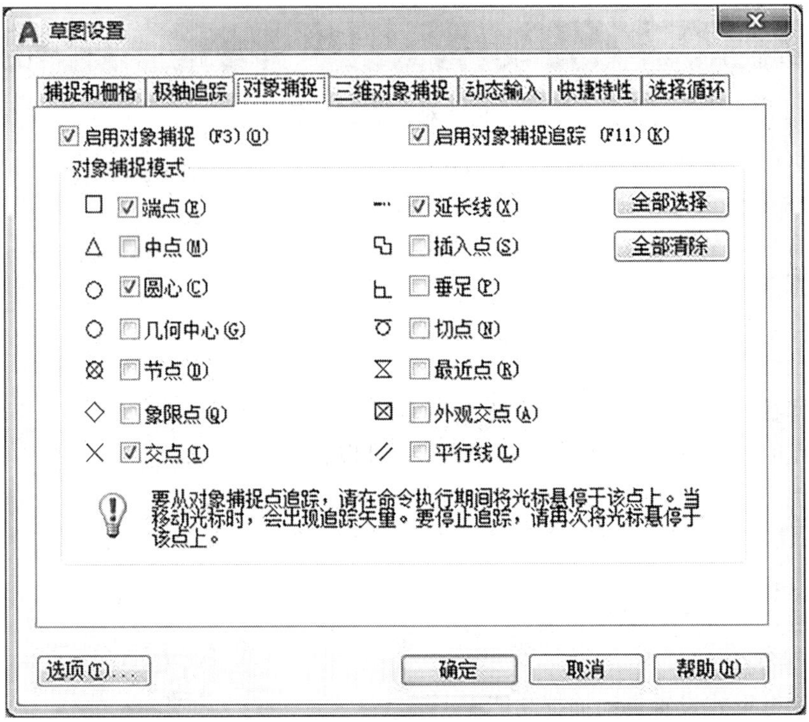

图 3-8 “草图设置”对话框

选项(T)...：单击“选项(T)...”按钮可调出“选项”对话框的“绘图”选项卡，可对捕捉特性设置，如图 3-9 所示。

图 3-9 “选项”对话框

该选项卡中有如下选项：

自动捕捉设置：控制使用对象捕捉时显示的形象化辅助工具(称自动捕捉)的相关设置。

标记(M)：自动捕捉标记的显示与否的开关。该标记是当十字光标移到捕捉点上时显示的几何符号。

磁吸(G)：打开或关闭自动捕捉磁吸。磁吸是指十字光标自动移动并锁定到最近的捕捉点上。

显示自动捕捉工具提示(T)：控制自动捕捉工具栏提示的显示。工具栏提示是一个标签，用来描述捕捉到的对象部分。

显示自动捕捉靶框(D)：控制自动捕捉靶框的显示。靶框是捕捉对象时出现在十字光标内部的方框。

颜色(C...)：指定自动捕捉标记的颜色。

自动捕捉标记大小(S)：设置自动捕捉标记的显示尺寸。

对象捕捉选项：指定对象捕捉的选项。

忽略图案填充对象(I)：指定在打开对象捕捉时，对象捕捉忽略填充图案。

使用当前标高替换Z值(R)：指定对象捕捉忽略对象捕捉位置的Z值，并使用为当前UCS设置的标高的Z值。

靶框大小(Z)：设置自动捕捉靶框的显示尺寸。如果选择“显示自动捕捉靶框”(或APBOX设置为1)，则当捕捉到对象时靶框显示在十字光标的中心。靶框的大小确定磁吸将靶框锁定到捕捉点之前，光标应到达与捕捉点多近的位置。取值范围从1到50像素。

设计工具提示设置(E)：控制绘图工具栏提示的颜色、大小和透明度。

注意：“_OSNAP”命令用于命令行设置自动捕捉模式，而执行“OSNAP”命令则弹出“草图设置”对话框。

3.2.5 对象追踪

“启用对象捕捉追踪(F11)”复选项：开或关对象捕捉追踪。使用对象捕捉追踪，在命令中指定点时，光标可以沿基于其他对象捕捉点的对齐路径进行追踪。要使用对象捕捉追踪，必须打开一个或多个对象捕捉。

自动追踪设置：控制与自动追踪方式相关的设置，此设置在极轴追踪或对象捕捉追踪打开时可用。

显示极轴追踪矢量：当极轴追踪打开时，将沿指定角度显示一个矢量。使用极轴追踪，可以沿角度绘制直线。极轴角是90°的约数，如45°、30°和15°。

显示全屏追踪矢量：控制追踪矢量的显示。追踪矢量是辅助用户按特定角度或与其他对象特定关系绘制对象的构造线。如果选择此选项，对齐矢量将显示为无限长的线。

显示自动追踪工具栏提示：控制自动追踪工具栏提示的显示。工具栏提示是一个标签，它显示追踪坐标。

对齐点获取:控制在图形中显示对齐矢量的方法。

自动:当靶框移到对象捕捉上时,自动显示追踪矢量。

按 Shift 键获取:当按 Shift 键并将靶框移到对象捕捉上时,将显示追踪矢量。

上机操作:用对象捕捉追踪功能,根据图 3-10(a)绘制图 3-10(b)。

码 3-1 微课:对象捕捉追踪

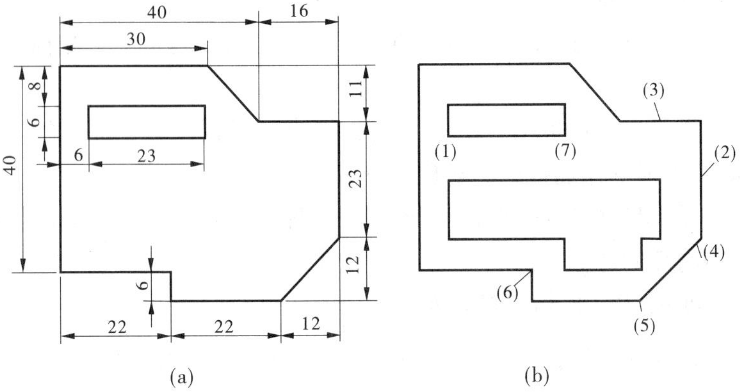

图 3-10 对象捕捉追踪

3.2.6 AutoCAD 的坐标系

3.2.6.1 笛卡儿坐标系

AutoCAD 采用三维笛卡儿坐标系(cartesian coordinate system,CCS)确定点的空间位置,显示在屏幕上状态栏中的坐标值,就是当前光标所在位置的坐标。

3.2.6.2 世界坐标系

世界坐标系(world coordinate system, WCS)是 AutoCAD 的基本坐标系统。它由 3 个相互垂直并相交的坐标轴 *X*、*Y* 和 *Z* 组成。在绘图和编辑图形的过程中,WCS 的坐标原点和坐标轴方向都不会改变。

如图 3-11 所示为世界坐标系和用户坐标系的图标。

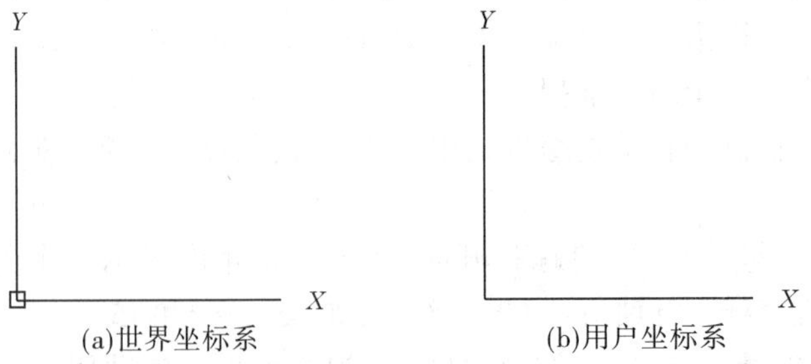

图 3-11 世界坐标系和用户坐标系的图标

3.2.6.3 用户坐标系

AutoCAD 提供了可变的用户坐标系(user coordinate system, UCS),以方便用户绘图。在默认情况下,UCS 与 WCS 重合。用户可以根据自己的需要来定义 UCS 的 *X* 轴、*Y* 轴和 *Z* 轴的方向及坐标的原点。

在绘图过程中用户可随时调用不同的坐标系。下面是用户在作图过程中如何使用和管理用户坐标系。

1. 调用命令

命令行：UCS

菜单栏:工具(T)→新建 UCS(W)

“UCS”工具栏：(UCS)

2. 主要功能

使用和管理用户坐标系。

3. 格式示例

输入命令后,命令行提示：

命令：UCS

当前 UCS 名称：*世界*(提示当前使用的坐标系)

输入选项[新建(N)/移动(M)/正交(G)/上一个(P)/恢复(R)/保存(S)/删除(D)/应用(A)/? /世界(W)](选择新建坐标系的方法)

<世界>：_x

指定绕 X 轴的旋转角度 <90>：

指定第二点：

命令行各选项的功能如下：

(1)新建(N):用下列六种方法之一定义新坐标系。

指定新 UCS 的原点或[Z 轴(ZA)/三点(3)/对象(OB)/面(F)/视图(V)/X/Y/Z] <0,0,0>：

原点:通过移动当前 UCS 的原点,保持 *X* 轴、*Y* 轴和 *Z* 轴方向不变,从而定义新的 UCS。

Z 轴(ZA):用特定的 *Z* 轴正半轴定义 UCS。

三点(3):指定新 UCS 原点及其 *X* 轴和 *Y* 轴的正方向。*Z* 轴由右手定则确定。可以使用此选项指定任意可能的坐标系。

指定新原点 <0,0,0>:(指定新 UCS 的原点)

在正 X 轴范围上指定点 <当前>:(指定点定义了 *X* 轴的正方向)

在 UCS XY 平面的正 Y 轴范围上指定点 <当前>:(指定点定义了 *Y* 轴的正方向)

对象(OB):根据选定三维对象定义新的坐标系。新建 UCS 的拉伸方向(*Z* 轴正方向)与选定对象的拉伸方向相同。

面(F):将 UCS 与实体对象的选定面对齐。要选择一个面,请在此面的边界内或面的边上单击, 被选中的面将亮显,UCS 的 *X* 轴将与找到的第一个面上的最近的边对齐。

视图(V):以垂直于观察方向(平行于屏幕)的平面为 *XY* 平面,建立新的坐标系。UCS 原点保持不变。

X/Y/Z:绕指定轴旋转当前 UCS。

在提示中,*n* 代表 *X*、*Y* 或 *Z*。输入正或负的角度以旋转 UCS。

(2)移动(M):通过平移当前 UCS 的原点或修改其 *Z* 轴深度来重新定义 UCS,但保留其 *XY* 平面的方向不变。修改 *Z* 向深度将使 UCS 相对于当前原点沿自身 *Z* 轴正方向或负方向移动。

指定新原点或 [Z 向深度(Z)] <0,0,0>:(指定点或输入 Z)

新原点:修改 UCS 的原点位置。

Z 向深度(Z):指定 UCS 原点在 *Z* 轴上移动的距离。

(3)正交(G):指定所提供的六个正交 UCS 之一。这些 UCS 设置用于查看和编辑三维模型。

输入选项 [俯视(T)/仰视(B)/主视(F)/后视(BA)/左视(L)/右视(R)] <当前>:(输入选项或按回车键)

(4)上一个(P):恢复上一个 UCS。程序会保留在图纸空间中创建的最后 10 个坐标系和在模型空间中创建的最后 10 个坐标系。重复"上一个"选项逐步返回一个集或其他集,这取决于哪一空间是当前空间。

(5)恢复(R):恢复已保存的 UCS 使它成为当前 UCS。恢复已保存的 UCS 并不重新建立在保存 UCS 时生效的观察方向。

(6)保存(S):把当前 UCS 按指定名称保存。名称最多可以包含 255 个字符,包括字母、数字、空格和本程序未作他用的特殊字符。

(7)删除(D):从已保存的用户坐标系列表中删除指定的 UCS。

(8)应用(A):其他视口保存有不同的 UCS 时将当前 UCS 设置应用到指定的视口或所有活动视口。UCSVP 系统变量确定 UCS 是否随视口一起保存。

(9)UCS:列出用户定义坐标系的名称,并列出每个保存的 UCS 相对于当前 UCS 的原点以及 *X* 轴、*Y* 轴和 *Z* 轴。如果当前 UCS 尚未命名,它将列为 WORLD 或 UNNAMED,这取决于它是否与 WCS 相同。

(10)世界(W):将当前用户坐标系设置为世界坐标系。WCS 是所有用户坐标系的基准,不能被重新定义。

注意:"UCS""移动"选项不能将 UCS 添加到"上一个"列表中。

任务 3.3　查询命令

查询命令提供了在绘图或编辑过程中的下列功能:了解对象的数据信息,计算某表达式的值,计算距离、面积、质量特性,识别点的坐标等。

3.3.1 时间 TIME

时间命令可以提示当前时间、该图形的编辑时间、最后一次修改时间等信息。

命令行:TIME 或'time

菜单栏:工具(T)→查询(Q)→时间(T)

执行该命令后,将在文本窗口显示当前时间、图形编辑次数、创建时间、上次更新时间、累计编辑时间、经过计时器时间、下次自动保存时间等信息,并出现以下提示:

输入选项[显示(D)/开(ON)/关(OFF)/重置(R)]:

各选项的功能如下:

显示(D):显示以上信息。

开(ON):打开计时器。

关(OFF):关闭计时器。

重置(R):将计时器重置为零。

3.3.2 状态 STATUS

状态命令可以显示图形的显示范围、绘图功能、参数设置、磁盘空间利用情况等信息。

命令行:STATUS

菜单栏:工具(T)→查询(Q)→状态(S)

命令及提示:

命令:STATUS

随即显示该文件中的对象个数、图形界限、显示范围、基点、捕捉分辨率、栅格间距、当前图层、当前颜色、当前线型、当前线宽、打印样式、当前标高、厚度、填充模式、栅格显示模式、正交模式、快速文字模式、捕捉模式、对象捕捉模式、可用图形文件磁盘空间、可用临时磁盘空间、可用物理内存、可用交换文件空间等信息。

3.3.3 坐标 ID

屏幕上某点的坐标可以通过 ID 命令查询。

命令行:ID

菜单栏:工具(T)→查询(Q)→点坐标(I)

工具栏: 

命令及提示:

命令:'ID

指定点:

各选项的功能如下:

指定点:单击欲查其坐标的点。

3.3.4 距离 DISTANCE

通过 DISTANCE 命令可以直接查询屏幕上两点之间的距离，XY 平面的夹角，在 XY 平面中倾角以及 X、Y、Z 方向上的增量。

命令行：DISTANCE

菜单栏：工具(T)→查询(Q)→距离(D)

工具栏：

命令及提示：

命令：' di

指定第一点：↙

指定第二点：↙

3.3.5 面积 AREA

图形中某封闭区域的面积和周长可以通过 AREA 命令直接求得，并可以根据情况增加或减少某部分的面积。

命令行：AREA

菜单栏：：工具(T)→查询(Q)→面积(A)

工具栏：

命令及提示：

命令：_AREA

指定第一个角点或[对象(O)/加(A)/减(S)]：O↙

选择对象：↙

指定第一个角点或[对象(O)/减(S)]：A↙

(“加”模式)选择对象：

指定第一个角点或[对象(O)/减(S)]：S↙

(“减”模式)选择对象：

各选项的功能如下：

第一个角点：指定欲计算面积的一个角点，随后要指定<例>其他角点，回车后结束角点输入，自动封闭指定的角点并计算面积和周长。

对象(O)：选择一个对象来计算它的面积和周长，该对象应该是封闭的。

加(A)：选择两个以上的对象，将其面积相加。

减(S)：选择两个以上的对象，将其面积相减。

3.3.6 质量特性 MASSPROP

可以通过 MASSPROP 命令查询某实体或面域的质量特性。

命令行：MASSPROP

菜单栏：工具(T)→查询(Q)→面域/质量特性(M)

工具栏：

命令及提示：

命令：_massprop

选择对象：

随即显示选择对象（实体或面域）的质量特性，包括面积、周长、质心、惯性矩、惯性积、旋转半径等信息，并询问是否将分析结果写入文件。

项目 4　图形绘制

党的二十大报告提出,加强科技基础能力建设。基础能力在很大程度上决定着科技创新的能力和水平,在科技事业发展中具有十分重要的战略性、基础性作用。本项目主要研究绘制直线和点、绘制多边形、绘制圆弧类图形、绘制多线和多段线、绘制非圆曲线、图案填充等二维绘图命令的操作与方法。

二维绘图命令是使用 AutoCAD 绘图的基础。无论图形如何复杂,都是由点、线、圆、弧等最基本的图形要素组成的。AutoCAD 提供了绘制基本图形要素的一系列命令,通过这些命令的组合使用及编辑命令的调整、修改,可以绘制出各种复杂的工程图样。绘图命令集中在下拉菜单“绘图”中,有关图标集中在“绘图”工具栏中,见图 4-1。

图 4-1　“绘图”工具栏

任务 4.1　绘制直线和点

在 AutoCAD 中,直线类图形可以使用直线、多段线、射线、参照线、多线等命令绘制。

4.1.1　直线(LINE)

4.1.1.1　调用命令

命令行:LINE(L)

菜单栏:绘图(D)→直线(L)

工具栏:绘图→ (直线)

4.1.1.2　主要功能

绘制直线。

4.1.1.3　格式示例

使用直线命令绘制如图 4-2 所示图形。

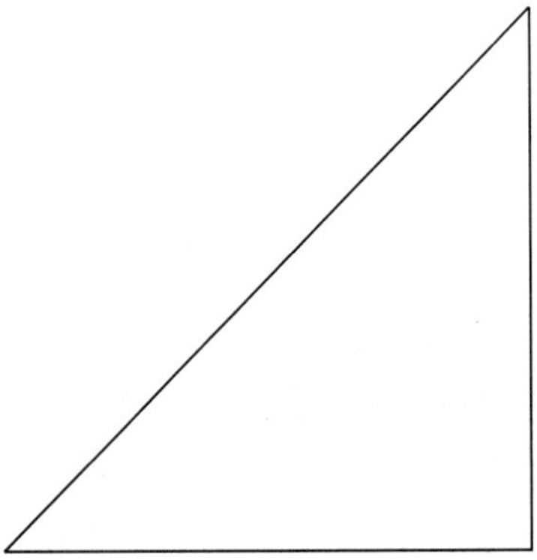

图 4-2　三角形

方法一:使用命令行提示作图。

命令:_line(输入命令后按回车键)

指定第一点:200,200(启动命令后指定起点)

指定下一点或[放弃(U)]:@400,0(指定第二点)

指定下一点或[放弃(U)]:@0,400(指定第三点)

指定下一点或[闭合(C)/放弃(U)]:C(输入选项“C”封闭图形)

命令行各选项的功能如下:

(1)闭合(C):若输入选项“C”,则可形成一个封闭的图形,即最后一个端点与第一条线段的起点重合。

(2)放弃(U):撤销刚才绘制的线段。在命令行中输入“U”并按回车键,则最后绘制的线段将被删除。

方法二:使用动态输入功能作图(首先要打开状态栏的“DYN”键或 F12)。

命令:_line↙(在动态输入工具栏的提示中输入坐标值)

如果提示包含多个选项,请按向下箭头键查看这些选项,然后单击选择一个选项。各选项的功能和方法一中的命令行提示相同。(以下命令均可使用此方法)

上机操作:绘制如图 4-3 所示的五角星。

命令:LINE

指定第一点:

指定下一点或[放弃(U)]:58

指定下一点或[放弃(U)]:@58<216

指定下一点或[闭合(C)/放弃(U)]:@58<72

指定下一点或[闭合(C)/放弃(U)]:@58<288

指定下一点或[闭合(C)/放弃(U)]:C

码 4-1　微课:五角星

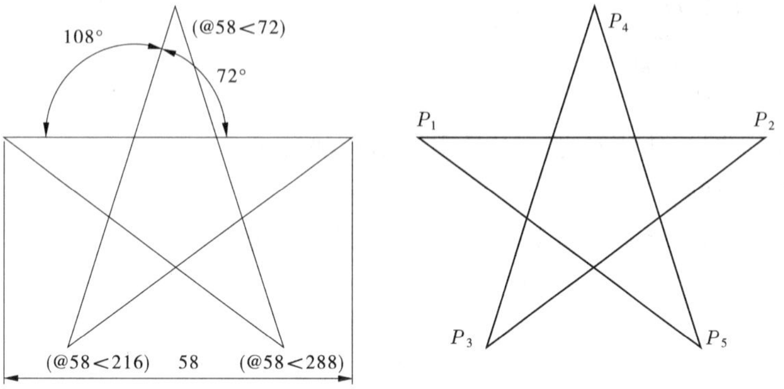

(a)　　(b)

图 4-3　五角星

注意:命令行提示输入坐标时可以是相对坐标,也可以是绝对坐标,相对坐标前加符号“@”;动态输入时第一点是绝对坐标,第二点或下一点的格式是相对坐标,相对坐标不需加符号“@”,如果输入的是绝对坐标,应加符号“#”。

重点:绘制直线的关键是坐标点的输入,必须清楚输入的是相对坐标还是绝对坐标。

技巧:当绘制水平线或垂直线时,可按下 F8 键或单击状态栏上“正交”按钮打开正交模式。

4.1.2　射线(RAY)

4.1.2.1　调用命令

命令行:RAY

菜单栏:绘图(D)→射线(R)

4.1.2.2　主要功能

创建向一个方向无限延伸的直线,可用作创建其他对象的参照。

4.1.2.3　格式示例

使用射线命令通过平面上一点画一条射线。

使用命令行提示作图。

命令行:RAY

指定起点:(指定点)

指定通过点:(指定射线要通过的点)

指定通过点:(按回车键结束命令)

注意:起点和通过点定义了射线延伸的方向,射线在此方向上延伸到显示区域的边界。重复显示输入“指定通过点:”的提示,以便创建多条射线。按回车键结束命令。

4.1.3　构造线(XLINE)

4.1.3.1　调用命令

命令行:XLINE(XL)

菜单栏:绘图(D)→构造线(T)

工具栏:绘图→(构造线)

4.1.3.2　主要功能

创建双向无限延伸的直线,可用作其他对象的参照。

4.1.3.3　格式示例

使用构造线命令绘制如图 4-4 所示三角形的角平分线。

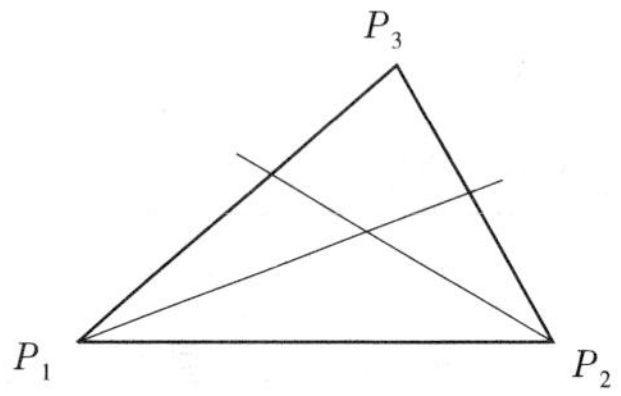

图 4-4　射线与构造线

使用命令行提示作图:

命令行:XLINE

指定点或[水平(H)/垂直(V)/角度(A)/二等分(B)/偏移(O)]:B(输入选项 B)

指定角的顶点:P_1(指定角的顶点 P_1)

指定角的起点:P_2(指定角的起点 P_2)

指定角的端点:P_3(指定角的端点 P_3)

命令行各选项的功能如下:

(1)指定点:指定构造线要经过的点,将创建通过指定点的构造线。

(2)水平(H):创建一条通过指定点的平行于 X 轴的构造线。

(3)垂直(V):创建一条通过指定点的平行于 Y 轴的构造线。

(4)角度(A):以指定的角度创建一条构造线。

输入构造线的角度(0)或[参照(R)]:指定角度或输入“R”,将使用指定角度创建通过指定点的构造线。

①参照(R):指定与选定参照线之间的夹角。

选择直线对象:选择直线、多段线、射线或构造线。

②输入构造线的角度<0>:

指定通过点:指定构造线要经过的点或按回车键结束命令。

(5)二等分(B):创建一条参照线,它经过选定的角顶点,并且将选定的两条线之间的夹角平分。

(6)偏移(O):创建平行于另一个对象的参照线。

指定偏移距离或[通过(T)]<当前值>:指定一段偏移距离,输入“T”或按回车键。

①偏移距离:指定构造线偏离选定对象的距离。

选择直线对象:选择直线、多段线、射线或构造线,或按回车键结束命令。

指定向哪侧偏移:指定点,然后按回车键退出命令。

②通过(T):创建从一条直线偏移并通过指定点的构造线。

选择直线对象:选择直线、多段线、射线或构造线,或按回车键结束命令。

指定通过点:指定构造线要经过的点并按回车键退出命令。

注意:构造线一般放在单独的图层中,以作图辅助线的形式存在,当不需要时,可将构造线所在图层关闭或将构造线删除。

绘点命令主要包括绘点“POINT”命令、绘等分点“DIVIDE”命令、绘等距点“MEASURE”命令。点作为对象,同样具有各种属性,可以被编辑。

4.1.4 点(POINT)

在二维绘图过程中,许多几何元素都离不开点,下面将详细研究绘制点的方法。

4.1.4.1 绘制点

1. 调用命令

命令行:POINT(PO)

菜单栏:绘图(D)→点(O)→单点(S)/多点(P)

工具栏:绘图→(点)

2. 主要功能

可生成单点或多点,这些点可用作标记点、标注点等。

3. 格式示例

使用点命令绘制如图4-5所示的图形。

使用命令行提示作图。

命令: _point

当前点模式:PDMODE=0　PDSIZE=0.0000

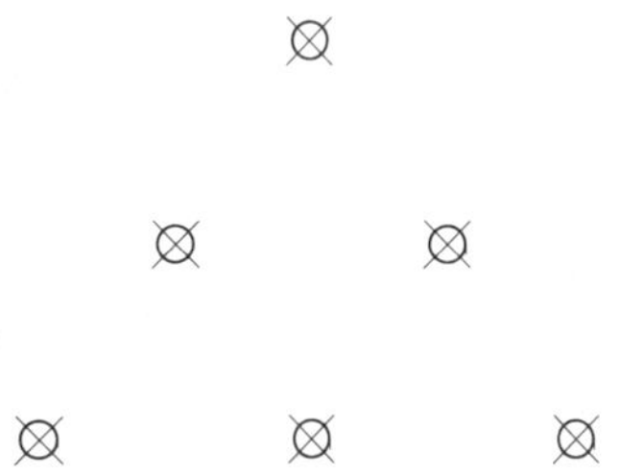

图4-5　点

指定点:(输入点的位置坐标)

PDMODE 和 PDSIZE 系统变量控制点对象的外观。

4.1.4.2 设置点样式和点大小

在实际工程图的绘制过程中,需要设置不同的点样式和点大小。下面就这个问题做详细的论述。

1. 调用命令(设置点样式和点大小)

命令行:POMODE/PDSIZE

菜单栏:格式(O)→点样式(P)...

2. 主要功能

控制点样式的系统变量。

3. 格式示例

启动命令后出现如图 4-6 所示的对话框。

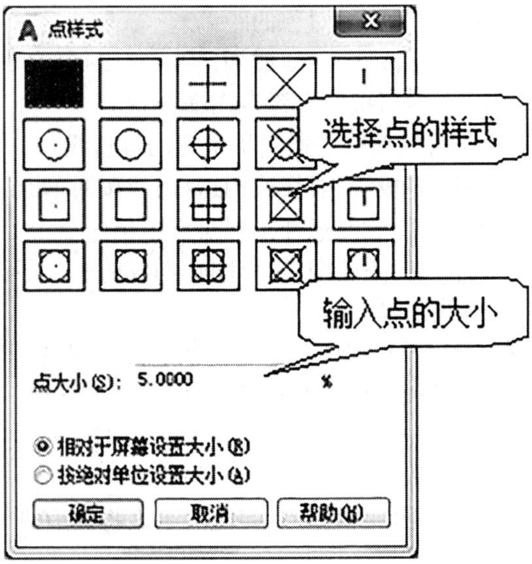

图 4-6 "点样式"对话框

点样式:AutoCAD 提供了多种点的样式,数值 0~4、32~36、64~68、96~100 分别与图 4-6 所示点图形第一行至第四行一一对应,值 1 指定不显示任何图形。

点大小(S):PDSIZE 控制点图形的大小(PDMODE 系统变量为 0 和 1 时除外)。如果设置为 0,将按绘图区域高度的 5%生成点对象。正的 PDSIZE 值指定点图形的绝对尺寸。负值解释为视口大小的百分比。重生成图形时将重新计算所有点的尺寸。

相对于屏幕设置大小(R):按屏幕尺寸的百分比设置点的显示大小。当进行缩放时,点的显示大小并不改变。

按绝对单位设置大小(A):按"点大小"下指定的实际单位设置点显示的大小。进行缩放时,显示的点大小随之改变。

注意:改变点的样式和大小也可直接在命令行输入变量 PDMODE 和 PDSIZE 并按回车键,在系统提示下设置点的样式和大小。

重点:利用"点样式"对话框改变点的样式。

技巧:多点命令的执行过程实际上是单点命令的重复。按 Esc 键退出。

4.1.4.3　**定数等分(DIVIDE)**

定数等分命令是将已知线段按一定数量进行等分,其操作方法如下。

1. 调用命令

命令行:DIVIDE

菜单栏:绘图(D)→点(O)→定数等分(D)

2. 主要功能

将点对象或块沿对象的长度或周长等间隔排列。

3. 格式示例

绘制直线并将其五等分,如图 4-7(a)所示。

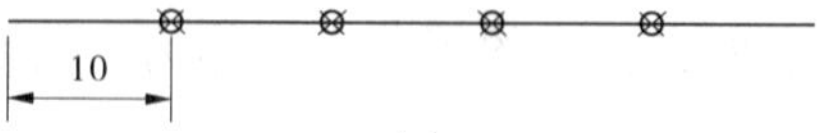

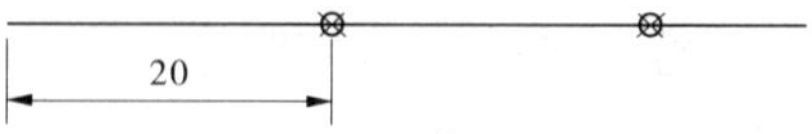

图 4-7　定数等分和定距等分

作图步骤如下:

命令: _divide

选择要定数等分的对象:(选择直线)

输入线段数目或[块(B)]:5(输入从 2 到 32 767 之间的值或输入 B)

命令行各选项的功能如下:

线段数目:输入线段数目。

块(B):沿选定对象等间距放置块。

4.1.4.4　**定距等分(MEASURE)**

定距等分命令是将已知线段按照规定长度进行等分,其操作方法如下。

1. 调用命令

命令行:MEASURE

菜单栏:绘图(D)→点(O)→定距等分(M)

2. 主要功能

将点对象或块在对象上指定间隔处放置。

3. 格式示例

绘制直线并以指定点形式定距插点,间距为 20,如图 4-7(b)所示。

作图步骤如下:

命令:MEASURE

选择要定距等分的对象:(选择直线)

指定线段长度或[块(B)]:(指定距离或输入 B)

命令行各选项的功能如下:

(1)线段长度:输入每一段的长度。

(2)块(B):沿选定对象等间距放置块。

上机操作:绘制如图 4-8 所示扭面上的素线。

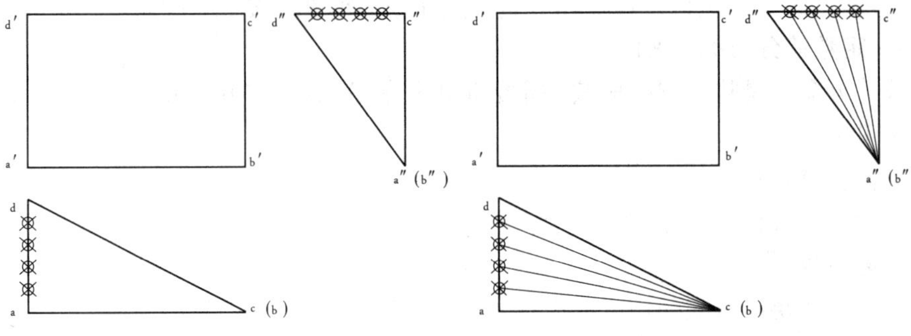

(a) (b)

图 4-8 扭面上的素线

注意:定数等分和定距等分前要改变点的样式,而且生成的等分点可作为“节点”捕捉的对象。

重点:该命令每次仅用于一个对象,将点放置在离拾取对象最近的端点处,从此端点开始,以相等的距离计算度量点直到余下不足一个间距为止。闭合多段线的定距等分从它们的初始顶点(绘制的第一个点)处开始。

任务 4.2 绘制多边形

绘制多边形主要绘制常见的矩形和正多边形,具体操作方法如下。

4.2.1 矩形(RECTANG)

4.2.1.1 调用命令

命令行:RECTANG(REC)

菜单栏:绘图(D)→矩形(G)

工具栏:绘图→(矩形)

码 4-2 微课:矩形

4.2.1.2 主要功能

已指定两个对角点的方式绘制矩形,当两角点形成的边长相同时生成正多边形。

4.2.1.3 格式示例

使用矩形命令绘制图 4-9(a)。

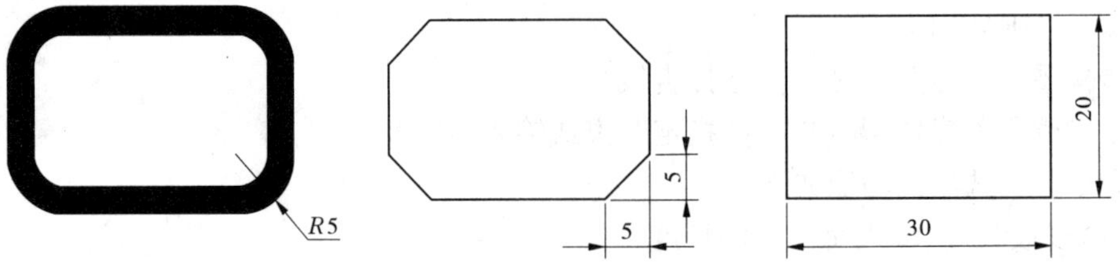

(a) (b) (c)

图 4-9 矩形

使用命令行提示作图：

命令：_rectang

指定第一个角点或[倒角(C)/标高(E)/圆角(F)/厚度(T)/宽度(W)]：F(改变圆角半径)

指定矩形的圆角半径<0.0000>：5

指定第一个角点或[倒角(C)/标高(E)/圆角(F)/厚度(T)/宽度(W)]：W(改变线宽)

指定矩形的线宽<6.0000>：3

指定第一个角点或[倒角(C)/标高(E)/圆角(F)/厚度(T)/宽度(W)]：(指定第一个角点)

指定另一个角点或[面积(A)/尺寸(D)/旋转(R)]：(指定第二个角点)

命令行各选项的功能如下：

(1)倒角(C)：设置矩形的倒角距离。

指定矩形的第一个倒角距离<当前距离>：(指定距离或按回车键)

指定矩形的第二个倒角距离<当前距离>：(指定距离或按回车键)

以后执行 RECTANG 命令时此值将成为当前倒角距离。

(2)标高(E)：设定矩形在三维空间中的基面高度。

(3)圆角(F)：指定矩形的圆角半径。

指定矩形的圆角半径<当前半径>：(指定距离或按回车键)

(4)厚度(T)：指定矩形的厚度，即三维空间 Z 轴方向的高度。

(5)宽度(W)：为要绘制的矩形指定多段线的宽度。

如何画图 4-9 所示矩形和倒角矩形，请自行上机练习。

注意：用“RECTANG”命令绘制的矩形是一条封闭的多段线，是一个对象。

重点：改变倒角和圆角的大小，若要画矩形必须将倒角或圆角设置为 0。

4.2.2　正多边形(POLYGON)

4.2.2.1　调用命令

命令行：POLYGON(POL)

菜单栏：绘图(D)→正多边形

工具栏：绘图→(正多边形)

码 4-3　微课：正多边形

4.2.2.2　主要功能

绘制从 3 到 1 024 边的正多边形。

4.2.2.3　格式示例

使用正多边形命令绘制如图 4-10 所示正六边形。

使用命令行提示作图：

命令：_polygon

输入边的数目<4>：6(指定多边形的边数)

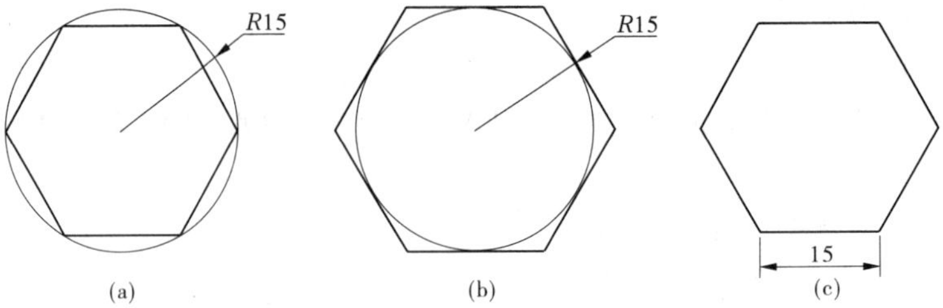

图 4-10　正多边形

指定正多边形的中心点或[边(E)]:(指定多边形的中心)

输入选项[内接于圆(I)/外切于圆(C)]<I>:I(选择绘制多边形的方法)

指定圆的半径:(指定内接圆或外切圆的半径)

命令行各选项的功能如下:

(1)边(E):通过指定第一条边的端点来定义正多边形,由边数和边长确定。输入"E"后,出现提示:

指定边的第一个端点:(确定多边形的第一条边的起始点)

指定边的第二个端点:(确定多边形的第一条边的终点)

(2)中心点:确定多边形的中心。

(3)内接于圆(I):指定外接圆的半径,正多边形的所有顶点都在此圆周上。

(4)外切于圆(C):指定从正多边形中心点到各边中点的距离。

注意:用"POLYGON"命令绘制的正多边形是封闭的多段线,是一个对象。

重点:根据已知条件选择不同的绘制正多边形的方法:边长、内接和外切。

技巧:内接于圆的方式绘制正多边形是以中心和中心点到多边形角顶点的距离确定的,而外切于圆的方式绘制正多边形是以中心和中心点到多边形各边垂直的距离确定的,同样的半径,外切于圆的方式比内接于圆的方式绘制的正多边形要大。

上机操作:绘制图 4-11 所示的平面图形组合。

码 4-4　微课:平面图形组合

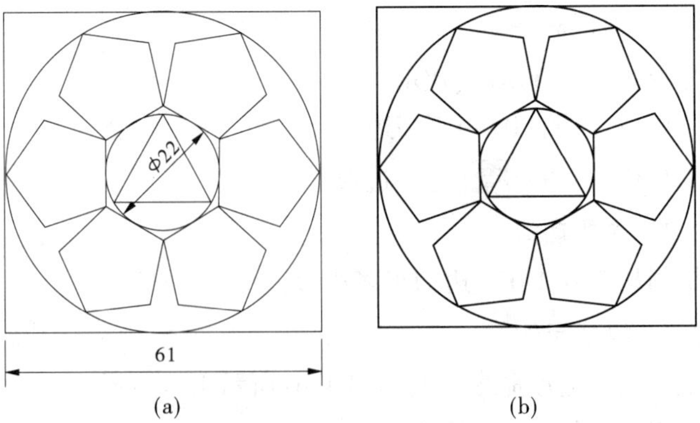

图 4-11　平面图形组合

任务 4.3　绘制圆弧类图形

4.3.1　圆(CIRCLE)

4.3.1.1　调用命令

命令行:CIRCLE(C)

菜单栏:绘图(D)→圆(C)

工具栏:绘图→(圆)

4.3.1.2　主要功能

可以使用多种方法创建圆。

4.3.1.3　格式示例

使用圆命令绘制如图 4-12 所示任意三角形的内切圆。

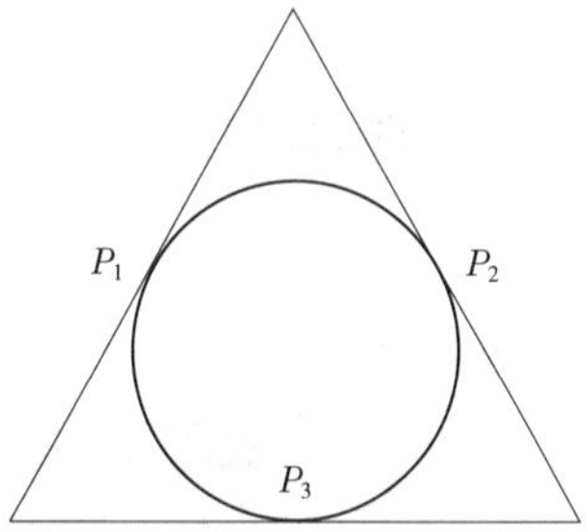

图 4-12　内切圆

(1)使用命令行提示作图。

命令: _circle

指定圆的圆心或[三点(3P)/两点(2P)/相切、相切、半径(T)]: _3p(三切点)

指定圆上的第一个点:(选择三角形的第一条边 P_1)

指定圆上的第二个点:(选择三角形的第二条边 P_2)

指定圆上的第三个点:(选择三角形的第三条边 P_3)

命令行各选项的功能如下:

①圆心:基于圆心和直径(或半径)绘制圆。

指定圆的半径或[直径(D)]:(指定点、输入值、输入 D 或按回车键)

半径:定义圆的半径。输入值,或指定第二点。此点与圆心的距离决定圆的半径。

直径:使用中心点和指定的直径长度绘制圆。

②三点(3P):基于圆周上的三点绘制圆。

③两点(2P):基于圆直径上的两个端点绘制圆。

④相切、相切、半径(T): 基于指定半径和两个相切对象绘制圆。

(2)在下拉菜单中单击绘图(D)→圆(C),出现子菜单,如图 4-13 所示。

图 4-13　画圆菜单

圆心、半径(R):用圆心和半径方式绘圆,如图 4-14(a)所示。

圆心、直径(D):用圆心和直径方式绘圆,如图 4-14(b)所示。

两点(2):基于圆直径上的两个端点绘制圆,如

图 4-14(c)所示。

三点(3):基于圆周上的三点绘制圆,如图 4-14(d)所示。

相切、相切、半径(T):基于指定半径和两个相切对象绘制圆,如图 4-14(e)所示。

相切、相切、相切(A):基于指定三个相切对象绘制圆,如图 4-14(f)所示。

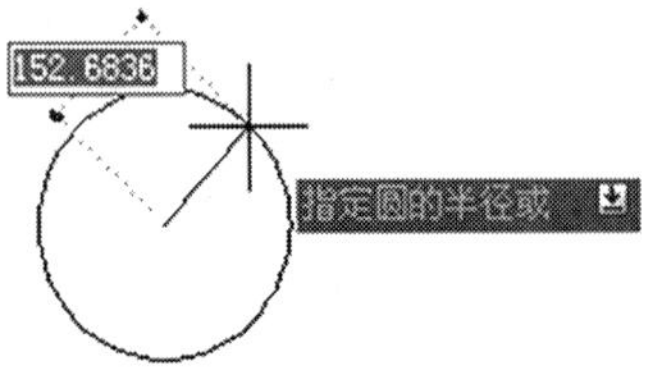

(a)指定圆心和半径绘圆

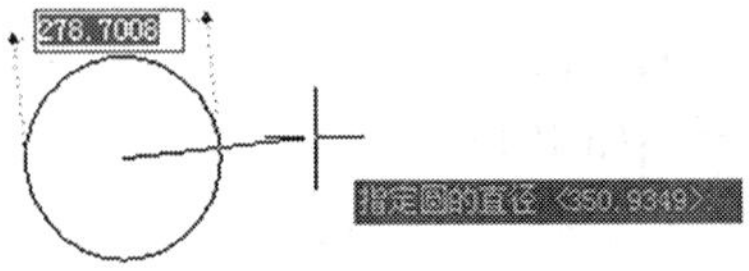

(b)指定圆心和直径绘圆

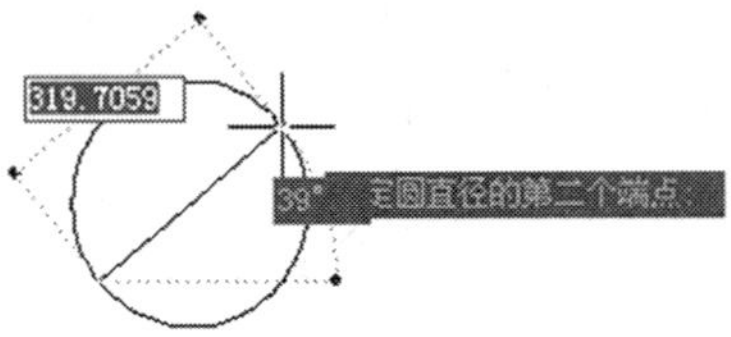

(c)指定圆直径上的两个端点绘制圆

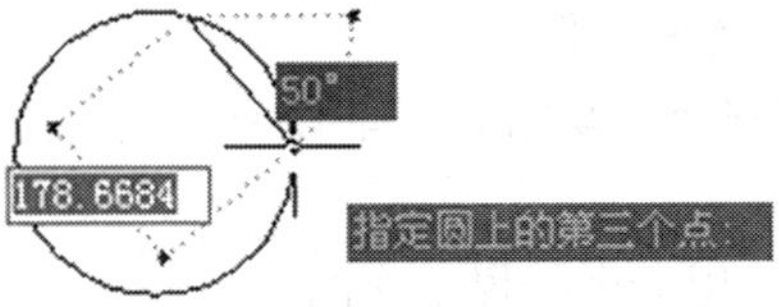

(d)指定圆周上的三点绘制圆

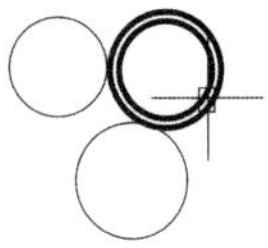
(e)指定半径和两个相切对象绘制圆

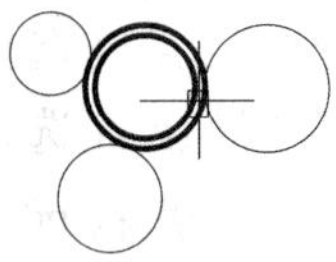
(f)指定三个相切对象绘制圆

图 4-14　菜单画圆的方法

注意:用三个相切对象画圆的命令必须从“绘图”菜单栏来调用。

重点:在用“相切、相切、半径(T)”绘制圆时,必须在与所作圆相切的对象上捕捉切点。

技巧:在用“相切、相切、半径(T)”绘制已知两圆的内接圆、外切圆时,要巧妙捕捉切点。

4.3.2　圆弧(ARC)

4.3.2.1　调用命令

命令行:ARC(A)

菜单栏:绘图(D)→圆弧(A)

工具栏:绘图→(圆弧)

4.3.2.2　主要功能

使用多种方法创建圆弧。

4.3.2.3 格式示例

使用圆弧命令绘制如图 4-15 所示的圆弧。

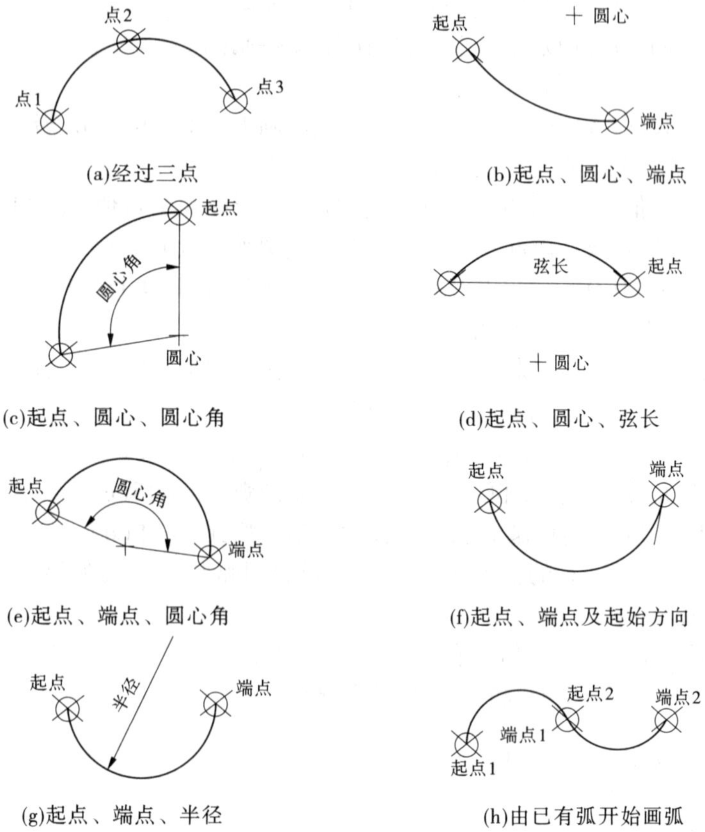

图 4-15 画圆弧的各种方法

(1)使用命令行提示作图。

命令:_arc(输入命令)

指定圆弧的起点或[圆心(C)]:(指定圆弧的起点)

指定圆弧的第二个点或[圆心(C)/端点(E)]:(圆弧线上的任意一点)

指定圆弧的端点:(指定圆弧的终点)

命令行各选项的功能如下:

起点:指定圆弧的起点。

圆心(C):指定圆弧所在圆的圆心。

端点(E):指定圆弧端点。

(2)在下拉菜单中单击“绘图(D)”→“圆弧(A)”,出现子菜单,如图 4-16 所示。

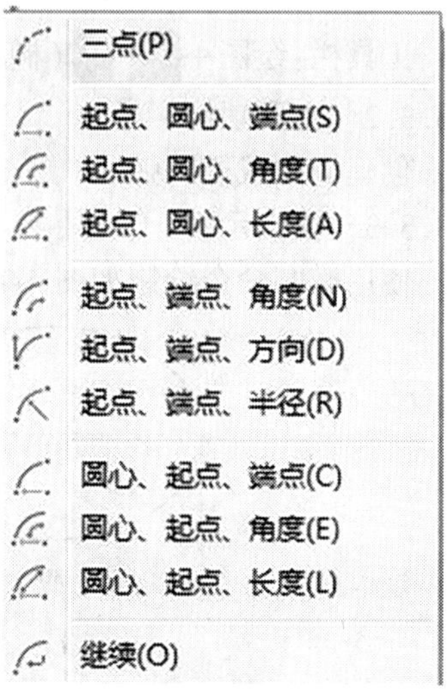

图 4-16 画圆弧菜单

三点(P):通过三个指定点可以顺时针或逆时针指

定圆弧，如图 4-15(a)所示。

起点、圆心、端点(S)：以起点、圆心、端点绘制圆弧，如图 4-15(b)所示。

起点、圆心、角度(T)：以起点、圆心、角度绘制圆弧，如图 4-15(c)所示。

角度：指定圆心，从起点按指定包含角逆时针绘制圆弧。

如果角度为负，将顺时针绘制圆弧。

起点、圆心、长度(A)：以起点、圆心、长度绘制圆弧，如图 4-15(d)所示。

长度：基于起点和端点之间的直线距离绘制圆弧。

如果弦长为正值，将从起点逆时针绘制劣弧。如果弦长为负值，将逆时针绘制优弧。

起点、端点、角度(N)：以起点、端点、角度绘制圆弧，如图 4-15(e)所示。

起点、端点、方向(D)：以起点、端点、方向绘制圆弧，如图 4-15(f)所示。

方向：绘制圆弧在起点处与指定方向相切。

起点、端点、半径(R)：以起点、端点、半径绘制圆弧，如图 4-15(g)所示。

半径：从起点向端点逆时针绘制一条圆弧。

圆心、起点、端点(C)：以圆心、起点、端点绘制圆弧，图 4-15(b)。

圆心、起点、角度(E)：以圆心、起点、角度绘制圆弧，图 4-15(c)。

圆心、起点、长度(L)：以圆心、起点、长度绘制圆弧，图 4-15(d)。

继续(O)：从一段已有的弧开始绘弧。绘制的圆弧与已有圆弧沿切线方向相接，如图 4-15(h)所示。

注意：圆弧的角度与半径值均有正、负之分，当输入正值时，系统沿逆时针方向绘制圆弧；当输入负值时，系统将沿顺时针方向绘制圆弧。

4.3.3 椭圆或椭圆弧(ELLIPSE)

4.3.3.1 调用命令

命令行：ELLIPSE(EL)

菜单栏：绘图(D)→椭圆(E)

工具栏：绘图→ / (椭圆)/(椭圆弧)

4.3.3.2 主要功能

创建椭圆或椭圆弧。

4.3.3.3 格式示例

使用椭圆命令绘制如图 4-17 所示的椭圆。

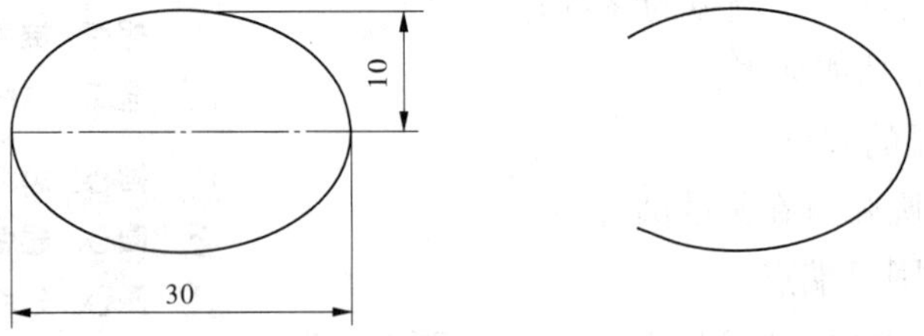

(a)　　(b)

图 4-17　椭圆与椭圆弧

使用命令行提示作图。

命令:_ellipse

指定椭圆的轴端点或[圆弧(A)/中心点(C)]:

指定轴的另一个端点:

指定另一条半轴长度或[旋转(R)]:

命令行各选项的功能如下:

(1)轴端点:根据两个端点定义椭圆的第一条轴。第一条轴的角度确定了整个椭圆的角度。第二条轴既可定义椭圆的长轴,也可定义椭圆的短轴。

(2)圆弧(A):创建一段椭圆弧。第一条轴的角度确定了椭圆弧的角度。第二条轴既可定义椭圆弧长轴,也可定义椭圆弧短轴。

(3)中心点(C):通过指定的中心点来创建椭圆。

(4)旋转(R):通过绕第一条轴旋转圆来创建椭圆。

(5)起始角度:定义椭圆弧的第一端点。"起始角度"选项用于从"参数"模式切换到"角度"模式。模式用于控制计算椭圆的方法。

(6)参数(P):需要同样的输入作为"起始角度",AutoCAD 通过矢量参数方程式创建椭圆弧。

(7)包含角度(I):指定椭圆弧包含角的大小。

注意:"ELLIPSE"命令绘制的椭圆同圆一样,不能用"EXPLODE"命令修改。

上机操作:按照尺寸绘制图 4-18 所示的圆与椭圆。

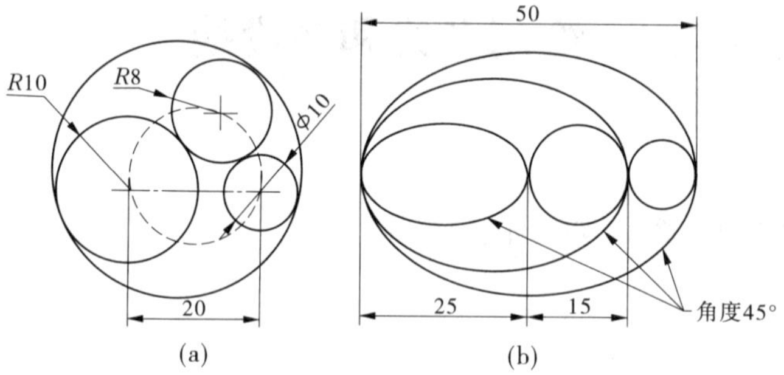

码 4-5　微课:圆与椭圆

图 4-18　圆与椭圆

4.3.4　圆环(DONUT)

4.3.4.1　调用命令

命令行:DONUT

菜单栏:绘图(D)→圆环(D)

4.3.4.2　主要功能

绘制指定内外直径的圆环或填充圆。

4.3.4.3　格式示例

使用圆环命令绘制如图 4-19(b)所示内径为 5、外径为 10 的圆环。

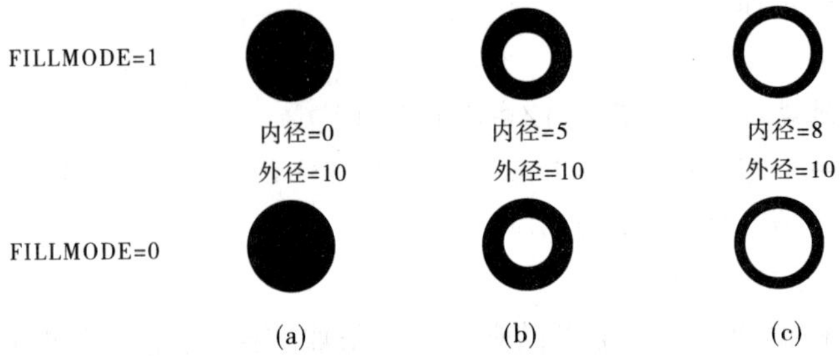

图 4-19　圆环

使用命令行提示作图:

命令:_donut

指定圆环的内径<10.0000>:5(圆环内径为 5)

指定圆环的外径<20.0000>: 10(圆环外径为 10)

指定圆环的中心点或<退出>:(指定圆环的圆心)

指定圆环的中心点或<退出>:(结束命令)

注意:“DONUT”命令在绘制完一个圆环后,“指定圆环的中心点或<退出>:”会不断地出现,它可让你继续绘制多个相同圆环,直到按回车键结束为止。

重点:“DONUT”命令绘制的圆环实际上是多段线;如果内径为 0,则画出实心的填充圆。

任务 4.4　绘制多线和多段线

4.4.1　多线(MLINE)

多线命令主要用于绘制建筑平面图,如墙体、门窗等。

4.4.1.1　绘制多线

1. 调用命令

命令行:MLINE (ML)

菜单栏:绘图(D)→多线(U)

2. 主要功能

创建由 1~16 条平行线组成的多线。

3. 格式示例

使用多线命令绘制如图 4-20 所示的三角板。

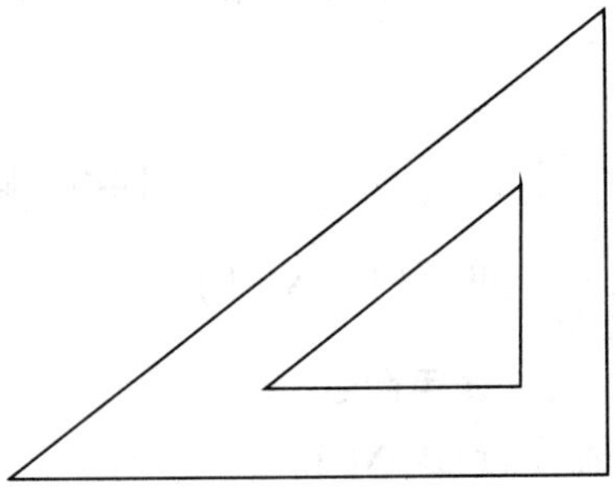

图 4-20　三角板

使用命令行提示作图:

命令:_mline

当前设置:对正=上,比例=20.00,样式=STANDARD

指定起点或[对正(J)/比例(S)/样式(ST)]:(指定点或输入选项)

指定下一点:(指定多线的下一个顶点)

指定下一点或[放弃(U)]:(指定点或输入 U)

指定下一点或[闭合(C)/放弃(U)]:C(起点和终点连接起来)

命令行各选项的功能如下:

(1)对正(J):确定如何在指定的点之间绘制多线,如图 4-21 所示。

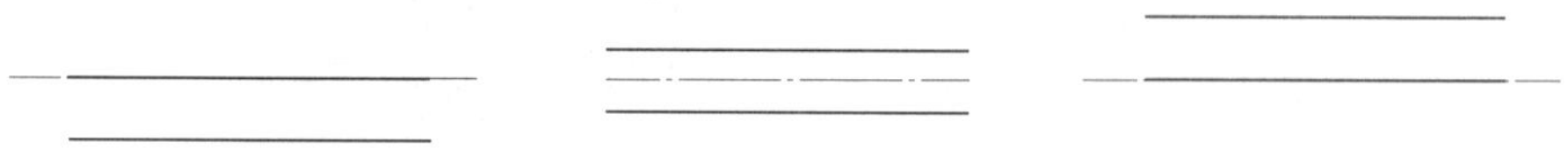

(a)对正：上　　(b)对正：无　　(c)对正：下

图 4-21　多线对正

输入对正类型[上(T)/无(Z)/下(B)]<当前类型>:输入选项或按回车键。

上(T):在光标下方绘制多线,因此在指定点处将会出现具有最大正偏移值的直线。

无(Z):将光标作为原点绘制多线。

下(B):在光标上方绘制多线,因此在指定点处将出现具有最大负偏移值的直线。

(2)比例(S):控制多线的全局宽度。该比例不影响线型比例。这个比例基于在多线样式定义中建立的宽度。比例因子为 2 绘制多线时,其宽度是样式定义的宽度的两倍。

注意:负比例因子将翻转偏移线的次序。输入 S 选择比例选项。

(3)样式(ST):选择绘制多线时使用的样式,默认线性样式为:STANDARD,若选择该选项,可在"输入多线样式名或[?]"提示后输入已定义的样式名,输入"?"则列出当前图中已加载的多线样式"名称"。

重点:绘制多线的关键是选择好多线的样式。

技巧:从左向右绘制多线时,平行线按偏移值大小自上而下排列;如果从右向左绘制多线,平行线的排列将发生反转,如图 4-21(a)、(c)所示。

4.4.1.2　多线样式设置

在绘制建筑平面图中,需要根据不同宽度墙体和门窗的要求,设置不同的多线样式。

1. 调用命令

命令行:MLSTYLE

菜单栏:格式(O)→多线样式(M)…

2. 主要功能

创建、修改、保存和加载多线样式。多线样式控制元素的数目和每个元素的特性。MLSTYLE 命令还控制背景颜色和每条多线的端点封口。

3. 格式示例

"多线样式"对话框见图 4-22,各项参数含义如下:

(1)当前多线样式:显示当前多线样式的名称,该样式将在后续创建多线中用到。

(2)样式(S):显示已加载到图形中的多线样式列表。

(3)说明:显示选定多线样式的说明。

(4)预览:显示选定多线样式的名称和图像。

(5)置为当前(U):设置用于后续创建的多线的当前多线样式。从"样式"列表中选择一个名称,然后选择"置为当前"。

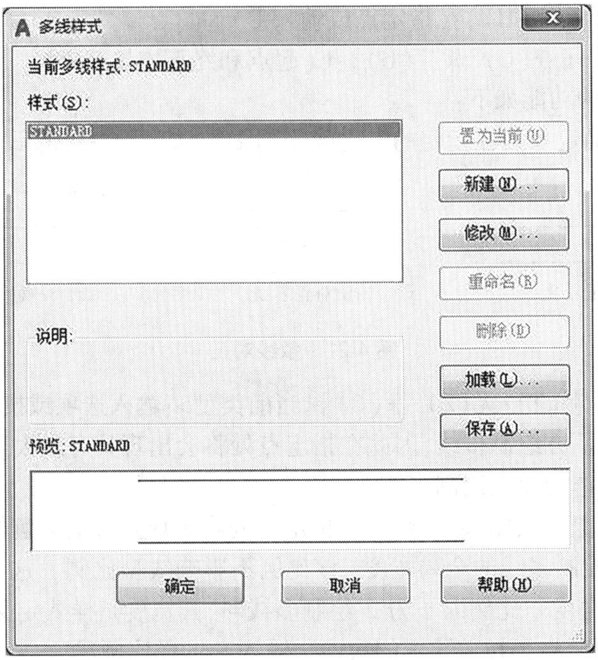

图 4-22 “多线样式”对话框

(6)新建(N)...：显示“创建新的多线样式”对话框，见图 4-23，从中可以创建新的多线样式。

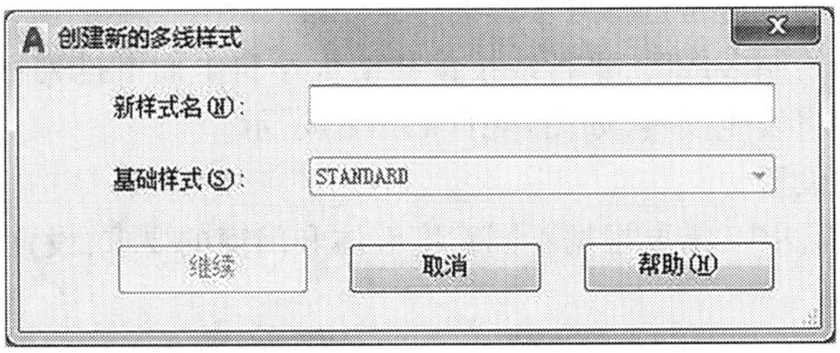

图 4-23 “创建新的多线样式”对话框

新样式名(N)：命名新的多线样式。只有输入新名称并单击“继续”后，元素和多线特征才可用。

基础样式(S)：确定要用于创建新多线样式的多线样式。要节省时间，请选择与要创建的多线样式相似的多线样式。

继续：显示“新建多线样式”对话框(见图 4-24、图 4-25)，可“创建新的多线样式”。

①封口：控制多线起点和端点封口。

直线(L)：显示穿过多线每一端的直线段，见图 4-24。

外弧(O)：显示多线的最外端元素之间的圆弧，见图 4-24。

内弧(R)：显示成对的内部元素之间的圆弧。

角度(N)：指定端点封口的角度，见图 4-24。

②填充：控制多线的背景填充。

填充颜色(F)：设置多线的背景填充色。如果选择“选择颜色”，将显示“选择颜色”对

图 4-24 “新建墙体多线样式”对话框

图 4-25 “新建窗户多线样式”对话框

话框。选择颜色后所绘制的多线将填充相应的颜色。

③显示连接(J):控制每条多线的线段顶点处连接的显示。接头也称为斜接。

④图元(E):设置新的和现有的多线元素的元素特性,例如偏移、颜色和线型。

偏移、颜色和线型:显示当前多线样式中的所有元素。样式中的每个元素由其相对于多线的中心、颜色及其线型定义。元素始终按它们的偏移值降序显示。

添加(A):将新元素添加到多线样式。只有除 STANDARD 外的多线样式选择了颜色或线型后,此选项才可用。

删除(D):从多线样式中删除元素。

偏移(S):为多线样式中的每个元素指定偏移值。

颜色(C):显示并设置多线样式中元素的颜色。如果选择“选择颜色”,将显示“选择颜色”对话框。

线型:显示并设置多线样式中元素的线型。如果选择“线型”,将显示“选择线型特性”对话框,该对话框列出了已加载的线型。要加载新线型,请单击“加载”。将显示“加载或重载线型” 对话框。

(7)修改(M)...:显示"修改多线样式"对话框,从中可以修改选定的多线样式。不能修改默认的 STANDARD 多线样式。"修改多线样式"对话框中各项特性与"新建多线样式"对话框相同。

(8)重命名(R):重命名当前选定的多线样式。不能重命名 STANDARD 多线样式。

(9)删除(D):从"样式"列表中删除当前选定的多线样式。此操作并不会删除 MLN 文件中的样式,不能删除 STANDARD 多线样式、当前多线样式或正在使用的多线样式。

(10)加载(L)...:显示"加载多线样式"对话框,从中可以从指定的 MLN 文件加载多线样式。

(11)保存(A)...:将多线样式保存或复制到多线库(MLN)文件。如果指定了一个已存在的 MLN 文件,新样式定义将添加到此文件中,并且不会删除其中已有的定义。默认文件名是 acad. mln。

上机操作:绘制图 4-26 所示的房屋平面图。

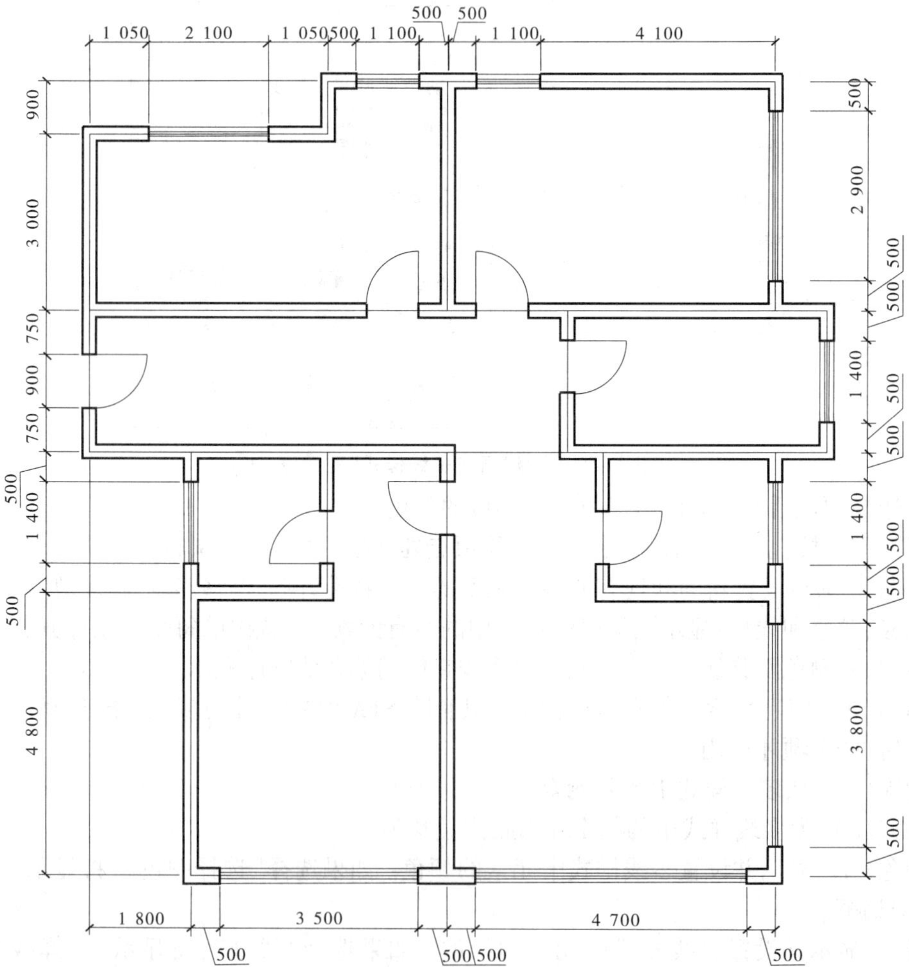

图 4-26　房屋平面图

4.4.2　多段线(PLINE)

有时需要将某一图形对象绘制成不同宽度的一个实体,则需要用到多段线的操作方法。

4.4.2.1　调用命令

命令行:PLINE(PL)

菜单栏:绘图(D)→多段线(P)

工具栏:绘图→(多段线)

4.4.2.2　主要功能

创建二维多段线。

4.4.2.3　格式示例

使用多段线命令绘制如图 4-27(a)所示图形。

(a)　　(b)

图 4-27　多段线

作图步骤如下:

命令:_pline

指定起点:(指定多段线的起点)

当前线宽为 0.0000(系统提示信息)

指定下一个点或[圆弧(A)/半宽(H)/长度(L)/放弃(U)/宽度(W)]:W　(改变线宽)

指定起点宽度<0.0000>:20(指定起点的宽度)

指定端点宽度<20.0000>:(指定端点的宽度)

指定下一个点或[圆弧(A)/半宽(H)/长度(L)/放弃(U)/宽度(W)]:@400,0(指定第二点)

指定下一点或[圆弧(A)/闭合(C)/半宽(H)/长度(L)/放弃(U)/宽度(W)]:A(绘制圆弧)

指定圆弧的端点或[角度(A)/圆心(CE)/闭合(CL)/方向(D)/半宽(H)/直线(L)/半径(R)/第二个点(S)/放弃(U)/宽度(W)]:A(选择绘制圆弧的方法)

指定包含角:180(指定圆弧的角度)

指定圆弧的端点或[圆心(CE)/半径(R)]:@0,200(指定圆弧的端点)

指定圆弧的端点或[角度(A)/圆心(CE)/闭合(CL)/方向(D)/半宽(H)/直线(L)/半径(R)/第二个点(S)/放弃(U)/宽度(W)]:L(绘制直线)

指定下一点或[圆弧(A)/闭合(C)/半宽(H)/长度(L)/放弃(U)/宽度(W)]:@-100,0

指定下一点或[圆弧(A)/闭合(C)/半宽(H)/长度(L)/放弃(U)/宽度(W)]:W(改

变线宽)

指定起点宽度<20.0000>:30(指定起点的宽度)

指定端点宽度<30.0000>:0(指定端点的宽度)

指定下一点或[圆弧(A)/闭合(C)/半宽(H)/长度(L)/放弃(U)/宽度(W)]:@ -100,0

指定下一点或[圆弧(A)/闭合(C)/半宽(H)/长度(L)/放弃(U)/宽度(W)]:(按回车键结束命令)

图 4-27(b)为二极管图,请自行绘制。

命令行各选项的功能如下:

(1)圆弧(A):将弧线段添加到多段线中。

指定圆弧的端点或[角度(A)/圆心(CE)/闭合(CL)/方向(D)/半宽(H)/直线(L)/半径(R)/第二个点(S)/放弃(U)/宽度(W)]:(指定第二点或输入选项)

①角度(A):指定弧线段的从起点开始的包含角。

输入正数将按逆时针方向创建弧线段。输入负数将按顺时针方向创建弧线段。

指定圆弧的端点或[圆心(C)/半径(R)]:指定点或输入选项。

②圆心(CE):指定弧线段的圆心。

指定圆弧的圆心:(指定圆心)

指定圆弧的端点或[角度(A)/长度(L)]:(指定圆弧端点或输入选项)

③闭合(CL):用弧线段将多段线闭合。

④方向(D):指定弧线段的起始方向。

指定圆弧的起点切向:(指定点确定圆弧的方向)

指定圆弧的端点:(指定点确定圆弧的端点)

⑤半宽(H):指定从多段线线段的中心到其一边的宽度。

指定起点半宽<当前值>:(输入值或按回车键)

指定端点半宽<起点宽度>:(输入值或按回车键)

⑥直线(L):退出"圆弧"选项并返回 PLINE 命令的初始提示。

⑦半径(R):指定弧线段的半径。

⑧第二个点(S):指定三点圆弧的第二点和端点。

指定圆弧上的第二点:(指定第二点)

指定圆弧的端点:(指定第三点)

⑨放弃(U):删除最近一次添加到多段线上的弧线段。

⑩宽度(W):指定下一弧线段的起点和端点宽度。

(2)半宽(H):指定从多段线线段的中心到其一边的宽度。

(3)长度(L):在与前一线段相同的角度方向上绘制指定长度的直线段。如果前一线段是圆弧,程序将绘制与该弧线段相切的新直线段。

(4)放弃(U):删除最近一次添加到多段线上的直线段。

(5)宽度(W):指定下一条直线段的起点和端点宽度。

注意:用"分解(EXPLODE)"命令可将多段线分解为一段一段的直线和圆弧,如果分解带有一定宽度的多段线,则分解后其宽度信息将会消失。

重点:绘制多段线时要注意起点和端点宽度的设置。

技巧:当多段线的宽度大于 0 时,要绘制一闭合的多段线,必须输入“C”,选择闭合选项,才能使其完全封闭;否则,即使起点和终点重合,也会出现缺口。

上机操作:用多段线命令上机操作图 4-28 太极图。

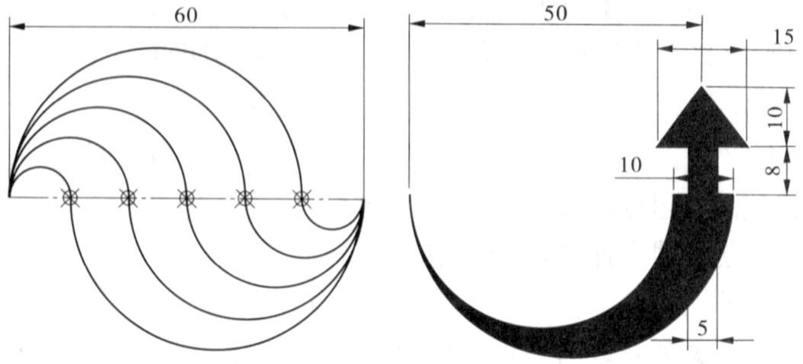

(a)　　(b)

图 4-28　多段线应用

码 4-6　微课:多段线应用

任务 4.5　绘制非圆曲线

根据绘制工程图的需要,特别是地形图中不同高程的等高线都可用样条曲线命令来完成。修订云线可在图中做标记,也可在绘画中发挥一定作用。

4.5.1　样条曲线(SPLINE)

4.5.1.1　调用命令

命令行:SPLINE(SPL)

菜单栏:绘图(D)→样条曲线(S)

工具栏:绘图→(样条曲线)

4.5.1.2　主要功能

绘制经过或接近一系列给定点的光滑曲线。

4.5.1.3　格式示例

使用样条曲线命令绘制如图 4-29(a)所示的样条曲线。

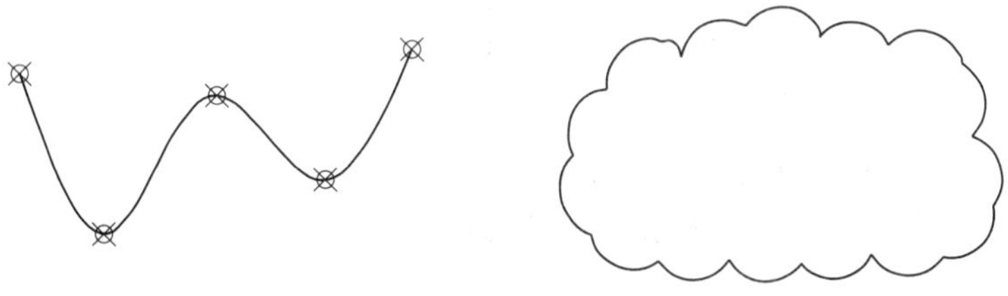

(a)　　(b)

图 4-29　样条曲线和修订云线

使用命令行提示作图：

命令：_spline

指定第一个点或[对象(O)]：(指定第一点)

指定下一点：(指定第二点)

指定下一点或[闭合(C)/拟合公差(F)]<起点切向>：(指定第三点)

指定下一点或[闭合(C)/拟合公差(F)]<起点切向>：(指定第四点)

指定下一点或[闭合(C)/拟合公差(F)]<起点切向>：(指定第五点)

指定下一点或[闭合(C)/拟合公差(F)]<起点切向>：(按回车键指定起点切向)

指定起点切向：(指定一点和起点连接即为起点切向)

指定端点切向：(指定一点和端点连接即为端点切向)

命令行各选项的功能如下：

(1)闭合(C)：将最后一点定义为与第一点一致并使它在连接处相切，这样可以闭合样条曲线。

(2)拟合公差(F)：修改拟合当前样条曲线的公差。根据新公差以现有点重新定义样条曲线。

注意：样条曲线不是多段线，不能用多段线编辑命令进行编辑，不能用“EXPLODE”命令分解。

4.5.2 修订云线(REVCLOUD)

4.5.2.1 调用命令

命令行：REVCLOUD

菜单栏：绘图(D)→修订云线(V)

工具栏：绘图→(修订云线)

4.5.2.2 主要功能

图纸更新时会用云线在做出修改的地方进行标记，提醒接收图纸的人员或部门注意这些修改，即用云线可以圈图做标记。

4.5.2.3 格式示例

使用“REVCLOUD”命令绘制如图 4-29(b)所示图形。

命令：_revcloud

最小弧长：15　最大弧长：15　样式：普通

指定起点或[弧长(A)/对象(O)/样式(S)]<对象>：

沿云线路径引导十字光标...

指定起点后通过移动光标自动绘制云线路径，最大弧长和最小弧长已设定，最后光标移动到开始位置形成封闭图形，系统会自动终止命令，命令行提示如下：

修订云线完成。

使用命令行提示作图。

任务 4.6　图案填充

4.6.1　创建图案填充(BHATCH)

4.6.1.1　调用命令

命令行:BHATCH/HATCH

菜单栏:绘图(D)→图案填充(H)…

工具栏:绘图→▦(图案填充)

4.6.1.2　主要功能

用填充图案或渐变填充来填充封闭区域或选定对象。

4.6.1.3　格式示例

启动命令后出现如图 4-30 所示的对话框。

图 4-30　“图案填充和渐变色”对话框

“图案填充和渐变色”对话框包括以下内容:

(1)“图案填充”选项卡:

①类型和图案:指定图案填充的类型和图案。

类型(Y):设置图案类型。用户定义的图案基于图形中的当前线型。AutoCAD 提供了 3 种类型图案,单击下拉箭头,打开下拉列表,供用户选择:

“预定义”(Predefind):用 AutoCAD 标准图案文件(ACAD. pat 和 ACADISO. pat 文件)中的图案填充。

“用户定义”(User Defined):用户临时定义简单填充图案。

“自定义”(Custom):表示使用用户定制的图案文件(*.pat)中的图案。单击下拉式箭头,打开下拉式列表,从表中选择采用的图案类型。AutoCAD 默认为“预定义”。

图案(P):列出可用的预定义图案。最近使用的 6 个用户预定义图案出现在列表顶部。HATCH 将选定的图案存储在 HPNAME 系统变量中。只有将“类型”设置为“预定义”,该“图案”选项才可用。

单击“...”按钮,显示“填充图案选项板”对话框,如图 4-31 所示,从中可以同时查看所有预定义图案的预览图像,这将有助于用户做出选择。

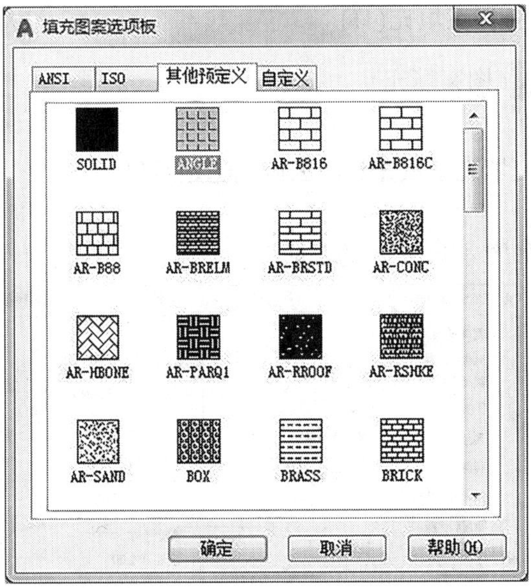

图 4-31 “填充图案选项板”对话框

颜色(C):使用当前项。通过下拉列表可选择不同颜色。

样例:显示选定图案的预览图像。可以单击“样例”以显示“填充图案选项板”对话框,如图 4-31 所示。选择 SOLID 图案后,可以单击右箭头显示颜色列表或在颜色列表中继续单击“选择颜色”,弹出“选择颜色”对话框。

自定义图案(M):列出可用的自定义图案。6 个最近使用的自定义图案将出现在列表顶部。选定图案的名称存储在 HPNAME 系统变量中。只有在“类型”中选择了“自定义”,此选项才可用。

单击“...”按钮,显示“填充图案选项板”对话框,从中可以同时查看所有自定义图案的预览图像,这将有助于用户做出选择。

②角度和比例:指定选定填充图案的角度和比例。

角度(G):指定填充图案的角度(相对当前 UCS 坐标系的 X 轴)。HATCH 将角度存储在 HPANG 系统变量中。

比例(S):放大或缩小预定义或自定义图案。HATCH 将比例存储在 HPSCALE 系统变量中。只有将“类型”设置为“预定义”或“自定义”,此选项才可用。

双向(U):对于用户定义的图案,将绘制第二组直线,这些直线与原来的直线成 90°角,从而构成交叉线。只有在“图案填充”选项卡上将“类型”设置为“用户定义”时,此选

项才可用。(HPDOUBLE 系统变量)

相对图纸空间(E):相对于图纸空间单位缩放填充图案。使用此选项,可很容易地做到以适合于布局的比例显示填充图案。该选项仅适用于布局。

间距(C):指定用户定义图案中的直线间距。HATCH 将间距存储在 HPSPACE 系统变量中。只有将"类型"设置为"用户定义",此选项才可用。

ISO 笔宽(O):基于选定笔宽缩放 ISO 预定义图案。只有将"类型"设置为"预定义",并将"图案"设置为可用的 ISO 图案的一种,此选项才可用。

③图案填充原点:控制填充图案生成的起始位置。某些图案填充(例如砖块图案)需要与图案填充边界上的一点对齐。默认情况下,所有图案填充原点都对应于当前的 UCS 原点。

使用当前原点(T):使用存储在 HPORIGINMODE 系统变量中的设置。默认情况下,原点设置为(0,0)。

指定的原点:指定新的图案填充原点。单击此选项可使以下选项可用。

单击以设置新原点:直接指定新的图案填充原点。

默认为边界范围(X):基于图案填充的矩形范围计算出新原点。可以选择该范围的四个角点及其中心。(HPORIGINMODE 系统变量)

存储为默认原点(F): 将新图案填充原点的值存储在 HPORIGIN 系统变量中。

(2)"渐变色"选项卡:从一种颜色到另一种颜色的平滑转变。

①颜色:

单色(O):指定使用从较深着色到较浅色调平滑过渡的单色填充。选择"单色"时,HATCH 将显示带有浏览按钮和"着色"与"渐浅"滑块的颜色样本。

双色(T):指定在两种颜色之间平滑过渡的双色渐变填充。选择"双色"时,HATCH 将分别为颜色 1 和颜色 2 显示带有浏览按钮的颜色样本。

颜色样本:指定渐变填充的颜色。单击浏览按钮"..."以显示"选择颜色"对话框,从中可以选择 AutoCAD 颜色索引(ACI)颜色、真彩色或配色系统颜色。显示的默认颜色为图形的当前颜色。

"着色"和"渐浅"滑块:指定一种颜色的渐浅(选定颜色与白色的混合)或着色(选定颜色与黑色的混合),用于渐变填充。

②渐变图案:显示渐变填充的九种固定图案。这些图案包括线性扫掠状、球状和抛物面状图案。

③方向:指定渐变色的角度以及是否对称。

居中(C):指定对称的渐变配置。如果没有选定此选项,渐变填充将朝左上方变化,创建光源在对象左边的图案。

角度(L):指定渐变填充的角度。相对当前 UCS 指定角度。此选项与指定给图案填充的角度互不影响。

以下是图 4-32 所示的"图案填充"选项卡和"渐变色"选项卡所共有的右侧区域各项的含义。

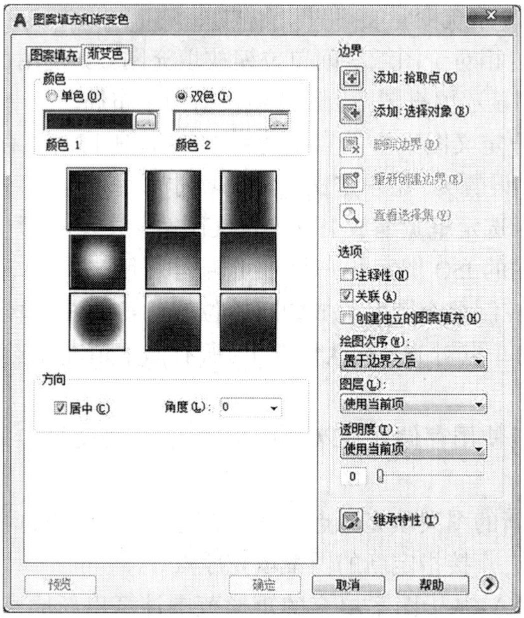

图 4-32 “图案填充”选项卡和“渐变色”选项卡

(3)边界:用不同的方法选定对象确定边界。

添加:拾取点(K):根据围绕指定点构成封闭区域的现有对象确定边界。对话框将暂时关闭,系统将会提示拾取一个点,见图 4-33。

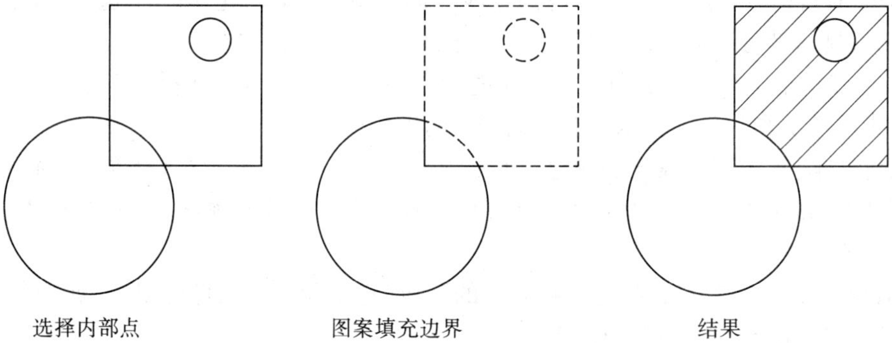

图 4-33 “拾取点”方式填充图案

拾取内部点或[选择对象(S)/删除边界(B)]:在要进行图案填充或填充的区域内单击,或者指定选项、输入 U 或 Undo 放弃上一个选择,或按回车键返回对话框。

如果拾取点不能被一封闭的边界包围,AutoCAD 给出“未找到有效的图案填充边界”的出错信息。拾取完成后,填充边界以高亮显示,此时 AutoCAD 仍然提示“选择内部点:”此时用户可按回车键返回或输入“U”或“Undo”撤销上次的拾取。

添加:选择对象(B):根据构成封闭区域的选定对象确定边界,如图 4-34 所示。对话框将暂时关闭,系统将会提示选择对象。

选择对象或[拾取内部点(K)/删除边界(B)]:选择定义图案填充或填充区域的对

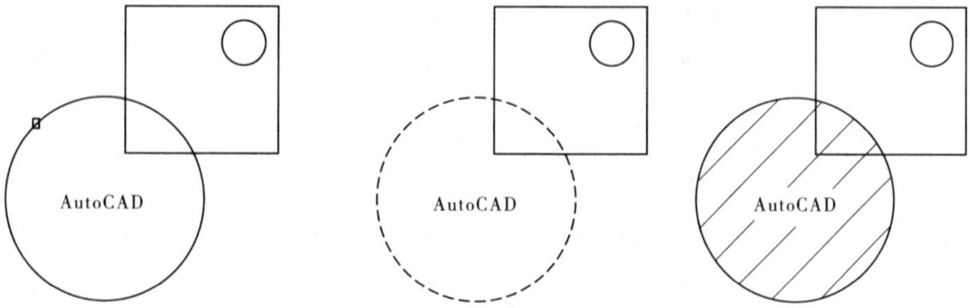

(a)选择对象　　(b)选择文字　　(c)结果

图 4-34　“选择对象”方式填充图案

象,或者指定选项、输入 U 或 Undo 放弃上一个选择,或按回车键返回对话框。每次单击“选择对象”选项时,HATCH 都会清除上一个选择集。

选择对象时,可以随时在绘图区域单击鼠标右键以显示快捷菜单。拾取完成后,填充边界以高亮显示,注意拾取对象必须是首尾相连形成一个封闭图形,否则会出现意想不到的填充效果。

删除边界(D):从边界定义中删除以前添加的任何对象,如图 4-35 所示。单击“删除边界”时,对话框将暂时关闭,命令行将显示提示。

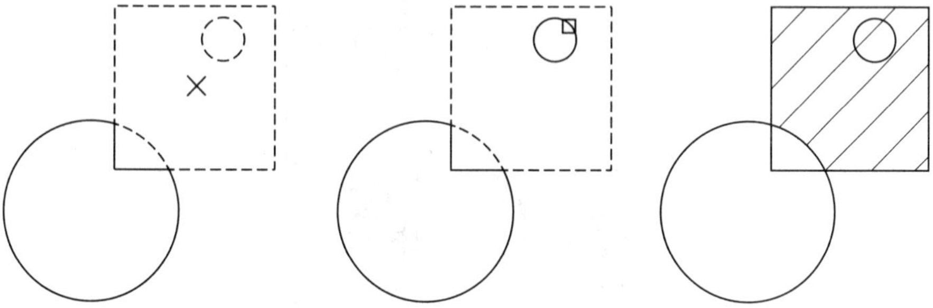

选择内部点　　删除的对象　　结果

图 4-35　删除已选中的对象填充图案

选择对象或[添加边界(A)]:选择要从边界定义中删除的对象、指定选项或按回车键返回对话框。

选择对象:选择图案填充或填充的临时边界对象将它们删除。

重新创建边界(R):围绕选定的图案填充或填充对象创建多段线或面域,并使其与图案填充对象相关联(可选)。单击“重新创建边界”时,对话框暂时关闭,命令行将显示提示。

输入边界对象类型[面域(R)/多段线(P)]<当前>:输入“r”创建面域或输入“p”创建多段线。

要重新关联图案填充与新边界吗?[是(Y)/否(N)]<当前>:输入“y”或“n”。

查看选择集(V):暂时关闭对话框,并使用当前的图案填充或填充设置显示当前定义的边界。如果未定义边界,则此选项不可用。

(4)选项:控制几个常用的图案填充或填充选项。

关联(A):控制图案填充或填充的关联。关联的图案填充或填充在用户修改其边界时将会更新。

创建独立的图案填充(H):当指定了几个独立的闭合边界时,控制是创建单个图案填充对象,还是创建多个图案填充对象。

绘图次序(W):为图案填充或填充指定绘图次序。图案填充可以放在所有其他对象之后、所有其他对象之前、图案填充边界之后或图案填充边界之前。

(5)继承特性(I):使用选定图案填充对象的图案填充或填充特性对指定的边界进行图案填充。在选定图案填充要继承其特性的图案填充对象之后,可以在绘图区域中单击鼠标右键,并使用快捷菜单在"选择对象"和"拾取内部点"选项之间进行切换以创建边界。

单击"继承特性"时,对话框将暂时关闭,命令行将显示提示。

选择图案填充对象:在某个图案填充或填充区域内单击,以选择新的图案填充对象要使用其特性的图案填充。

(6)预览:关闭对话框,并使用当前图案填充设置显示当前定义的边界。单击图形或按 Esc 键返回对话框。单击鼠标右键或按回车键接受该图案填充。如果没有指定用于定义边界的点,或没有选择用于定义边界的对象,则此选项不可用。

(7)其他选项:展开对话框以显示其他选项,见图 4-36。控制孤岛和边界的操作。

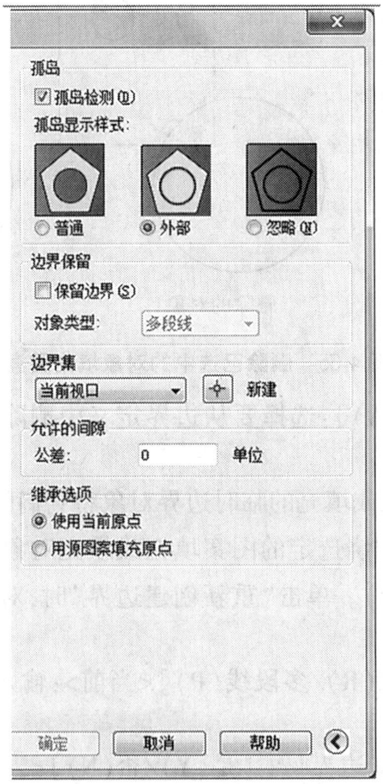

图 4-36 扩展填充

①孤岛：指定在最外层边界内填充对象的方法。如果不存在内部边界，则指定孤岛检测样式没有意义。因为可以定义精确的边界集，所以一般情况下最好使用“普通”样式。

孤岛检测(D)：控制是否检测内部闭合边界(称为孤岛)。

普通：从外部边界向内填充。如果系统遇到一个内部孤岛，它将停止进行图案填充，直到遇到该孤岛内的另一个孤岛。也可以通过在 HPNAME 系统变量的图案名称里添加“N”将填充方式设置为“普通”样式。

外部：从外部边界向内填充。如果系统遇到内部孤岛，它将停止进行图案填充。此选项只对结构的最外层进行图案填充，而结构内部保留空白。也可以通过在 HPNAME 系统变量的图案名称里添加“O”将填充方式设置为“外部”样式。

忽略(N)：忽略所有内部的对象，填充图案时将通过这些对象。

也可以通过在 HPNAME 系统变量的图案名称中添加“I”将填充方式设置为“忽略”样式。

当指定点或选择对象定义填充边界时，在绘图区域单击鼠标右键，可以从快捷菜单中选择“普通”“外部”“忽略”选项。

②边界保留：指定是否将边界保留为对象，并确定应用于这些对象的对象类型。

保留边界(S)：根据临时图案填充边界创建边界对象，并将它们添加到图形中。

对象类型：控制新边界对象的类型。结果边界对象可以是面域或多段线对象。仅当选中“保留边界”时，此选项才可用。

③边界集：定义当从指定点定义边界时要分析的对象集。当使用“选择对象”定义边界时，选定的边界集无效。

当前视口：根据当前视口范围内的所有对象定义边界集。选择此选项将放弃当前的任何边界集。

现有集合：从使用“新建”选定的对象定义边界集。如果还没有用“新建”创建边界集，则“现有集合”选项不可用。

新建：提示用户选择用来定义边界集的对象。

④允许的间隙：设置将对象用作图案填充边界时可以忽略的最大间隙。默认值为 0，此值指定对象必须封闭区域而没有间隙。

⑤继承选项：使用“继承特性”创建图案填充时，这些设置将控制图案填充原点的位置。

使用当前原点：使用当前的图案填充原点设置。

使用源图案填充原点：使用源图案填充的图案填充原点。

上机操作：绘制如图 4-37 所示的图形，并进行图案填充。

(请自行分析作图，提示：先画出图 4-37(a)，再分别填充不同的图案)

注意：当命令行输入命令“_hatch”或“_bhatch”时，不会出现对话框，用户可直接通过命令行提示来填充图案。

重点：使用对话框填充图案。

技巧：填充图案是一个整体，如果用“EXPLODE”命令将其分解，将会增加图形文件的字节数,因此最好不要分解填充图案。

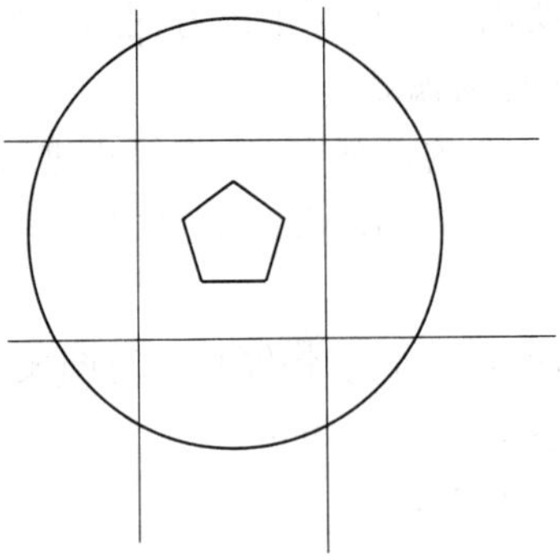
(a)图案填充前的图形

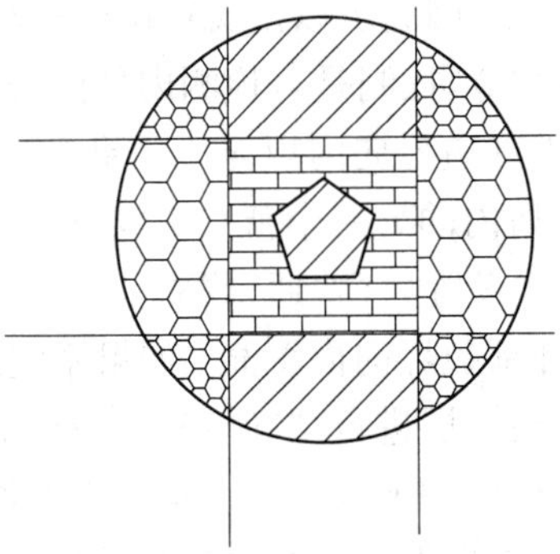
(b)图案填充后的图形

图 4-37　图案填充

码 4-7　微课:图案填充

项目 5 图形编辑

所谓图形编辑,就是要对已绘制的图形进行修改。其内容包括选择对象,调整对象位置,复制对象,调整对象尺寸,倒角和圆角,编辑多段线,多线和样条曲线,对象特性匹配管理等。通过本项目学习,使学生自信自强并具有创新精神。

一般来说,一个完美的图形不是完全靠绘图命令就能完成的,往往需要经过反复的修改,即对图形进行编辑。只有掌握各种图形编辑功能,才能给绘图带来很大的方便和快捷。图形编辑命令集中在下拉菜单“修改”中,有关图标集中在“修改”工具栏中,如图 5-1 所示。

图 5-1 “修改”工具栏

任务 5.1 选择对象

编辑命令的操作一般分为两步进行:首先选择编辑对象,其次实施编辑操作。使用 AutoCAD 绘图,进行任何一项编辑操作都要有具体的对象,然后选中该对象,这样所进行的编辑操作才会有效。在 AutoCAD 中,选择对象的方法有很多,一般分为直接拾取法和窗口选择法两种。

5.1.1 直接拾取法

直接拾取法是最常用的选取方法,也是默认的对象选择方法。选择对象时,单击绘图区中的对象即可选中,被选中的对象呈虚线显示。如果要选取多个对象,逐个选择要选取的对象即可,如图 5-2 所示。

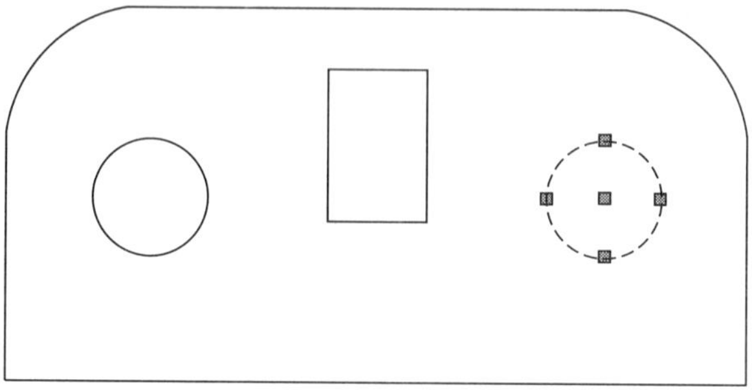

图 5-2 直接拾取

5.1.2 窗口选择法

窗口选择法是一种确定选取图形对象范围的选取方法。当需要选择的对象较多时,可以使用该选择方式,这种选择方式与 Windows 的窗口选择类似。

5.1.2.1 **窗口方式**

单击并将十字光标沿右下方拖动,将所选的图形框在一个矩形框内。再次单击,形成选择框,这时所有出现在矩形框内的对象都将被选取,位于窗口外及与窗口边界相交的对象则不会选中,如图 5-3 所示。

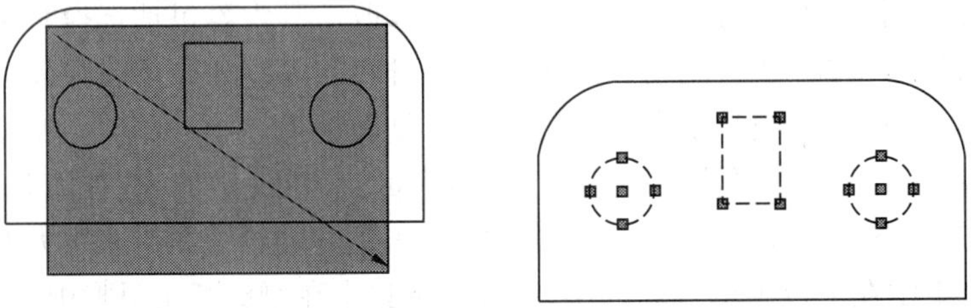

图 5-3 窗口方式

5.1.2.2 **窗交方式**

窗交方式正好与窗口方式方向相反,鼠标移动从右下角开始往左上角移动,形成选择框,此时只要与交叉窗口相交或者被交叉窗口包容的对象,都将被选中,如图 5-4 所示。

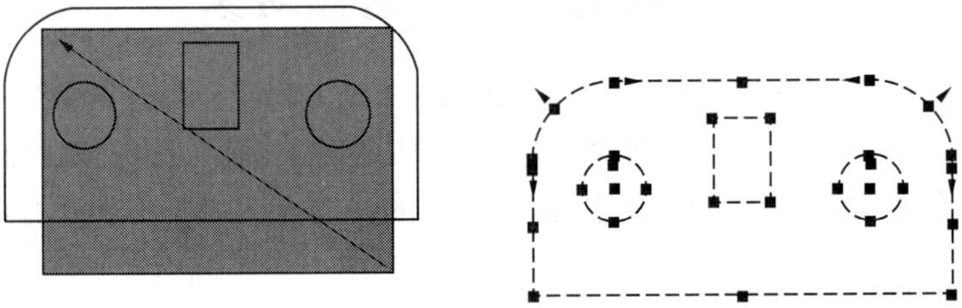

图 5-4 窗交方式

特别注意:只要使用编辑命令,就会出现选择对象,当选择好对象后,一定要按回车键。

在当前屏幕上已绘有图 5-5(a)所示的一段圆弧、两个圆和五条直线,现欲对其中的部分图形对象进行删除操作,则首先应指定要删除的图形对象,即构造选择集,然后才能对选中的部分执行删除操作。

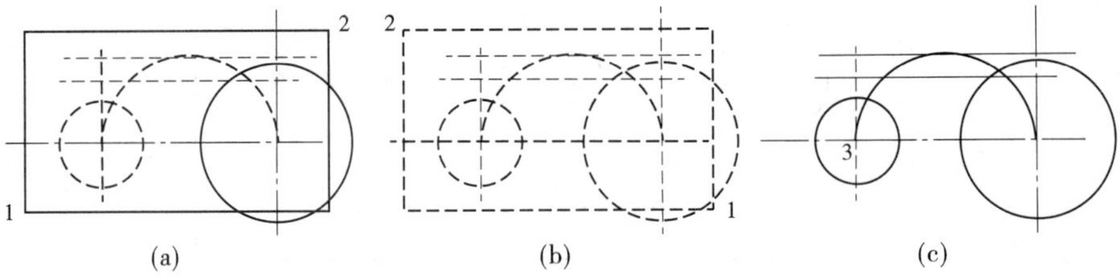

图 5-5 窗口方式和窗交方式

命令:ERASE↙(删除图形命令)

选择对象:W↙(选窗口方式,先左后右)

指定第一个角点:(单击 1 点)

指定对角点:(单击 2 点)

找到 5 个[选中部分变虚显示,如图 5-5(a) 所示]

选择对象:(按回车键,结束选择过程,删去选定的直线)

注意:在上面的构造选择集的操作中,采用的是窗口方式(先左后右);如果采用窗交方式 C(先右后左),则还有一个圆和两条点划线与窗口边界相交,它们也会被删去,如图 5-5(b)所示。

重点:使用自动开窗口非常方便,其操作方法是:当命令行出现"选择对象"时,可随时在编辑过程中开窗口,用鼠标在对象附近任意一点单击,然后向右开窗口是窗口方式,向左开窗口是窗交方式,无须输入选项。

5.1.3　循环选择对象

技巧:循环选择对象的步骤:

(1)在"选择对象"提示下,按下 Ctrl 键并单击尽可能接近要选择对象的地方,如图 5-5(c)圆心 3 所示。

(2)不断单击直到所需的对象被亮显。如图 5-5(c)圆心 3 处的虚线、点划线和圆弧交替亮显。

(3)按回车键选择的对象被确定(或被编辑)。

技巧:从对象中删除已选择对象的步骤:按下 Shift 键并单击要从选择集中删除的对象。此操作可将图 5-5(b)转变为(a)和(c)。

5.1.4　夹点编辑操作

夹点就是对象本身的一些特殊点。当用定点设备指定对象时,夹点以小方框显示。常用对象的夹点显示位置如图 5-6 所示,直线段和圆弧段的夹点就是其两个端点和中点,圆的夹点就是圆心和四个象限点,椭圆的夹点和圆类似,即椭圆心和长、短轴的端点。矩形的夹点就是四个角点,多段线的夹点就是构成多段线的直线段的端点和圆弧段的夹点。可以拖动这些夹点执行拉伸、移动、旋转、缩放或镜像操作。

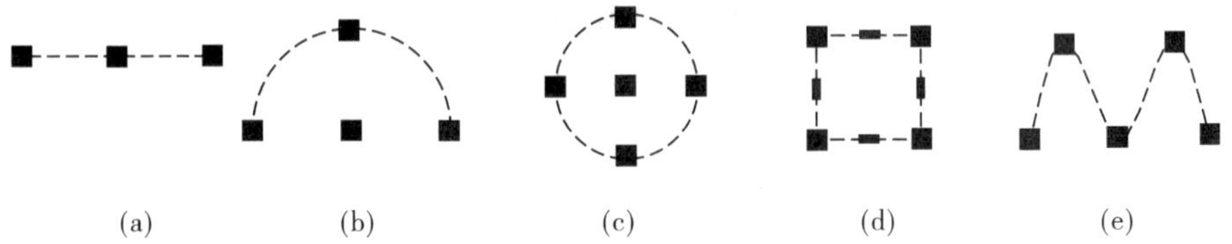

图 5-6　常用对象夹点的显示位置

命令行:OPTIONS(调用"选项"对话框)

菜单栏:工具(T)→选项(N)

将显示"选项"对话框,如图 5-7 所示。

图形光标捕捉其移动到上面的任何夹点。夹点打开后,从夹点选择集删除的对象不

图 5-7 “选项”对话框

再亮显，但它们的夹点仍然处于活动状态。活动夹点用作夹点编辑的临时捕捉位置。

可以使用多个夹点作为基夹点来使选定夹点之间的对象形状保持不变。选择夹点时按下 Shift 键。

选择夹点后，单击鼠标右键，AutoCAD 将显示快捷菜单，如图 5-8 所示，列出了可用的夹点操作。

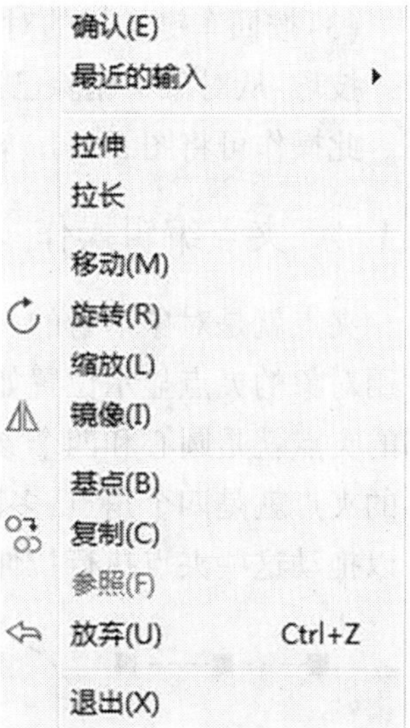

图 5-8 夹点操作快捷菜单

5.1.4.1 **用夹点拉伸**

可以通过将选定的夹点移动到新位置来拉伸对象。文字、块参照、直线中点、圆心和点对象上的夹点将移动对象而不是拉伸它。这是移动块参照和调整标注的好方法。

5.1.4.2 **用夹点移动**

可以通过选定的夹点移动对象。选定的对象被亮显并按指定的下一点位置移动一定的方向和距离。

5.1.4.3 **用夹点旋转**

可以通过拖动和指定点位置来绕夹点旋转选定对象。另外，可以输入角度值。这是旋转块参照的好方法。

5.1.4.4 **用夹点缩放**

可以相对于夹点缩放选定对象。通过从夹点向外拖动并指定点位置来增大对象尺寸，或通过向内拖动减小尺寸，也可以为相对缩放输入一个值。

5.1.4.5 **用夹点镜像**

可以沿临时镜像线为对象创建镜像。打开“正交”有助于指定垂直或水平的镜像线。

重点：通过夹点可以将命令和对象选择结合起来，因此可提高编辑速度。无须启动 AutoCAD 命令，只要用光标拾取对象，该对象就进入选择集，并显示该对象的夹点。

任务 5.2　调整对象位置

5.2.1　移动

5.2.1.1　调用命令

命令行:MOVE(M)

菜单栏:修改(M)→移动(V)

工具栏:"修改"→✥

5.2.1.2　主要功能

平移指定的对象。

5.2.1.3　格式示例

将图 5-9(a)中的小圆及多边形移动到大圆的圆心位置。

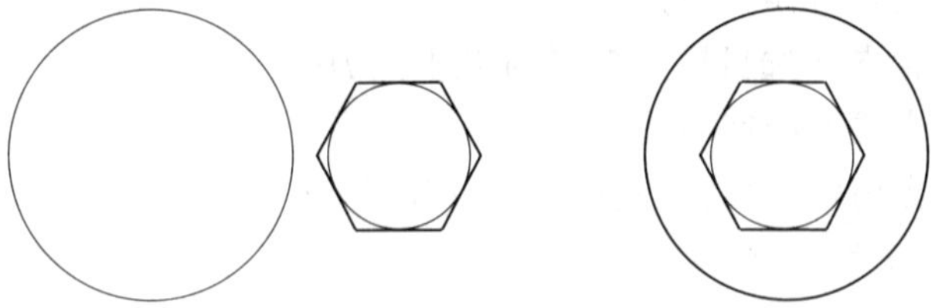

(a)　　　　(b)

图 5-9　移动

命令:MOVE↙

选择对象:(选择小圆及多边形)找到 2 个↙

指定基点或<位移(D)><位移>:(捕捉小圆的圆心为基点)

指定第二个点或<使用第一点作为位移>:[选择大圆的圆心为目标点,见图 5-9(b)]

5.2.1.4　说明

MOVE 命令的操作和 COPY 命令类似,但它是移动对象而不是复制对象。

5.2.2　对齐

5.2.2.1　调用命令

命令行:ALIGN(AL)

菜单栏:修改(M)→三维操作(3)→对齐(L)

5.2.2.2　主要功能

对选定对象通过平移和旋转的操作使之和指定位置对齐。

5.2.2.3　格式示例

命令:ALIGN↙

正在初始化...

选择对象:[选择一指针,见图 5-10(a)]

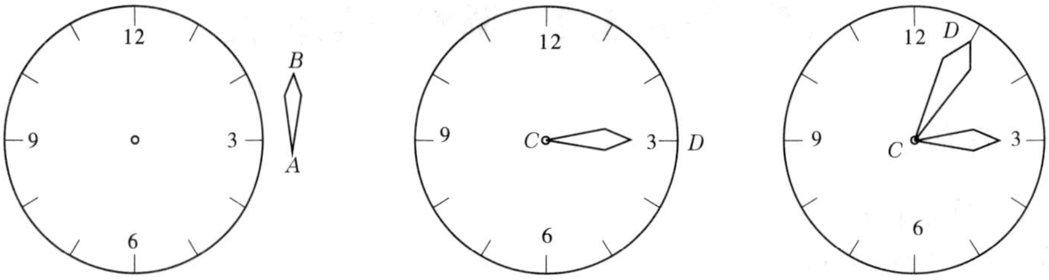

(a) (b) (c)

图 5-10 对齐

选择对象:↙(回车)

指定第一个源点:(选源点 A)

指定第一个目标点:(选目标点 1,捕捉圆心 C)

指定第二个源点:(选源点 B)

指定第二个目标点:(选目标点 2,捕捉圆上点 D)

指定第三个源点或<继续>:↙

是否基于对齐点缩放对象? [是(Y)/否(N)]<否>:[是否比例缩放对象,使它通过目标点 D,图 5-10(b)为否,图 5-10(c)为是]

5.2.2.4 说明

(1)第 1 对源点与目标点控制对象的平移;

(2)第 2 对源点与目标点控制对象的旋转,使原线 AB 与目标线 CD 重合;

(3)一般利用目标点 D 控制对象旋转的方向和角度,也可以通过是否比例缩放的选项,以 C 为基准点进行对象变比,作到源点 2 和目标点 D 重合,如图 5-10(c)所示。

5.2.3 旋转

5.2.3.1 调用命令

命令行:ROTATE(RO)

菜单栏:修改(M)→旋转(R)

工具栏:"修改"→

5.2.3.2 主要功能

绕指定中心旋转图形。

5.2.3.3 格式示例

命令:ROTATE↙

UCS 当前的正角方向:ANGDIR=逆时针 ANGBASE=0

选择对象:[选一长方块,如图 5-11(a)所示]

找到 1 个

选择对象:↙

指定基点:(选 A 点)

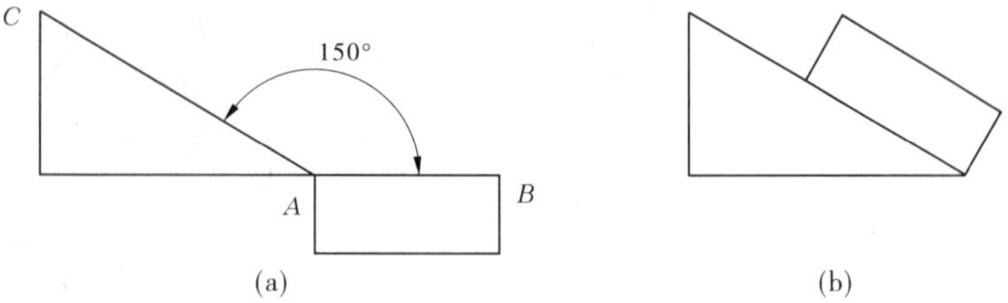

图 5-11　旋转

指定旋转角度或[复制(C)/参照(R)]<31>:150↙(旋转角,逆时针为正)

结果如图 5-11(b)所示。

必要时可选择参照方式来确定实际转角,仍如图 5-11(a)所示。

命令:ROTATE↙

UCS 当前的正角方向:ANGDIR=逆时针　ANGBASE=0

选择对象:找到 1 个[选一长方块,见图 5-11(a)]

选择对象:↙

指定基点:(选 *A* 点)

指定旋转角度或[复制(C)/参照(R)]<31>:R↙(选参照方式)

指定参照角<0>:(输入参照方向角,本例中用点取 *A*、*B* 两点来确定此角)

指定新角度或[点(P)] <0>:(输入参照方向旋转后的新角度,本例中用 *A*、*C* 两点来确定此角)

结果仍如图 5-11(b)所示,即在不预知旋转角度的情况下,也可通过参照方式把长方块绕 *A* 点旋转与三角块相贴。

任务 5.3　复制对象

5.3.1　复制

5.3.1.1　调用命令

命令行:COPY(CO)

菜单栏:修改(M)→复制(Y)

工具栏:"修改"→

5.3.1.2　主要功能

复制选定对象,可做多重复制。

5.3.1.3　格式示例

命令:COPY↙

选择对象:找到 1 个[在图 5-12(a)中选择六边形中心的小圆]

选择对象:(按回车键,结束选择)

指定基点或[位移(D)]<位移>:(指定圆心为基点)

指定第二点或<使用第一点作为位移>:[指定六边形角顶点,见图 5-12(b)]

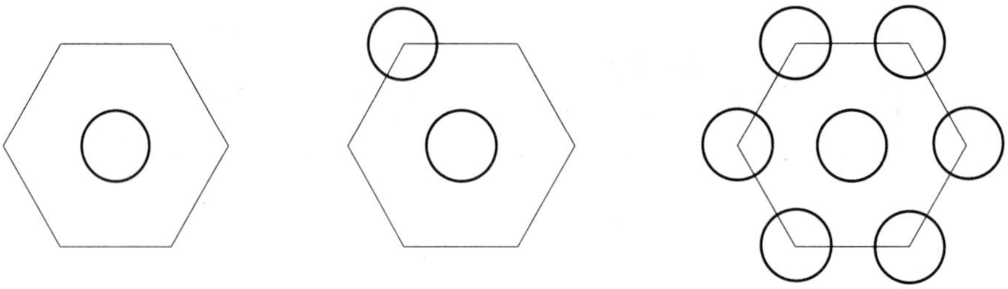

(a)原对象　　(b)复制对象　　(c)多重复制对象

图 5-12　复制对象

指定第二点或[退出(E)/放弃(U)]<退出>:(下一角顶点)

指定第二点或[退出(E)/放弃(U)]<退出>:(下一角顶点)

……

指定第二点或[退出(E)/放弃(U)]<退出>:(回车)

结果见图 5-12(c)。

5.3.1.4　说明

基点与位移点可用光标定位、坐标值定位,也可利用对象捕捉来准确定位。

注意:上述复制只是在本图形文件内复制的。如果通过剪贴板复制对象,就可以将对象复制到另外的图形文件或其他应用程序的文件中。

5.3.2　镜像

5.3.2.1　调用命令

命令行:MIRROR(MI)

菜单栏:修改(M)→镜像(I)

工具栏:"修改"→

5.3.2.2　主要功能

用轴对称方式对指定对象镜像,该轴称为镜像线。镜像时可删去原图形,也可以保留原图形(镜像复制)。

5.3.2.3　格式示例

在图 5-13 中欲将图形和字符相对点划线镜像出图形和字符,则操作过程如下:

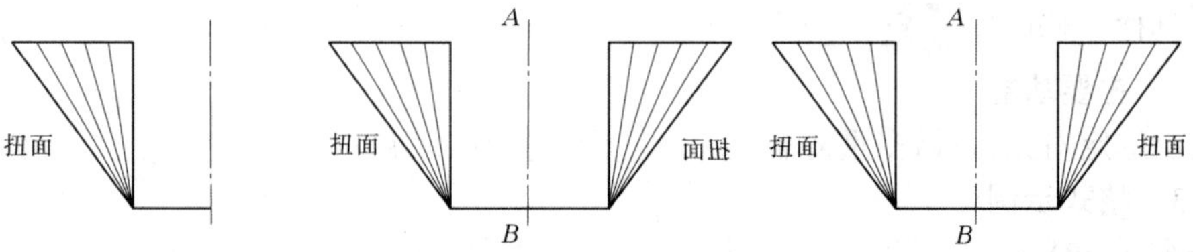

(a)镜像前　　(b)镜像后文本不可读　　(c)镜像后文本可读

图 5-13　镜像

命令:MIRROR↙

选择对象:找到 13 个(构造选择集,在图 5-13 中选择图形和字符)

选择对象:(回车,结束选择)

指定镜像线的第一点:(指定镜像线上的一点,如 A 点)

指定镜像线的第二点:(指定镜像线上的另一点,如 B 点)

要删除源对象吗? [是(Y)/否(N)]<N>:↙(回车,不删除原图形)

5.3.2.4　**说明**

在镜像时,镜像线是一条临时的参照线,镜像后并不保留。在图 5-13(b)中,文本做了完全镜像,镜像后文本变为反写和倒排,使文本不便阅读。

注意:在对文字对象进行镜像操作时,如果系统变量 MIRRTEXT 的值设置为 1,则文字位置及文字本身均被镜像,即字符将被反转且从右向左排列;反之,如果将系统变量 MIRRTEXT 的值设为 0,则只是文字位置被镜像,文字本身仍保持原来的方向不变,如图 5-13(c)所示。

重点:如在调用镜像命令前,可以在"命令:"提示下直接键入 MIRRTEXT 修改设置。系统变量 MIRRTEXT 的值设为 1 时文本不可读,系统变量 MIRRTEXT 的值设为 0 时,文本可读。

上机操作:利用直线、矩形绘图命令和删除、复制、镜像等命令完成图 5-14 所示的图形。

分析:注意在复制图形时的定位操作,同时注意绘图与编辑命令相结合的作图方法。

码 5-1　微课:复制和镜像命令

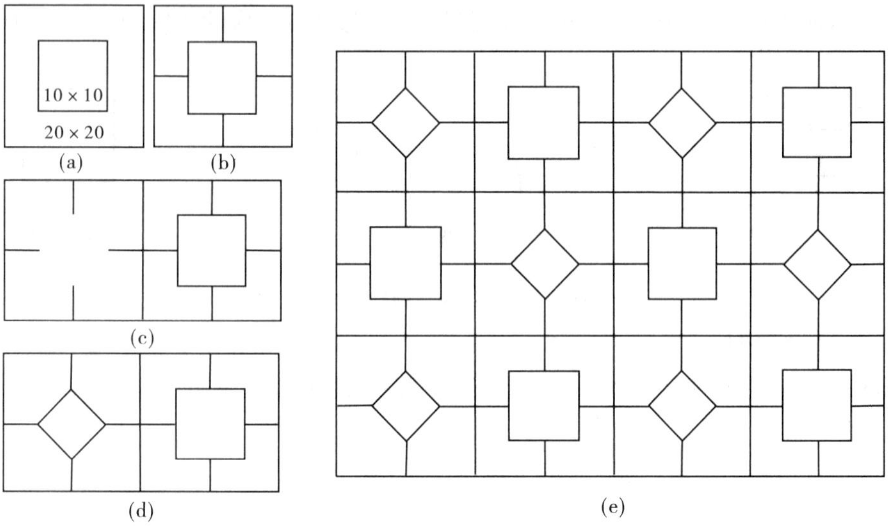

图 5-14　复制和镜像命令的巧用

作图提示:

(1)新建图形或以"缺省设置/公制"启动系统,用矩形命令绘制 20×20 的矩形(任意拾取第一点,用相对坐标@ 20,20 确定第二点),调整显示大小以便进一步作图。

(2)在大矩形中绘制 10×10 的小矩形,大、小矩形的间距为 5(平行线的间距)。

(3)直线命令配合中点捕捉(临时捕捉、自动捕捉均可,但将捕捉中点设置为自动捕捉更方便)绘制四条直线段。

(4)复制一个同样的图形,注意两个图形紧挨着。为了保证这种定位,要求复制的基点为第一点(如大矩形的左下角)和第二点(大矩形的右下角),或利用相对坐标输入第二点(任意拾取第一点作为基点,相对坐标@20,0为第二点)。

(5)删除左边图形中的小矩形。

(6)直线命令配合端点捕捉(临时捕捉、自动捕捉均可,但将捕捉端点设置为自动捕捉更方便)绘制另一个方位的矩形(菱形)。

(7)按图示方法进一步编辑(复制、镜像、移动),可完成全图,如图5-14(e)所示。

(具体操作过程,这里不再罗列)

5.3.3 偏移

5.3.3.1 调用命令

命令行:OFFSET(O)

菜单栏:修改(M)→偏移(S)

工具栏:"修改"→

5.3.3.2 主要功能

将指定对象偏移,即画出等距线。直线的等距线为平行等长线段;圆弧的等距线为同心圆弧,保持圆心角相同;多段线或矩形的等距线为多段线,其组成线段将自动调整,即其组成的直线段或圆弧段将自动延伸或修剪,构成另一条多段线或相应的图形,如图5-15所示。

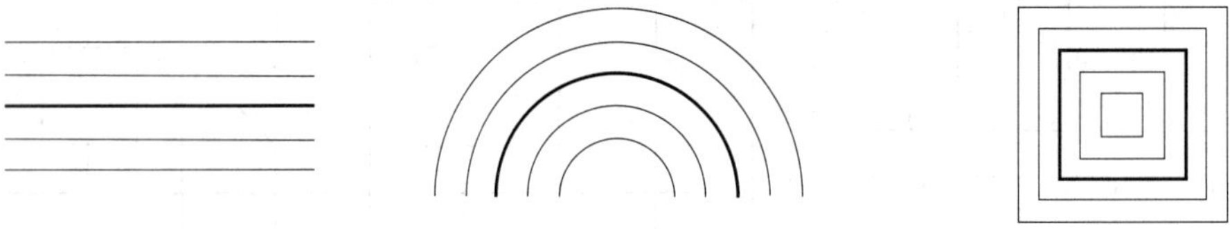

(a)直线　(b)圆弧　(c)矩形

图5-15　偏移

5.3.3.3 格式示例

AutoCAD用指定偏移距离和指定通过点两种方法来确定等距线位置,对应的操作顺序分别为:

(1)指定偏移距离值,见图5-16(a)。

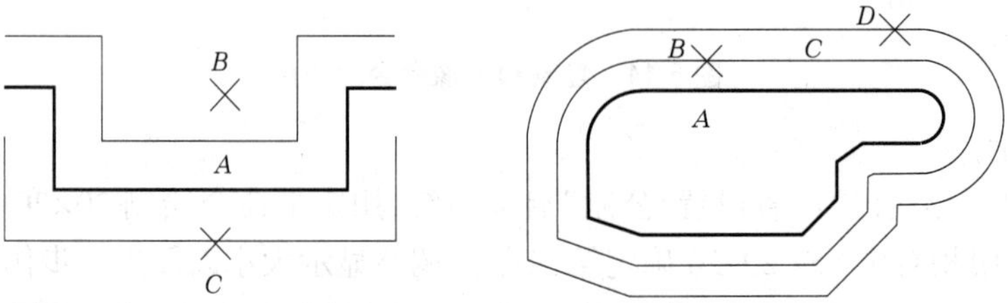

(a)　(b)

图5-16　指定偏移距离和指定通过点

命令:OFFSETF↙

当前设置:删除源=否 图层=源 OFFSETGAPTYPE=0

指定偏移距离或[通过(T)/删除(E)/图层(L)]<通过>:5↙(偏移距离)

选择要偏移的对象,或[退出(E)/放弃(U)]<退出>:(指定对象,多段线 *A*)

指定要偏移的那一侧上的点,或[退出(E)/多个(M)/放弃(U)] <退出>:(用 *B* 点指定在那一侧画等距线)

选择要偏移的对象,或[退出(E)/放弃(U)]<退出>:(继续指定 *C* 点或按回车键结束)

(2)指定通过点,见图 5-16(b)。

命令:OFFSET↙

当前设置:删除源=否 图层=源 OFFSETGAPTYPE=0

指定偏移距离或[通过(T)/删除(E)/图层(L)]<5.0000>:T↙(指定通过点方式)

选择要偏移的对象,或[退出(E)/放弃(U)]<退出>:(选定对象,多段线 *A*)

指定通过点或[退出(E)/多个(M)/放弃(U)] <退出>:(指定通过点 *B*,画出等距线 *C*)

选择要偏移的对象,或[退出(E)/放弃(U)]<退出>:(继续选一对象 *C*)

指定通过点或[退出(E)/多个(M)/放弃(U)] <退出>:(指定通过点 *D*,画出等距线)

选择要偏移的对象或[退出(E)/放弃(U)]<退出>:(继续进行或按回车键结束)

注意:从图 5-16 可以看出,生成多段线的等距线过程中,各组成线段将自动调整,原图中有的线段可能没有对应的等距线段,见图 5-16(b)。

5.3.4 阵列

5.3.4.1 调用命令

命令行:ARRAY(AR)

菜单栏:修改(M)→阵列(A)

工具栏:“阵列”→

5.3.4.2 主要功能

对选定对象做矩形或环形阵列式复制。

5.3.4.3 格式示例

命令:ARRAY↙

阵列对象的方法分为矩形阵列和环形阵列两种。

1. 矩形阵列

矩形阵列即按长和宽两个方向排成矩阵。试用矩形阵列命令完成图 5-17(a)所示海漫底板上的冒水孔布置图(图中圆的半径为 5)。

其操作步骤如下:

命令: _arrayrect

选择对象: 指定对角点: 找到 3 个

图 5-17　矩形阵列和环形阵列

选择对象:
类型 = 矩形　关联 = 是
为项目数指定对角点或[基点(B)/角度(A)/计数(C)] <计数>:C↙
输入行数或[表达式(E)] <4>:3↙
输入列数或[表达式(E)] <4>:5↙
指定对角点以间隔项目或[间距(S)]<间距>:S↙
指定行之间的距离或[表达式(E)]<9>:15↙
指定列之间的距离或[表达式(E)]<9>:15↙
按回车键接受或[关联(AS)/基点(B)/行(R)/列(C)/层(L)/退出(X)]<退出>:

注意:在矩形阵列中,行距为正,将向上阵列;行距为负,则向下阵列。列距为正,将向右阵列;列距为负,则向左阵列。

重点:

(1)输入的行数和列数包括原始的对象。另外,指定的距离用于确定两相邻对象的对应点之间的距离,而不是相邻对象之间的最短距离。

(2)单击“选择对象”按钮,选择需要阵列的实体,此时对话框暂时消失,选择要阵列的圆,如图 5-17(a)所示,待用户选定后按回车键,对话框又重新出现。

(3)单击“确定”按钮即可完成操作,如图 5-17(b)所示。

技巧:通过设置阵列角度可以进行斜向阵列。

2. 环形阵列

环形阵列即以圆心为中心,按照一定的规则环绕排列。试用环形阵列的命令完成图 5-17(d)、(e)所示的布置图。

其操作步骤如下:

命令:_arraypolar
选择对象:指定对角点:找到 1 个
选择对象:
类型=极轴　关联=是
指定阵列的中心点或[基点(B)/旋转轴(A)]:
输入项目数或[项目间角度(A)/表达式(E)]<4>:8
指定填充角度(+=逆时针、-=顺时针)或[表达式(EX)]<360>:360
按回车键接受或[关联(AS)/基点(B)/项目(I)/项目间角度(A)/填充角度(F)/行(ROW)/层(L)/旋转项目(ROT)/退出(X)]

结果如图 5-17(d)所示。

命令:_arraypolar

选择对象:指定对角点:找到 1 个

选择对象:

类型=极轴　关联=是

指定阵列的中心点或[基点(B)/旋转轴(A)]:

输入项目数或[项目间角度(A)/表达式(E)]<4>:8

指定填充角度(+=逆时针、-=顺时针)或[表达式(EX)]<360>:360

按回车键接受或[关联(AS)/基点(B)/项目(I)/项目间角度(A)/填充角度(F)/行(ROW)/层(L)/旋转项目(ROT)/退出(X)]<退出>:ROT

是否旋转阵列项目?[是(Y)/否(N)]<是>:N

按回车键接受或[关联(AS)/基点(B)/项目(I)/项目间角度(A)/填充角度(F)/行(ROW)/层(L)/旋转项目(ROT)/退出(X)]

结果如图 5-17(e)所示。

注意:AutoCAD 2012 以前的版本,如 AutoCAD 2006、AutoCAD 2008、AutoCAD 2010 阵列命令均以对话框形式操作。

技巧:在环形阵列中,阵列项数包括原有实体本身,阵列的包含角度为正,将按逆时针方向阵列;阵列的包含角度为负,则按顺时针方向阵列。

上机操作:用偏移、阵列命令完成图 5-18 所示绳环花饰。

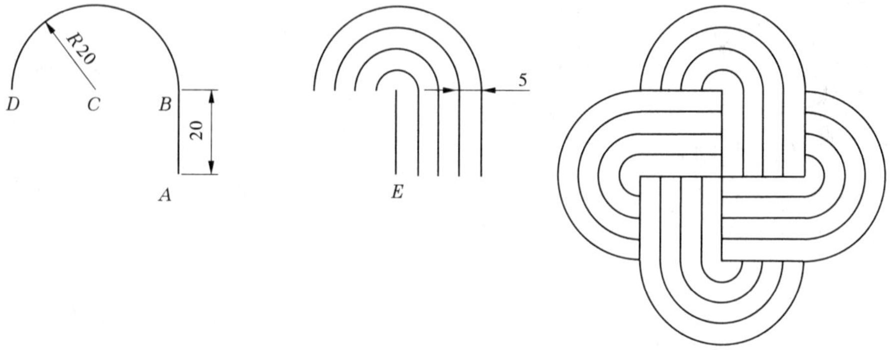

(a)　(b)　(c)

图 5-18　绳环花饰

分析:先用圆弧命令和直线命令绘制出如图 5-18(a)所示的图形,再经过偏移、阵列命令进行编辑,便可迅速完成作图。

码 5-2　微课:绳环花饰图

操作步骤如下:

(1)画直线和圆弧,如图 5-18(a)所示。

命令:LINE↙

指定第一点:(选择任意起点 *A*)

指定下一点或[放弃(U)]:20↙(打开 F8,鼠标沿 *B* 方向移动并输

入 20)

指定下一点或[放弃(U)]:↙(按回车键完成直线段 *AB* 的绘制)

命令:ARC

指定圆弧的起点或[圆心(C)]:(选择直线的端点 B)

指定圆弧的第二个点或[圆心(C)/端点(E)]:C↙(输入圆心选项 C)

指定圆弧的圆心:20↙(打开 F8,沿 *C* 方向移动并输入 20)

指定圆弧的端点或[角度(A)/弦长(L)]:(打开 F8,沿 *D* 方向任意单击)

(2)偏移圆弧和直线,如图 5-18(b)所示。

命令:OFFSET↙

指定偏移距离或[通过(T)/删除(E)/图层(L)]<通过>:5(输入距离 5)

选择要偏移的对象,或[退出(E)/放弃(U)]<退出>:(选择圆弧)

指定要偏移的那一侧上的点,或[退出(E)/多个(M)/放弃(U)] <退出>:(往圆心方向选择一点做偏移复制)

选择要偏移的对象,或[退出(E)/放弃(U)]<退出>:(选择刚完成偏移复制的圆弧线段)

指定要偏移的那一侧上的点,或[退出(E)/多个(M)/放弃(U)]<退出>:(往圆心方向选择一点做偏移复制)

选择要偏移的对象,或[退出(E)/放弃(U)]<退出>:(选择刚完成偏移复制的圆弧线段)

指定要偏移的那一侧上的点,或[退出(E)/多个(M)/放弃(U)]<退出>:(往圆心方向选择一点做偏移复制)

选择要偏移的对象,或[退出(E)/放弃(U)]<退出>:(选择直线为偏移复制的线段)

指定要偏移的那一侧上的点,或[退出(E)/多个(M)/放弃(U)]<退出>:(往左侧方向选择一点做偏移复制)

选择要偏移的对象,或[退出(E)/放弃(U)]<退出>:(选择刚完成偏移的直线段)

指定要偏移的那一侧上的点,或[退出(E)/多个(M)/放弃(U)]<退出>:(往左侧方向选择一点做偏移复制)

选择要偏移的对象,或[退出(E)/放弃(U)]<退出>:(选择刚完成偏移复制的直线段)

指定要偏移的那一侧上的点,或[退出(E)/多个(M)/放弃(U)]<退出>:(往左侧方向选择一点做偏移复制)

选择要偏移的对象,或[退出(E)/放弃(U)]<退出>:(选择刚完成偏移复制的直线段)

指定要偏移的那一侧上的点,或[退出(E)/多个(M)/放弃(U)] <退出>:(往左侧方向选择一点偏移至圆心)

选择要偏移的对象,或[退出(E)/放弃(U)]<退出>:(按回车键退出)

(3)用阵列命令完成作图。

命令:ARRAY

选择对象:指定对角点:找到 9 个

选择对象:
类型=极轴　关联=是
指定阵列的中心点或[基点(B)/旋转轴(A)]:
输入项目数或[项目间角度(A)/表达式(E)]<3>:4
指定填充角度(+=逆时针、-=顺时针)或[表达式(EX)]<360>:360
按回车键接受或[关联(AS)/基点(B)/项目(I)/项目间角度(A)/填充角度(F)/行(ROW)/层(L)/旋转项目(ROT)/退出(X)]

技巧:巧妙运用阵列命令,可使作图变得简便快捷,但要特别注意阵列中心的选定。

任务 5.4　调整对象尺寸

5.4.1　缩放

5.4.1.1　调用命令

命令行:SCALE(SC)
菜单栏:修改(M)→缩放(L)
工具栏:"修改"→

5.4.1.2　主要功能

把选定对象按指定的比例进行缩放。

5.4.1.3　格式示例

命令:SCALE↙
选择对象:找到N个(选择任意图形)
选择对象:↙(回车)
指定基点:(选择任意一点为比例缩放中心)
指定比例因子或[复制(C)/参照(R)]:0.5↙(输入比例因子后图形缩小一半)

技巧:巧妙运用比例命令"SCALE",可以解决绘图中的疑难问题。

上机操作:绘制如图5-19(a)所示的五边形。

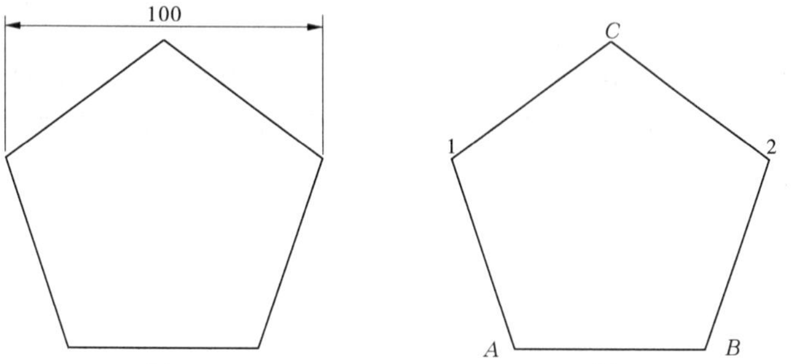

(a)　(b)

图5-19　缩放命令的巧用

码5-3　微课:缩放命令

分析:因为已知条件不是圆的半径,所以不能直接用多边形命令绘制出五边形。但可以先用多边形命令绘制出一个任意五边形,再巧妙运用比例命令进行编辑,便可完成作图。

操作步骤如下：

(1)绘制一个任意五边形。

命令：POLYGON

输入边的数目<5>：5(输入边数 5)

指定正多边形的中心点或[边(E)]：E(输入选项 E)

指定边的第一个端点：(任意选择端点 A)

指定边的第二个端点：(打开 F8，沿水平方向选择任意端点 B)

(2)调整五边形的比例。

命令：SCALE

选择对象：(选择五边形)

选择对象：(按回车键结束选择)

指定基点：(选择基准点 C)

指定比例因子或[复制(C)/参考(R)]：R(输入选项 R)

指定参照长度<1.0000>：(选择参照长度点 1)

指定第二点：(选择参照长度点 2)

指定新长度或[点(P)]<1.0000>：100(输入新长度 100)

结果如图 5-19(b)所示。

注意：基点可以是图形中的任意点。如果基点位于对象上，则该点成为对象比例缩放的固定点。

5.4.2 拉伸

5.4.2.1 调用命令

命令行：STRETCH(S)

菜单栏：修改(M)→拉伸(H)

工具栏："修改"→

5.4.2.2 主要功能

拉伸或移动选定的对象，本命令必须用窗交(Crossing)方式或圈交(CPloygon)方式选择对象，完全位于窗内或圈内的对象将发生移动(与 MOVE 命令类似)，与边界相交的对象将产生拉伸或压缩变化。

5.4.2.3 格式示例

命令：STRETCH↙

以交叉窗口或交叉多边形选择要拉伸的对象...

选择对象：[用 C 或 CP 方式选择对象，见图 5-20(a)]

指定第一个角点：(1 点)

指定对角点：找到 4 个[2 点，见图 5-20(b)]

选择对象：↙(回车)

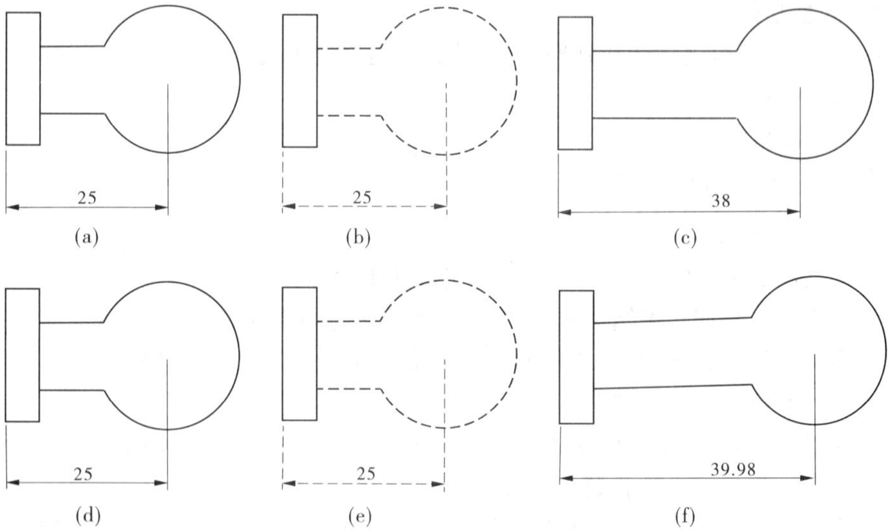

图 5-20 拉伸

指定基点或[位移(D)]<位移>:(捕捉圆心为基点)

指定第二个点或<使用第一个点作为位移>:[选择位移点,位移点输入效果见图 5-20]

(1)打开 F8 或 F10,将鼠标向右沿正交方向移动,输入长度 13,图形变化如图 5-20(c)所示。

(2)(先捕捉圆右端象限点为基点)输入长度@15<3,图形变化如图 5-20(f)所示。

5.4.2.4 说明

(1)对于直线段的拉伸,在指定拉伸区域窗口时,应使得直线的一个端点在窗口之外,另一个端点在窗口之内。拉伸时,窗口外的端点不动,窗口内的端点移动,从而使直线做拉伸变动。

(2)对于圆弧段的拉伸,在指定拉伸区域窗口时,应使得圆弧的一个端点在窗口之外,另一个端点在窗口之内。拉伸时,窗口外的端点不动,窗口内的端点移动,从而使圆弧做拉伸变动。圆弧的弦高保持不变。

(3)对于多段线的拉伸,按组成多段线的各分段直线和圆弧的拉伸规则执行。在变形过程中,多段线的宽度、切线和曲线拟合等有关信息保持不变。

注意:对于圆或文本的拉伸,若圆心或文本基准点在拉伸区域窗口之外,则拉伸后圆或文本仍保持原位不动;若圆心或文本基准点在窗口之内,则拉伸后圆或文本将做移动。

5.4.3 延伸

5.4.3.1 调用命令

命令行:EXTEND(EX)

菜单栏:修改(M)→延伸(D)

工具栏:“修改”→

5.4.3.2　主要功能

在指定边界后,可连续选择延伸边,延伸到与边界边相交。

5.4.3.3　格式示例

命令:EXTEND↙

当前设置:投影=UCS　边=无

选择边界的边…

选择对象或<全部选择>:找到 1 个(选定圆弧 1 为边界)

选择对象:↙(按回车键结束选择边界,也可连续选择多条边界)

选择要延伸的对象,或按住 Shift 键选择要修剪的对象,或[栏选(F)/窗交(C)/投影(P)/边(E)/放弃(U)]:(选择延伸端 2)

选择要延伸的对象,或按住 Shift 键选择要修剪的对象,或[栏选(F)/窗交(C)/投影(P)/边(E)/放弃(U)]:(选择延伸端 3)

选择要延伸的对象,或按住 Shift 键选择要修剪的对象,或[栏选(F)/窗交(C)/投影(P)/边(E)/放弃(U)]:(选择延伸端 4)

选择要延伸的对象,或按住 Shift 键选择要修剪的对象,或[栏选(F)/窗交(C)/投影(P)/边(E)/放弃(U)]:(按回车键结束选择)

延伸后如图 5-21(b)所示。

重点:如果在"选择要延伸的对象,或按住 Shift 键选择要修剪的对象,或栏选(F)/窗交(C)/[投影(P)/边(E)/放弃(U)]:" 提示下输入 F(栏选法)按回车键,拾取 *A*、*B* 为栅栏线,一次选中所有对象,延伸对象后如图 5-21(c)所示。

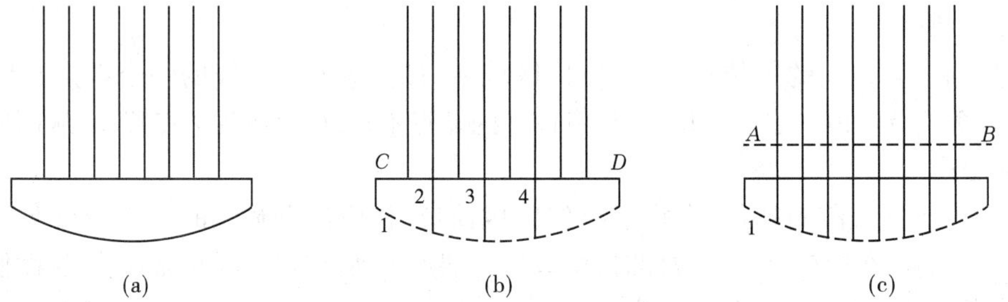

图 5-21　延伸和修剪

5.4.3.4　投影选项

投影选项有三种,即"无""UCS""视窗"。

(1)当投影设定为"无":修剪边界和修剪对象必须实际相交(当 edgemode 为 0),或者修剪边界的沿长线和修剪对象相交(当 degemode 为 0),才可以修剪。修剪位置在修剪边界和修剪对象的实际交点,或者修剪边界的沿长线和修剪对象的交点。

(2)当投影选项设为"UCS":按照修剪对象和修剪边界在当前 UCS 的 *XY* 平面上的投影关系来修剪。

(3)当投影选项设为"视图":按照当前视图修剪,也就是说,以当前看到的样子为准,而不管实际上是怎么样的。

延伸修剪模式设定:

命令:EXTEND↙

当前设置:投影=UCS　边=无

选择边界的边...

选择对象或<全部选择>:找到 3 个[选定 1、2、3 为边界,见图 5-22(a)]

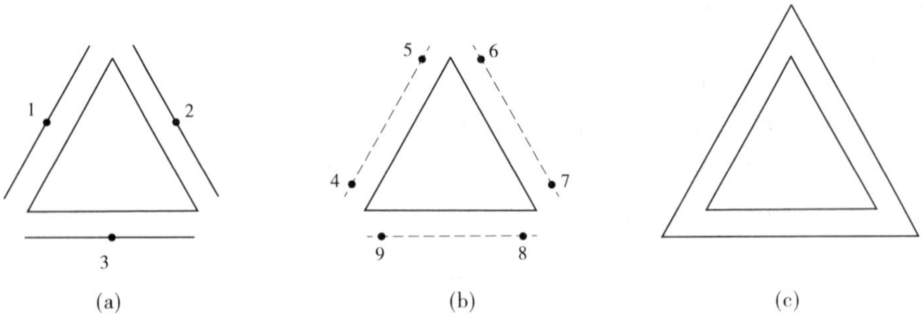

图 5-22　隐含边缘延伸模式的延伸

选择对象:↙(按回车键结束选择)

选择要延伸的对象,或按住 Shift 键选择要修剪的对象,或[栏选(F)/窗交(C)/影(P)/边(E)/放弃(U)]:E↙(输入选项 E)

输入隐含边延伸模式[延伸(E)/不延伸(N)]<延伸>:E↙(输入选项 E)

选择要延伸的对象,或按住 Shift 键选择要修剪的对象,或[栏选(F)/窗交(C)/投影(P)/边(E)/放弃(U)]:[依次选择延伸端 4、5、6、7、8、9,见图 5-22(b)]

选择要延伸的对象,或按住 Shift 键选择要修剪的对象,或[栏选(F)/窗交(C)/投影(P)/边(E)/放弃(U)]:[按回车键完成延伸,见图 5-22 (c)]

5.4.4　修剪

5.4.4.1　调用命令

命令行:TRIM(TR)

菜单栏:修改(M)→修剪(T)

工具栏:“修改”→

5.4.4.2　主要功能

在指定剪切边后,可连续选择被剪切的边进行修剪。

5.4.4.3　格式示例

命令:TRIM↙

当前设置:投影=UCS　边=无

选择剪切边...

选择对象或<全部选择>:找到 1 个[见图 5-23(b)]

选择对象:↙(按回车键结束选择边界,也可连续选择多条边界)

选择要修剪的对象,或按住 Shift 键选择要延伸的对象,或[栏选(F)/窗交(C)/投影

(P)/边(E)/删除(R)/放弃(U)]:(选择修剪端2)

选择要修剪的对象,或按住 Shift 键选择要延伸的对象,或[栏选(F)/窗交(C)/投影(P)/边(E)/删除(R)/放弃(U)]:(选择修剪端3)

选择要修剪的对象,或按住 Shift 键选择要延伸的对象,或[栏选(F)/窗交(C)/投影(P)/边(E)/删除(R)/放弃(U)]:(选择修剪端4)

选择要修剪的对象,或按住 Shift 键选择要延伸的对象,或[栏选(F)/窗交(C)/投影(P)/边(E)/删除(R)/放弃(U)]:(按回车键结束选择)

修剪后如图 5-23(c)所示。

注意:输入隐含边延伸模式[延伸(E)/不延伸(N)]<不延伸>:

即分延伸有效和不延伸两种模式,若边模式为不延伸,将不产生修剪。但按下述操作,则产生修剪,如图 5-23 所示。

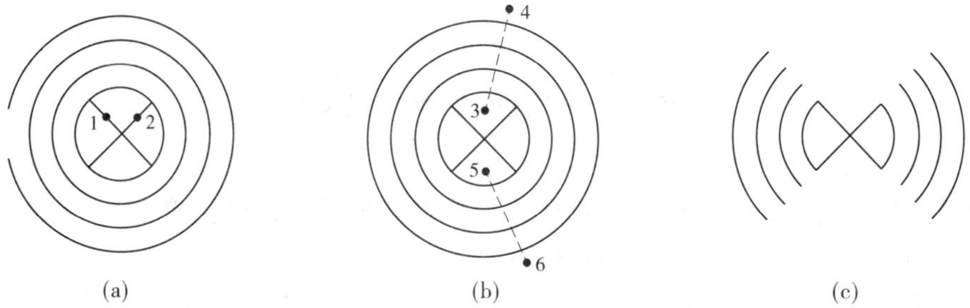

图 5-23 隐含边缘延伸模式的修剪

命令:TRIM↙

当前设置:投影=UCS 边=无

选择剪切边...

选择对象或<全部选择>:找到 1 个 …总计 2 个[选定直线 1、2 为边界,见图 5-23(a)]

选择对象:↙(按回车键结束选择边界)

选择要修剪的对象,或按住 Shift 键选择要延伸的对象,或[栏选(F)/窗交(C)/投影(P)/边(E)/删除(R)/放弃(U)]:E↙(输入选项 E)

输入隐含边延伸模式[延伸(E)/不延伸(N)]<不延伸>:E↙(输入选项 E)

选择要修剪的对象,或按住 Shift 键选择要延伸的对象,或[栏选(F)/窗交(C)/投影(P)/边(E)/删除(R)/放弃(U)]:F↙(输入选项 F 栏选)

指定第一个栏选点:[选择端点 3,见图 5-23(b)]

指定下一个栏选点或[放弃(U)]:(选择端点 4)

指定下一个栏选点或[放弃(U)]:↙ (按回车键结束选择)

选择要修剪的对象,或按住 Shift 键选择要延伸的对象,或[栏选(F)/窗交(C)/投影(P)/边(E)/删除(R)/放弃(U)]:(栏选方法同上,选择端点 5、6)

修剪后见图 5-23(c)。

5.4.4.4　说明

(1)剪切边可选择多段线、直线、圆、圆弧、椭圆、X 直线、射线、样条曲线和文本等,被切边可选择多段线、直线、圆、圆弧、椭圆、射线、样条曲线等。

(2)同一对象既可以选为剪切边,也可同时选为被切边。

技巧:巧妙选择修剪边界,可以快捷完成作图。以实例说明如下。

上机操作:绘制如图 5-24 所示的一个 36×36 的正方形,试用修剪的命令完成作图,并从中体会修剪命令的巧用。

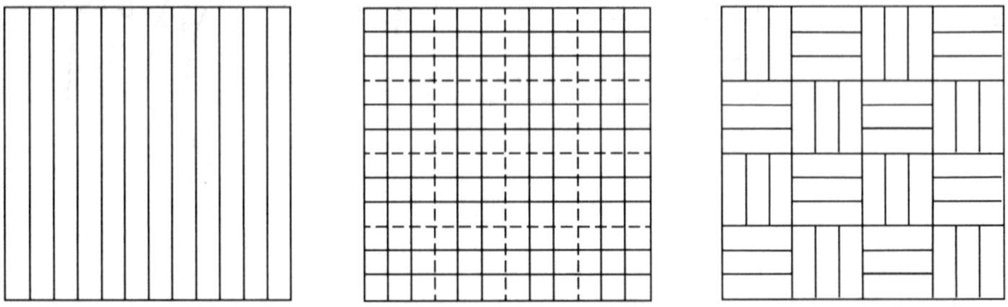

(a)　　(b)　　(c)

图 5-24　修剪命令的巧用

分析:此题的关键在于巧妙找出修剪边界,同时在修剪对象过程中要十分清楚被剪对象,认真对待保留和舍去的线段。

作图提示:

(1)用直线命令绘制正方形 36×36,并分解正方形以方便下面的操作。

(2)用阵列或偏移命令完成如图 5-24(a)所示的一组水平的平行线(间距为 3)。

(3)同样绘制出另一组水平的平行线(或用复制、旋转和移动完成),如图 5-24(b)所示。

码 5-4　微课:修剪命令

(4)修剪可完成作图。注意:按图示虚线选择边界,可以一次完成所有线段的修剪。

注意:选择修剪边界后不要忘记按回车键;否则,程序将不执行下一步,仍然等待输入修剪边界直到按回车键止。

5.4.5　改变长度

5.4.5.1　调用命令

命令行:LENGTHEN(LEN)

菜单栏:修改(M)→拉长(G)

5.4.5.2　主要功能

用于改变直线或曲线的长度,拉长或缩短直线段、圆弧段(用圆心角控制)。

5.4.5.3　格式示例

命令:LENGTHEN↙

选择对象或[增量(DE)/百分数(P)/全部(T)/动态(DY)]:(输入不同选项操作)

(1)以输入增量(DE)调整长度:

选择对象或[增量(DE)/百分数(P)/全部(T)/动态(DY)]:DE↙(输入选项 DE)

输入长度增量或[角度(A)]<0.0000>:5↙ (输入长度增量 5)

选择要修改的对象或[放弃(U)]:[选择 1,如图 5-25(a)所示]

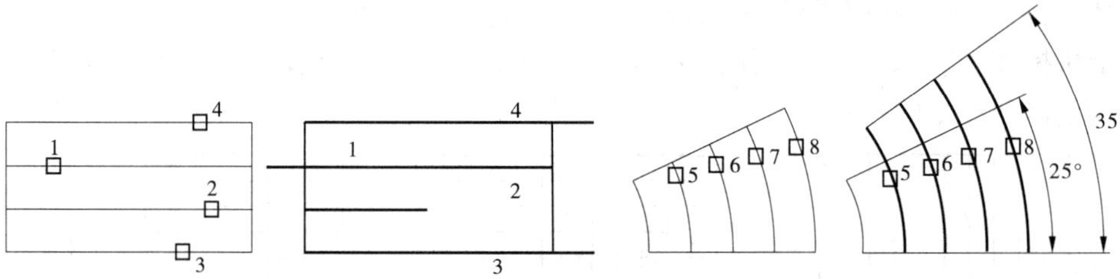

(a)直线的拉长　　(b)圆弧的拉长

图 5-25　改变长度

选择要修改的对象或[放弃(U)]:↙(按回车键结束选择)

(2)以输入百分数(P)调整长度:

选择对象或[增量(DE)/百分数(P)/全部(T)/动态(DY)]:P↙(输入选项 P)

输入长度百分数<100.0000>:50↙ (输入长度百分数 50)

选择要修改的对象或[放弃(U)]:[选择 2,如图 5-25(a)所示]

选择要修改的对象或[放弃(U)]:↙(按回车键结束选择)

(3)以输入全部(T)调整长度:

选择对象或[增量(DE)/百分数(P)/全部(T)/动态(DY)]:T↙(输入选项 T)

指定总长度或[角度(A)]<1.00000>:35↙(输入总长度 35)

选择要修改的对象或[放弃(U)]:[选择 3,如图 5-25(a)所示]

选择要修改的对象或[放弃(U)]:↙(按回车键结束选择)

(4)以输入动态(DY)调整长度:

选择对象或[增量(DE)/百分数(P)/全部(T)/动态(DY)]:DY↙(输入选项 DY)

选择要修改的对象或[放弃(U)]:[选择 4,如图 5-25(a)所示]

指定新端点:(选择任意一点)

选择要修改的对象或[放弃(U)]:(按回车键结束选择)

(5)以输入角度(A)调整长度:

选择对象或[增量(DE)/百分数(P)/全部(T)/动态(DY)]:DE↙(输入选项 DE)

输入长度增量或[角度(A)]<0.0000>:A↙(输入角度选项 A)

输入角度增量<0>:10↙(输入角度增量 10)

选择要修改的对象或[放弃(U)]:[依次选择 5、6,如图 5-25(b)所示]

选择要修改的对象或[放弃(U)]:↙(按回车键结束选择)

选择对象或[增量(DE)/百分数(P)/全部(T)/动态(DY)]:T↙(输入选项 T)

指定总长度或[角度(A)]<1.00000>: A↙(输入总角度选项 A)

指定总角度<10>:35↙(输入总角度 35°)

选择要修改的对象或[放弃(U)]:[依次选择 7、8,如图 5-25(b)所示]

选择要修改的对象或[放弃(U)]:↙(按回车键结束选择)

5.4.5.4 **说明**

(1)选择对象:选直线或圆弧后,分别显示直线的长度或圆弧的弧长和包含角。

(2)所有选项的操作都可用增减直线或圆弧的长度。输入总角度时必须大于0°。

5.4.6 打断

5.4.6.1 **调用命令**

命令行:BREAK(BR)

菜单栏:修改(M)→打断(K)

工具栏:"修改"→

5.4.6.2 **主要功能**

切掉对象的一部分或切断成两个对象。

5.4.6.3 **格式示例**

命令:BREAK↙

(1)打断对象一部分。

选择对象:[选择1点,并把1点看作第一断开点,如图5-26(a)所示]。

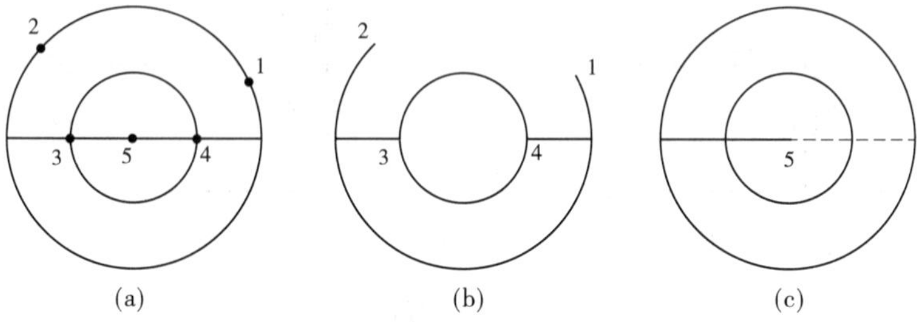

图5-26 打断

指定第二个打断点或[第一点(F)]:[选择2点为第二断开点,如图5-26(b)所示]。

(2)重新定义第一点(精确打断)。

选择对象:[选择直线5,如图5-26(a)所示]

指定第二个打断点或[第一点(F)]:F↙(重新定义第一点)

指定第一个打断点:(选择3点为第一断开点)

指定第二个打断点:[选择4点为第二断开点,如图5-26(b)所示]

重点:当需要精确打断对象时,最好输入选项F,再利用捕捉功能实现精确打断。

(3)将对象一分为二(也可用打断于点的工具更为方便)。

选择对象:[选择直线5,如图5-26(a)所示]

指定第二个打断点或[第一点(F)]:F↙(重新定义第一点)

指定第一个打断点:(选择圆心)

指定第二个打断点:@↙[输入@,同上一点,按回车键后单击直线,如图5-26(b)所示]

5.4.6.4 **说明**

(1)对于圆,从第一断开点逆时针方向到第二断开点的部分被切掉,转变为圆弧。

(2)对于直线和圆弧,若第二断开点选择在对象外部,对象的该端被切掉。

(3)BREAK 命令和 TRIM 命令的功能有些类似,但 BREAK 命令可用于没有剪切边,或不宜作剪切边的场合。

任务 5.5 倒角和圆角

5.5.1 倒角

5.5.1.1 调用命令

命令行:CHAMFER(CHA)

菜单栏:修改(M)→倒角(C)

工具栏:"修改"→

5.5.1.2 主要功能

对两条直线的边倒棱角,倒棱角的参数可用两种方法确定:

(1)距离方法。由第一倒角距 A 和第二倒角距 B 确定,如图 5-27(b)所示。

(2)角度方法。由第一直线倒角距 C 和倒角角度 D 确定,如图 5-27(d)所示。

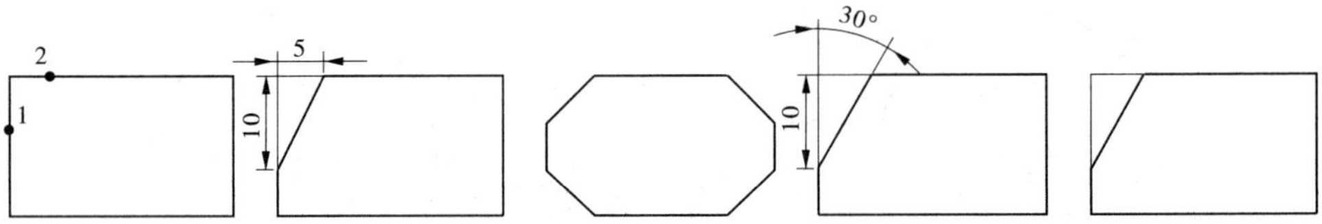

(a) (b) (c) (d) (e)

图 5-27 倒角

5.5.1.3 格式示例

(1)设定新距离。

命令:CHAMFER↙

(修剪模式)当前倒角距离 1=0.0000,距离 2=0.0000

选择第一条直线或[放弃(U)/多段线(P)/距离(D)/角度(A)/修剪(T)/方式(E)/多个(M)]:D↙

指定第一个倒角距离<0.0000>:10↙

指定第二个倒角距离<10.0000>:5↙

选择第一条直线或[放弃(U)/多段线(P)/距离(D)/角度(A)/修剪(T)/方式(E)/多个(M)]:(选择直线 1)

选择第二条直线,或按住 Shift 键选择要应用角点的直线:(选择直线 2)

完成倒角,如图 5-27(b)所示。

(2)多段线倒角。

命令:CHAMFER↙

(修剪模式)当前倒角距离 1=5.0000,距离 2=5.0000

选择第一条直线或[放弃(U)/多段线(P)/距离(D)/角度(A)/修剪(T)/方式(E)/多个(M)]:P↙

选择二维多段线:4 条直线被倒角(选择矩形 1)

完成倒角如图 5-27(c)所示。

(3)角度距离模式。

命令:CHAMFER↙

(修剪模式)当前倒角距离 1=5.000 0,距离 2=5.000 0

选择第一条直线或[放弃(U)/多段线(P)/距离(D)/角度(A)/修剪(T)/方式(E)/多个(M)]:A↙

指定第一条直线的倒角长度<5.0000>:10↙

指定第一条直线的倒角角度<0>:30↙

选择第一条直线或[放弃(U)/ 多段线(P)/距离(D)/角度(A)/修剪(T)/方式(E)/多个(M)]:(选择直线 1)

选择第二条直线或按住 Shift 键选择要应用角点的直线:(选择直线 2)

完成倒角如图 5-27(d)所示。

(4)不修剪模式。

命令 CHAMFER↙:

(修剪模式)当前倒角距离 1=5.000 0,距离 2=5.000 0

选择第一条直线或[放弃(U)/多段线(P)/距离(D)/角度(A)/修剪(T)/方式(E)/多个(M)]:T↙

输入修剪模式选项[修剪(T)/不修剪(N)]<修剪>:N↙

选择第一条直线或[放弃(U)/多段线(P)/距离(D)/角度(A)/修剪(T)/方式(E)/多个(M)]:(选择直线 1)

选择第二条直线,或按住 Shift 键选择要应用角点的直线:(选择直线 2)

完成倒角如图 5-27(e)所示。

5.5.1.4　说明

(1)方式(E):选定倒棱角的方式,即选距离或角度方式。

(2)多个(M):(倒角的方法确定后)可连续倒角。

5.5.2　圆角

5.5.2.1　调用命令

命令行:FILLET(F)

菜单栏:修改(M)→圆角(F)

工具栏:“修改”→

5.5.2.2　主要功能

在直线、圆弧或圆之间按指定半径作圆角,也可对多段线倒圆角。

5.5.2.3　格式示例

(1)设定新圆角半径。

命令:FILLET↙

当前设置:模式=修剪,半径=10.0000

选择第一个对象或[放弃(U)/多段线(P)/半径(R)/修剪(T)/多个(M)]:R↙

指定圆角半径<10.0000>:5↙

选择第一个对象或[放弃(U)/多段线(P)/半径(R)/修剪(T)/多个(M)]:(选择1点)

选择第二个对象,或按住Shift键选择要应用角点的对象:[选择2点,如图5-28(b)所示]

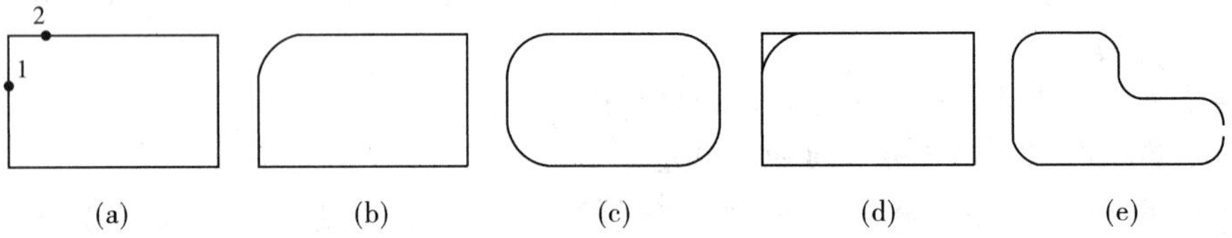

图5-28 圆角

(2)多段线倒圆角。

命令:FILLET↙

当前模式:模式=不修剪,半径=5.0000

选择第一个对象或[放弃(U)/多段线(P)/半径(R)/修剪(T)/多个(M)]:P↙

选择二维多段线:4条直线被倒圆角[选择矩形,如图5-28(c)所示]

(3)不修剪模式。

命令:FILLET↙

当前模式:模式=不修剪,半径=5.0000

选择第一个对象或[放弃(U)/多段线(P)/半径(R)/修剪(T)/多个(M)]:T↙

输入修剪模式选项[修剪(T)/不修剪(N)]<不修剪>:N↙(选择不修剪)

选择第一个对象或[放弃(U)/多段线(P)/半径(R)/修剪(T)/多个(M)]:(选择1点)

选择第二个对象,或按住Shift键选择要应用角点的对象:(选择直线2)

完成倒圆角如图5-28(d)所示。

(4)连续倒圆角。

命令:FILLET↙

当前设置:模式=不修剪,半径=5.0000

选择第一个对象或[放弃(U)/多段线(P)/半径(R)/修剪(T)/多个(M)]:U↙

选择第一个对象或[放弃(U)/多段线(P)/半径(R)/修剪(T)/多个(M)]:(选择1点)

选择第二个对象或按住Shift键选择要应用角点的对象:[选择2点,……连续选择后,如图5-28(e)所示]

5.5.2.4 说明

(1)对多段线倒圆角时,一般只能在直线段间倒圆角,不能在直线段和圆弧段之间倒圆角,必要时可先分解再倒圆角。

(2)对相交或延长后可相交的线段,可将圆角半径设置为 0 后再倒圆角,使得两线段在相交处被修剪。

注意:分解也是一种编辑命令,因操作简单,故不做详细介绍,望读者了解命令及功能后自行练习。

命令行:EXPLODE(X)

菜单栏:修改(M)→分解(X)

工具栏:"修改"→

功能:用于将组合对象(如多段线、块等)拆开为其组成的单个对象。

注意:带有宽度特性的多段线在被分解后,将转换为宽度为 0 的直线和圆弧。

重点:必须指出,带有属性的块被分解后,将把输入新属性值的块还原为与原块相同的属性值,并拆开为其组成的单个对象。特别强调,不能随意分解带有属性的块。

先用多边形分解和多段线命令绘制如图 5-29 所示的五边形(边长 20)和五角星,再用倒圆角命令完成作图(圆角半径:$R_1=2$、$R_2=1$)。

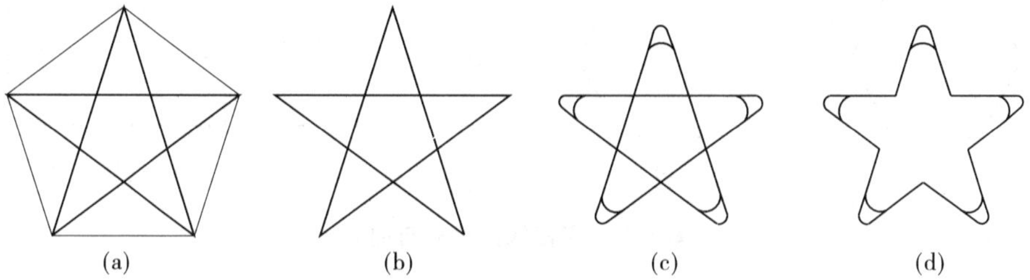

图 5-29　分解、圆角和打断命令的应用

作图提示:

(1)打开正交方式,用正多边形命令绘制边长为 20 的五边形,如图 5-29(a)所示。

(2)关闭正交方式,设置自动捕捉,用多段线命令绘制五角星。

(3)删除五边形并分解五角星,如图 5-29(b)所示。

(4)用倒圆角命令编辑五角星,如图 5-29(c)所示。

(5)用打断命令完成作图,如图 5-29(d)所示。

码 5-5　微课:分解、圆角和打断命令

任务 5.6　编辑多段线、多线和样条曲线

5.6.1　编辑多段线

5.6.1.1　调用命令

命令行:PEDIT(PE)

菜单栏:修改(M)→对象(O)→多段线(P)

工具栏:"修改Ⅱ"→

5.6.1.2 **主要功能**

用于对二维多段线、三维多段线和三维网络的编辑，本任务介绍对二维多段线的编辑，它包括修改线段宽、曲线拟合、多段线合并和顶点编辑等。

5.6.1.3 **格式示例**

命令：PEDIT↙

选择多段线或[多条(M)]：(选定多段线)

若选择的对象(是直线段或圆弧)不是多段线，则出现如下提示：

"所选的对象不是多段线"

"是否将其转换为多段线？<Y>"如果要编辑，请直接按回车键，后续提示为：

输入选项[闭合(C)/合并(J)/宽度(W)/编辑顶点(E)/拟合(F)/样条曲线(S)/非曲线化(D)/线型生成(L)/放弃(U)]：(输入选项)

(1)输入选项 E，打开多段线，如图 5-30(a)、(b)所示。

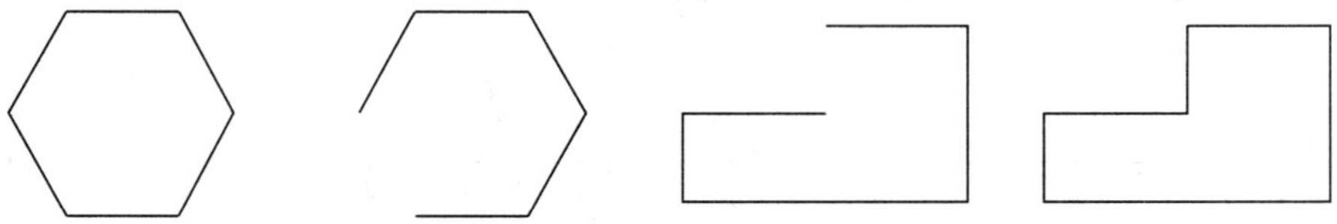

(a) (b) (c) (d)

图 5-30 多段线的打开与闭合

(2)输入选项 C，闭合多段线，如图 5-30(c)、(d)所示。

(3)输入选项 J，合并多段线。

选择对象：[选择图中细直线和圆弧，如图 5-31(a)所示]

选择对象：↙找到 5 个[按回车键后 6 个对象合并为 1 条多段线，如图 5-31(b)所示]

(a) (b) (c)

图 5-31 多段线的合并和修改宽度

(4)输入选项 W，修改宽度。

指定所有线段的新宽度：1(输入新宽度为 1)

多段线如图 5-31(c)所示。

(5)输入选项 F，多段线圆弧化，如图 5-32(b)所示。

(6)输入选项 S，多段线曲线化，如图 5-32(c)所示。

(7)输入选项 D，还原圆弧或云形线为直线，如图 5-32(b)、(c)可还原为图 5-32(a)。

(8)输入选项 L，线型尺寸重新调整。

输入多段线线型生成选项[开(ON)/关(OFF)]<开>：[输入 ON 或 OFF，如图 5-32

(a)　(b)　(c)　(d)

图 5-32　多段线的圆弧化、曲线化和直线化

(d) 所示]

(9)输入选项 M,选择多个对象编辑多段线。

命令:PEDIT↙

选择多段线或[多条(M)]:M↙(输入选项 M)

选择对象:[同时选择多个对象,如在图 5-32 中选择(a)、(d)]

选择对象:↙(按回车键结束选择)

输入选项[打开(O)/闭合(C)/合并(J)/宽度(W)/编辑顶点(E)/拟合(F)/样条曲线(S)/非曲线化(D)/线型生成(L)/放弃(U)]:O↙ [输入选项 O,打开的结果见图 5-32(b)、(c)]

输入选项[闭合(C)/打开(O)/合并(J)/宽度(W)/编辑顶点(E)/拟合(F)/样条曲线(S)/非曲线化(D)/线型生成(L)/放弃(U)]:W↙ (输入选项 W)

指定所有线段的新宽度:2↙(选择的多个对象的宽度被改变为新宽度)

输入选项[闭合(C) /打开(O)/合并(J)/宽度(W)/编辑顶点(E)/拟合(F)/样条曲线(S)/非曲线化(D)/线型生成(L)/放弃(U)]:↙(按回车键结束编辑)

5.6.1.4　说明

(1)编辑顶点(E):进入顶点编辑,在多段线某一顶点处出现斜十字叉,它为当前顶点标记,按提示可对其进行多种编辑操作。

(2)线型生成(L):控制多段线的线型生成方式的开关,即使用虚线、点划线等线型时,如为开(ON),则按多段全线的起点与终点分配线型中各线段;如为关(OFF),则分别按多段线各段来分配线型中各线段;如线段过短,就可能无法处理为点划线,从而影响结果的表达。

技巧:巧妙地利用选项“宽度(W)/编辑顶点(E)”可修改多段线中某一段线的宽度。

注意:从广义的角度来说,用矩形命令和多边形命令所绘制的图形对象也是多段线。

5.6.2　编辑多线

5.6.2.1　调用命令

命令行:MLEDIT

菜单栏:修改(M)→对象(O)→多线(M)…

5.6.2.2　主要功能

用于编辑多线。

5.6.2.3　格式示例

命令:MLEDIT↙

选择第一条多线:(选择第一条)

选择第二条多线:(选择第二条)

选择第一条多线或[放弃(U)]:↙(按回车键结束选择,如图 5-33 所示)

图 5-33 多线编辑工具

上机操作:用多线编辑工具对图 5-34 进行编辑。

注意:在编辑多线时,除必须在图 5-33 中几种编辑工具图标中适当确定一种外,编辑的效果还与选择对象边的先后、位置有关,请谨慎操作。

5.6.3 编辑样条曲线

5.6.3.1 调用命令

命令行:SPLINEDIT(SPE)

菜单栏:修改(M)→对象(O)→样条曲线(S)

工具栏:“修改Ⅱ”→

5.6.3.2 主要功能

用于对由 SPLINE 命令生成的样条曲线的编辑操作,包括增加和删去拟合点;修改样条起点、终点的切线方向;修改拟合偏差值;移动控制点的位置,增加控制点;增加样条曲线的阶数;给指定的控制点加权;修改样条曲线的形状;修改样条曲线的打开或闭合状态。

5.6.3.3 格式示例

命令:SPLINEDIT↙

选择样条曲线:(拾取一条样条曲线)

拾取样条曲线后,系统将显示该样条曲线的控制点位置,如图 5-35(b)所示。

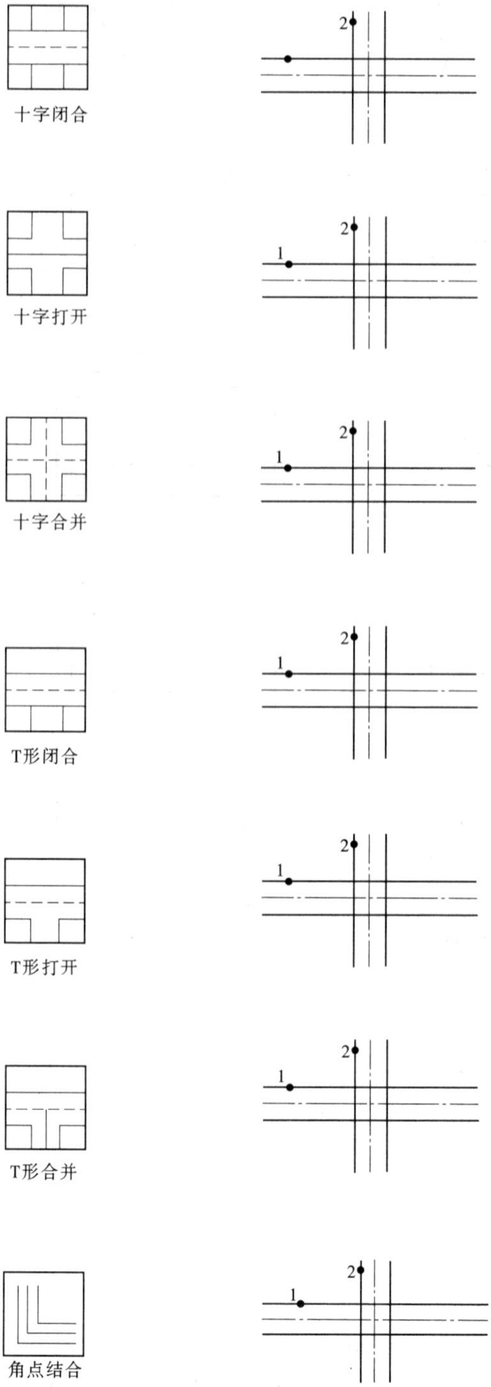

图 5-34　多线编辑

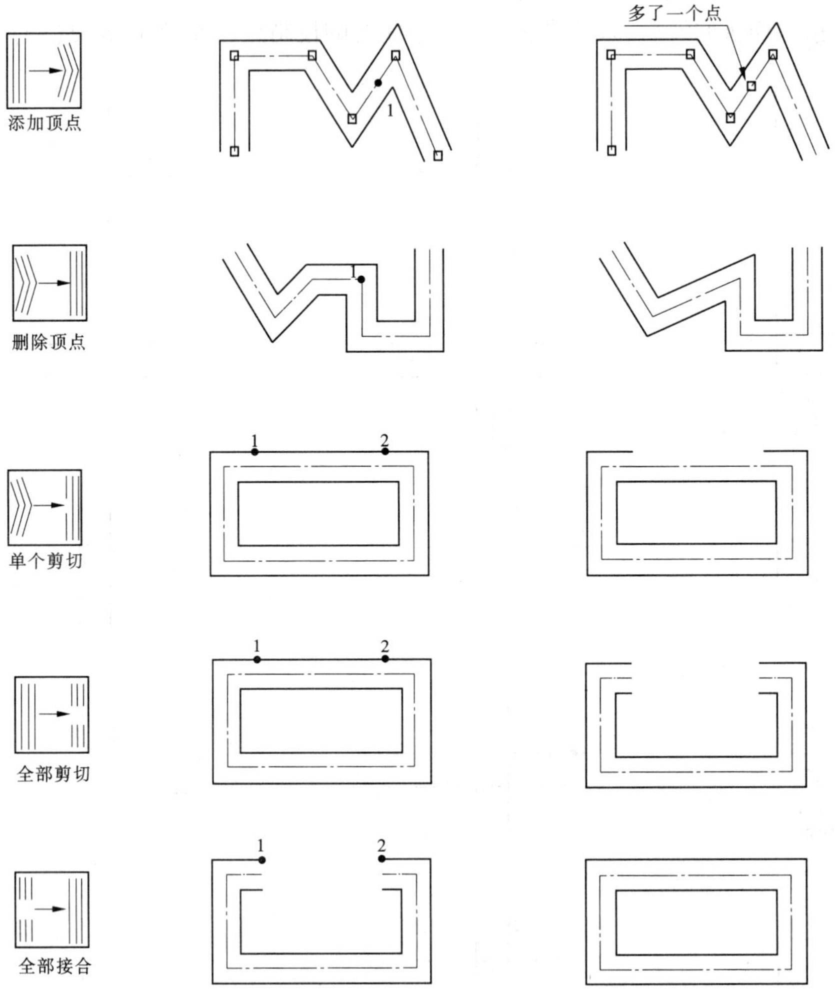

续图 5-34

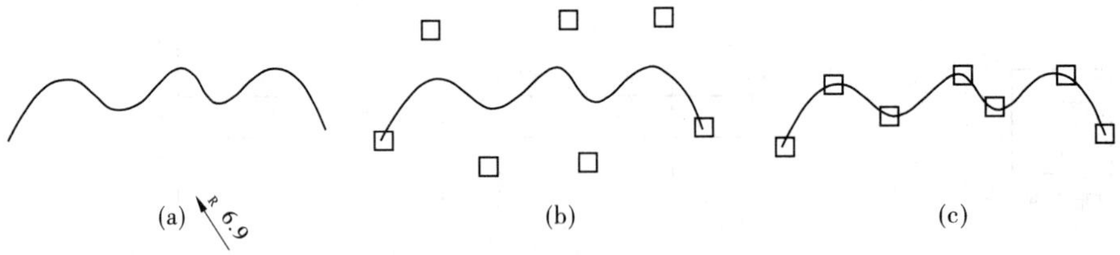

图 5-35 样条曲线的控制点和拟合点

拾取样条曲线后，出现的提示为：

输入选项[拟合数据(F)/闭合(C)/移动顶点(M)/精度(R)/反转(E)/放弃(U)/]：

输入选项 F，样条曲线的拟合点如图 5-35(c)所示，输入不同的选项，可以对样条曲线进行多种形式的编辑。

注意：样条曲线的编辑命令是一个主干编辑命令，用户一次只能编辑一个样条曲线对象。

任务5.7 对象特性匹配管理

5.7.1 修改对象特性

5.7.1.1 调用命令

命令行:PROPERTIES

菜单栏:修改(M)→特性(P)

工具栏:“标准”→

5.7.1.2 主要功能

修改所选对象的图层、颜色、线型、线型比例、线宽、厚度等基本属性及其几何特性。

5.7.1.3 格式示例

命令:DDMODIFY↙

输入命令后按回车键(或单击图标),AutoCAD可打开如图5-36(a)所示的“特性”对话框,其中图5-36(a)为无选择状态,图5-36(b)为选择多段线状态,并列出了所选对象的基本特性和几何特性。右击“特性”对话框的标题栏可弹出图5-36(c)所示的快捷菜单。用户可根据需要进行相应的修改。

(a)无选择状态　(b)选择多段线状态　(c)快捷菜单

图5-36 “特性”对话框和快捷菜单

5.7.1.4 说明

在“特性”对话框中,显示了当前所选对象的全部特性和特性值,当选中多个对象时,显示它们的共有特性。“特性”对话框的具体功能如下:

(1)对象类型:选择一个对象后,对话框中列出该对象的所有特性和当前设置;选择同一类型的多个对象,则对话框中列出这些对象的共有特性和当前设置;选择不同类型的多个对象,对话框中只列出这些对象的基本特性和当前设置,如颜色、图层、线型、线型比例、打印样式、线宽、超链接及厚度等(见图 5-36)。

(2)工作状态:打开"特性"对话框不影响在 AutoCAD 环境中的各种操作。

(3)切换 PICKADD 系统变量值按钮:单击该按钮可以修改 PICKADD 系统变量值,决定是否能选择多个对象进行编辑。

(4)选择对象按钮:单击该按钮切换到绘图窗口,以便选择其他对象。

(5)快速选择按钮:单击该按钮,打开"快速选择"对话框,可快速创建供编辑的选择集。

(6)特性栏:双击对象的特性栏可显示该特性所有可能的取值。

(7)修改特性值:修改所选对象的特性时,可直接输入新值、从下拉列表中选择值、通过对话框改变值,或利用"选择对象"按钮在绘图区改变坐标值。

5.7.2 特性匹配

5.7.2.1 调用命令

命令行:MATCHPROP

菜单栏:修改(M)→特性匹配(M)

工具栏:"标准"→

5.7.2.2 主要功能

把源对象图层、颜色、线型、线型比例、线宽和厚度等特性复制到目标对象。

5.7.2.3 格式示例

命令:MATCHPROP(或 PAINTER)↙

选择源对象:(选择源对象为六边形,鼠标在绘图窗口变成刷子形状)

当前活动设置:颜色 图层 线型 线型比例 线宽 厚度 打印样式 文字 标注 图案填充 多段线 视口 表格

选择目标对象或[设置(S)]:(选择目标对象圆)

则源对象的图层、颜色、线型、线型比例和厚度等特性被复制到目标对象,如图 5-37(a)所示。

利用选项"设置(S)",打开"特性设置"对话框,如图 5-37(b)所示,可选择一个或多个复选框来确定复制源对象的特性。

5.7.2.4 说明

"特性设置"对话框的各项功能如下:

(1)颜色(C):用于将目标对象的颜色改为源对象的颜色,除"OEL"对象外。

(2)图层(L):用于将目标对象所在的图层改为源对象所在的图层,除"OEL"对象外。

(3)线型(I):用于将目标对象的线型改为源对象的线型,除"OEL"对象外。

(4)线型比例(Y):用于将目标对象的线型比例改为源对象的线型比例,除"OEL""属性""填充图案""多行文字""点""视口"等对象外。

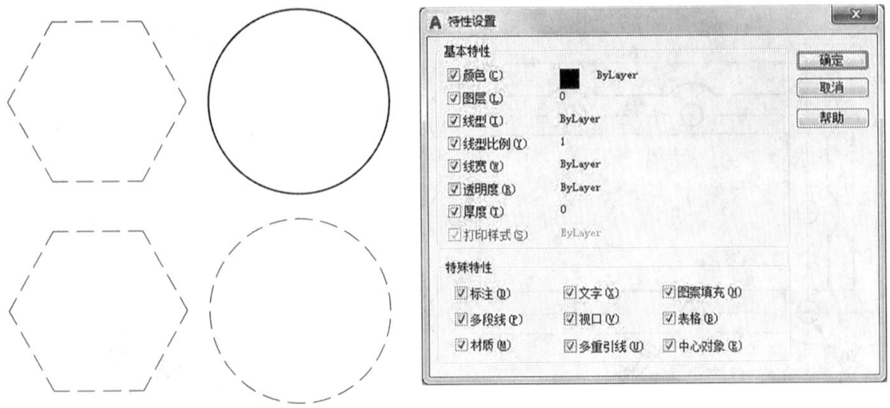

(a)对象特性匹配　　(b)“特性设置”对话框

图 5-37　对象特性匹配和“特性设置”对话框

(5)线宽(W):用于将目标对象的线宽改为源对象的线宽,适用于所有对象。

(6)透明度(R):将目标对象的透明度更改为源对象的透明度。

(7)厚度(T):用于将目标对象的厚度改为源对象的厚度,适用于“圆弧”“属性”“圆”“直线”“点”“文字”“二维多段线”“面域”“跟踪”等对象。

(8)打印样式(S):用于将目标对象的打印样式改为源对象的打印样式,如果当前是依赖除颜色的打印样式模式,则该选项无效。该选项适用于除“OEL”对象外的所有对象。

(9)标注(D):用于将目标对象的标注样式改为源对象的标注样式,只适用于“标注”“引线”“公差”对象。

(10)文字(X):用于将目标对象的文字样式改为源对象的文字样式,只适用于单行文字和多行文字对象。

(11)图案填充(H):用于将目标对象的填充图案改为源对象的填充图案,只适用于填充图案对象。

(12)多段线(P):用于将目标多段线的线宽和线型的生成的特性改为源多段线的特性。

(13)视口(V):用于将目标视口的特性改为与源视口相同,包括打开/关闭显示锁定标准或自定义的缩放、着色模式、捕捉、栅格以及 UCS 图标的可视化和位置。

(14)表格(B):用于将目标对象的表样式改为与源表相同,只适用于表对象。

(15)材质(M):除基本的对象特性外,将更改应用到对象的材质。

(16)中心对象(E):如将打开页面中某处图形设置为中心对象,打开以后图形页面显示以其为中心,展开与最后保存页面显示无关。

(17)多重引线(U):除基本对象特性外,还将目标对象的多重引线样式和注释特性更改为源对象的多重引线和特性。仅适用于多重引线对象。

注意:对象特性匹配可将一个对象的某些或所有特性都复制到其他一个对象中。

上机操作:用不同的编辑命令分别完成如图 5-38 所示的矩形衬垫和环形衬垫。

用镜像与旋转命令完成图 5-39。先画图 5-39(a),然后镜像旋转成图 5-39(b)。

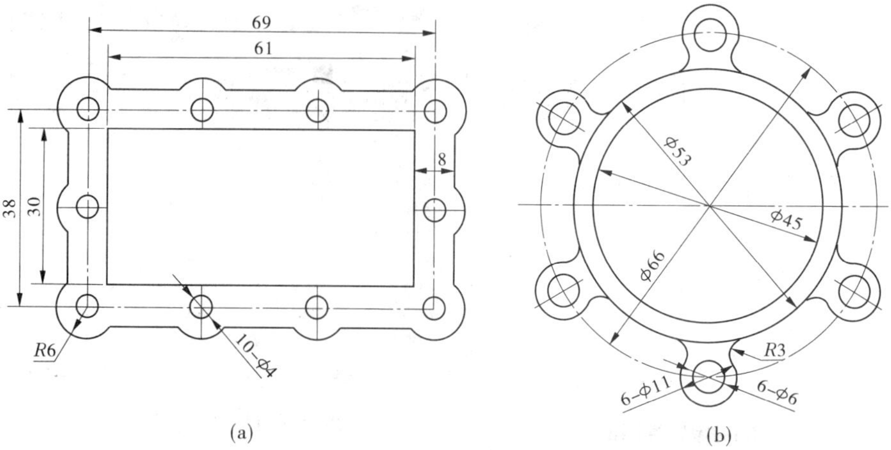

图 5-38　矩形阵列和环形阵列

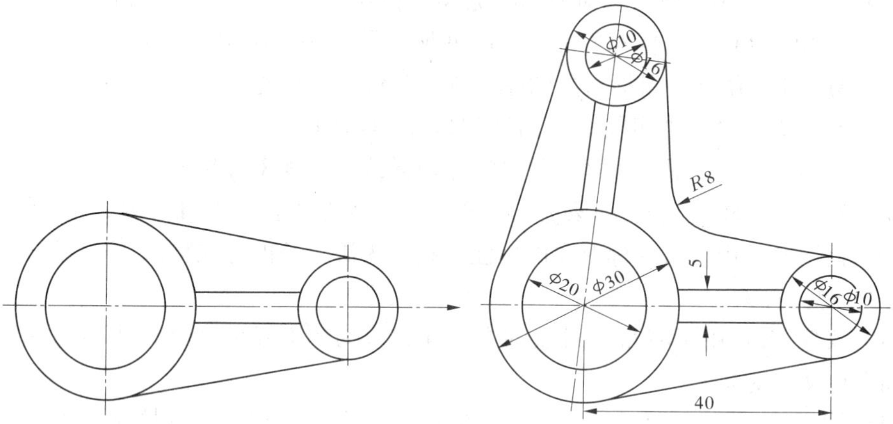

图 5-39　镜像与旋转

码 5-6　微课:矩形阵列

码 5-7　微课:环形阵列

码 5-8　微课:镜像与旋转

项目 6　图样标注

党的二十大报告提出，坚持创新在我国现代化建设全局中的核心地位。培育创新文化，弘扬科学家精神，涵养优良学风，营造创新氛围。图样标注是图形的重要组成部分，图样标注分为文本标注和尺寸标注。AutoCAD 提供了多种方式的图样标注方法，以适合建筑图、水工图和机械图等不同类型的图样要求，用尺寸、文字和图形一起表达完整的设计思想，在工程图样中起着非常重要的作用。本项目将介绍如何利用 AutoCAD 进行图样中尺寸、文字的标注和编辑。

任务 6.1　文字样式

在工程图中，不同位置可能需要采用不同的文字样式，所以设置不同的文字样式是文字注写的首要任务。当设置好文字样式后，可以利用该文字样式和相关的文字注写命令 DTEXT、TEXT、MTEXT 注写文字。

6.1.1　通过对话框设置文字样式

要注写文字，首先应该确定文字的样式。如注写的是英文，可以采用某种英文字体；注写的是汉字，必须采用 AutoCAD 支持的某种汉字字体或大字体；否则，在屏幕上出现的可能是问号“？”。

命令行：STYLE

菜单栏：格式（O）→文字样式（S）...

工具栏：“样式”→

执行该命令后，系统将显示如图 6-1 所示的“文字样式”对话框。

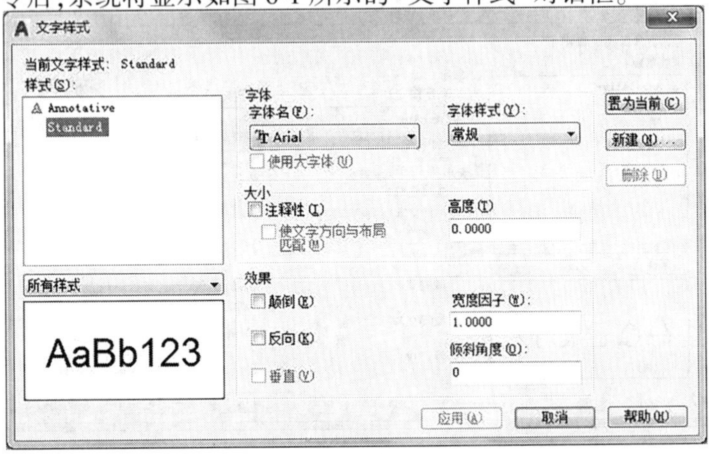

图 6-1　“文字样式”对话框

在该对话框中，可以新建文字样式或修改已有的文字样式。该对话框包含了样式名区、字体区、效果区和预览区等。

6.1.1.1 样式名区

样式名下拉列表框：显示当前文字样式，单击下拉列表框的向下小箭头可以弹出所有已建的样式名。点取对应的样式后，其他对应的项目相应显示该样式的设置。其中，Standard 样式为缺省的文字样式，采用的字体为 txt. shx。该文字样式不可以删除。

“新建(N)...”：新建一文字样式，单击该按钮后，弹出如图 6-2 所示的对话框，要求输入样式名。

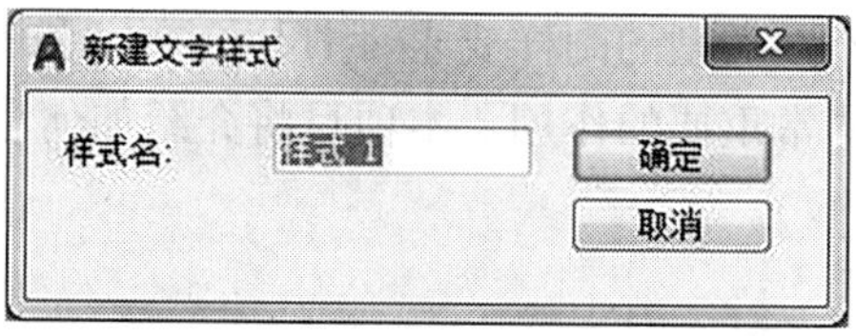

图 6-2 “新建文字样式”对话框

输入文字样式名，该名称最好具有一定的代表意义，与随即选择的字体对应起来或和它的用途对应起来，这样使用时比较方便，不至于混淆。当然也可以使用缺省的样式名。单击“确定”按钮后退回“新建文字样式”对话框。

“重命名(R)”：重新命名文字样式，Standard 样式是不可以重命名的。

“删除(D)”：删除文字样式，在图形中已经被使用过的文字样式无法删除，同样，Standard 样式是无法删除的。

6.1.1.2 字体区

字体名下拉列表框：可以在该下拉列表框中选择某种字体。必须是已注册的 TrueType 字体和编译过的字体文件才会显示在该列表框中。

使用大字体复选框：在选择了相应的字体后，该复选框有效，用于指定某种大字体。

“使用大字体(U)”：在选择了使用大字体复选框后，该列表框有效，可以选择某种大字体。图 6-3 显示了设定“txt. shx”字体后使用大字体的情况。

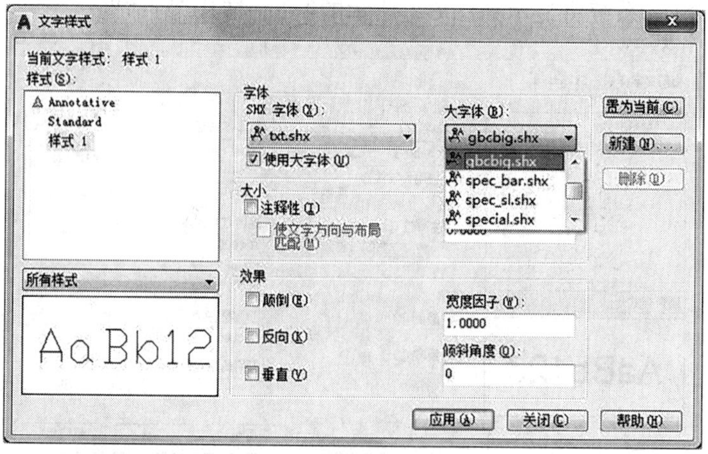

图 6-3 设定大字体示例

高度(T):用于设置字体的高度。如果设定了某非 0 的高度,则在使用该种文字样式注写文字时统一使用该高度,不再提示输入高度。如果设定的高度为 0,则在使用该种样式输入文字时将出现高度提示。每使用一次会提示一次,同一种字体可以输入不同高度。

6.1.1.3　效果区

颠倒(E):以水平线作为镜像轴线的垂直镜像效果。

反向(K):以垂直作为镜像轴线的水平镜像效果。

垂直(V):文字垂直书写。

以上三种效果,其中有些效果对一些特殊字体是不可选的。

宽度因子(W):设定文字的宽和高的比例。

倾斜角度(O):设定文字的倾斜角度,正值向右斜,负值向左斜,角度范围为-84°~84°。

6.1.1.4　预览区

预览框:直观显示了其中的几个字母的效果。

预览按钮左侧的文本框:可以输入想预览的文字。

"预览(P)":单击该按钮将在预览框中直观显示文本框中输入的文字。

"应用(A)":将设置的样式应用到图形中。单击该按钮后,"取消"按钮变成"关闭(C)"按钮。

"取消":在应用之前可以通过该按钮放弃前面的设定。在应用之后,该按钮变成关闭按钮。

"关闭(C)":关闭该样式设定对话框,最近选定的样式成为当前文字注写样式。

"帮助(H)":提供"文字样式"对话框内容帮助。

上机操作:建立名为"工程图"的工程制图用文字样式,字体采用仿宋体,常规字体样式,不固定字高,宽度比例可定为 0.7070。

分析:弄清"文字样式"对话框的含义,按制图标准设置样式。

操作步骤如下:

(1)在"格式"菜单中选择"文字样式"命令,打开"文字样式"对话框(见图 6-1)。

(2)单击"新建(N)..."按钮打开如图 6-2 所示的"新建文字样式"对话框,输入新建文字样式名"工程图"后,单击"确定"按钮关闭该对话框。

(3)单击"字体名"中下拉文本框后向下的箭头,弹出字体列表。利用右侧的滑块,向下搜索,找到"仿宋"并单击。在"字体样式(Y)"下拉列表框中选择"常规",在"高度(T)"编辑框中可输入"高度(T):10"的数值,也可不输入数值,等写字时再定。

(4)在"效果"选项组中,设置"宽度因子"为 0.7070,"倾斜角度"为 0,其余复选框均不选中。各项设置如图 6-4 所示。

(5)依次单击"应用(A)"和"关闭(C)"按钮,建立此字样并关闭对话框。

6.1.2　通过命令行设置文字样式

设定文字样式不仅可以通过对话框进行,还可以通过命令行在提示下进行。在命令提示下设置文字样式的命令为:_STYLE。

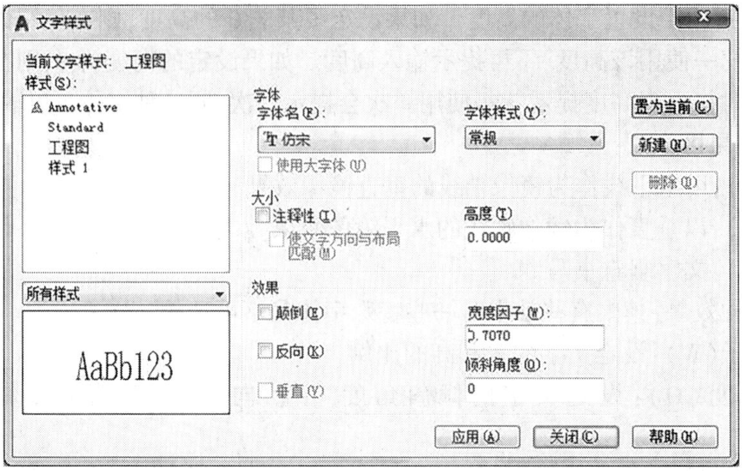

图 6-4　建立名为“工程图”的文字样式

按以下步骤进行：

(1)命令：_style

(2)输入文字样式名或[？]<standard>：

(3)新样式。

(4)指定完整的字体名或字体文件名(TTF 或 SHX)：<txt>：

(5)指定文字高度<0.0000>：

(6)指定宽度比例<1.0000>：

(7)指定倾斜角度<0>：

(8)是否反向显示文字？[是(Y)/否(N)]<N>：

(9)是否颠倒显示文字？[是(Y)/否(N)]<N>：

(10)是否垂直？<N>

上机操作：通过命令行设置文字样式“标注”，其字体为“txt. shx”，高度为 5，其他使用缺省值。

分析：弄清“文字样式”的含义，按自己的需要设置样式。

命令：_style

输入文字样式名或[？]<standard>：标注↙(要求输入字体名或字体文件名)。

新样式。

指定完整的字体名或字体文件名(TTF 或 SHX)：<txt>↙

指定文字高度<0.0000>：5↙(输入文字高度)

指定宽度比例<1.0000>：↙(输入宽度比例)

指定倾斜角度<0>：↙(输入倾斜角度)

是否反向显示文字？[是(Y)/否(N)] <N>：↙(不反向显示文本，不以垂直线作镜像)

是否颠倒显示文字？[是(Y)/否(N)]<N>：↙(不倒置文本，不以水平线作镜像)

是否垂直？<N>(不垂直，即水平显示文本，不竖排)

“标注”是当前文本样式。

几种不同设置的文字样式效果如图 6-5 所示。

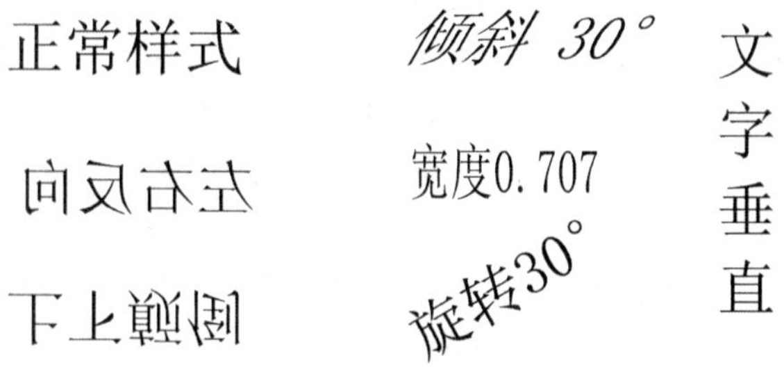

图 6-5　文字样式设置的几种效果

注意：文字样式的改变直接影响到 TEXT 和 DTEXT 命令注写的文字，而 MTEXT 注写的文字字体不一定受以上对话框设定的影响。如果要同时采用多种字体，中间以逗号(，)分隔。

任务 6.2　文字注写

文字注写的命令为单行文本输入 TEXT、DTEXT 命令和多行文本输入 MTEXT 命令，这两个按钮在缺省的“绘图”工具条中若不存在，用户可以通过按钮自定义在“绘图”中找到，然后拖放到“绘图”工具条中。另外，还可以将外部文字输入到 AutoCAD 中。对文本可以进行拼写检查。

6.2.1　单行文字输入

6.2.1.1　命令

命令行：TEXT 或 DTEXT

菜单栏：绘图(D)→文字(X)→单行文字(S)

6.2.1.2　功能

TEXT 和 DTEXT 命令功能相同，都可以输入单行。动态书写单行文字，在书写时所输入的字符动态显示在屏幕上，并用方框显示下一文字书写的位置。书写完一行文字后按回车键可继续输入另一行文字，因此利用此功能可创建多行文字，但是每一行文字为一个对象，可单独进行编辑修改。

6.2.1.3　格式

命令：TEXT↙

指定文字的起点或[对正(J)/样式(S)]：J

输入选项[对齐(A)/调整(F)/中心(C)/中间(M)/右(R)/左上(TL)/中上(TC)/右上(TR)/左中(ML)/正中(MC)/右中(MR)/左下(BL)/中下(BC)/右下(BR)]：

指定文字的起点或[对正(J)/样式(S)]：S

输入样式名或[?]<txt>：

6.2.1.4 选项及说明

(1)起点:定义输入的起点,缺省情况下对正点为左对齐。如果前面输入过文本,此处以回车键响应提示,则跳过随后的高度和旋转角度的提示,直接提示输入文字,此时使用前面设定好的参数,同时起点自动定义为最后绘制的文本的下一行。

(2)对正:输入对正参数,出现以下不同的对正类型可供选择:

对齐(A):确定文本的起点和终点,AutoCAD 自动调整文本的高度,使文本放置在两点之间,即保持字体的高和宽之比不变。

调整(F):确定文本的起点和终点,AutoCAD 调整文本的宽度以便使文本放置在两点之间,此时文字的高度不变,效果如图 6-6 所示。

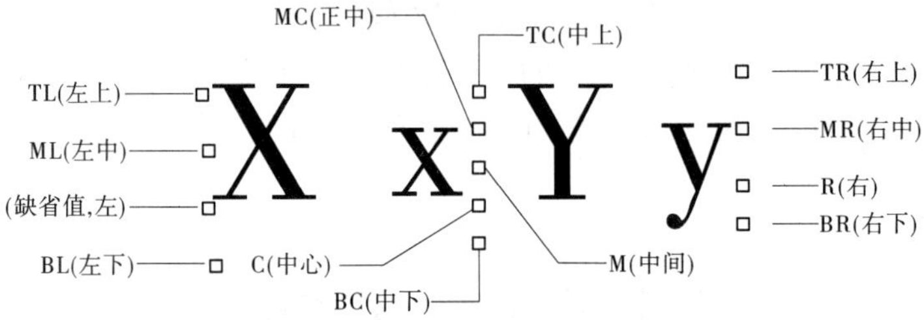

图 6-6 不同的对正类型比较

C(中心):确定文本基线的水平中点。

M(中间):确定文本基线的水平中点和垂直中点。

R(右):确定文本基线的右侧终点。

TL(左上):文本以第一个字符的左上角为对齐点。

TC(中上):文本以字串的顶部中间为对齐点。

TR(右上):文本以最后一个字符的右上角为对齐点。

ML(左中):文本以第一个字符的左侧垂直中点为对齐点。

MC(正中):文本以字串的水平中点和垂直中点为对齐点。

MR(右中):文本以最后一个字符的右侧垂直中点为对齐点。

BL(左下):文本以第一个字符的左下角为对齐点。

BC(中下):文本以字串的底部中间为对齐点。

BR(右下):文本以最后一个字符的右下角为对齐点。

(3)样式(S):选择该选项,出现如下提示:

输入样式名:输入随后书写文字的样式名称。

?:如果不清楚已经设定的样式,键入"?",则在命令窗口列表显示已经设定的样式。

6.2.1.5 文字输入中的特殊字符

对有些特殊字符,如直径符号、正负公差符号、度符号以及上划线、下划线等,AutoCAD 提供了控制码的输入方法,常用控制码及其输入实例和输出效果如表 6-1 所示。

表 6-1　常用控制码

控制码	意义	输入实例	输出效果
%%o	文字上划线开关	%%oAB%%oCD	$\overline{\text{AB}}$CD
%%u	文字下划线开关	%%uAB%%uCD	$\underline{\text{AB}}$CD
%%d	度符号	45%%d	45°
%%p	正负公差符号	50%%p0. 5	50±0. 5
%%c	圆直径符号	%%c60	Φ60

图形中存在太多的文本，会影响图形的重画、缩放和刷新速度，尤其在使用了 postscript 字体、truetype 字体以及其他一些复杂字体时，这一影响会比较明显。针对这种情况，为了减少不必要的时间浪费，AutoCAD 提供了 QTEXT 命令以便加速文字的显示。

命令及提示：

命令：QTEXT

输入模式[开(ON)/关(OFF)]<关>：

命令行各选项的功能如下：

开(ON)：处于打开状态。

关(OFF)：处于关闭状态。

注意：另一种处理方法为首先设定简单的字体，如 TXT 字体，分别定义成不同的样式名，用于绘图过程中，在最近需要真正绘图输出时，再通过"文字样式"对话框更改成复杂和精美的字体样式。在使用该方式时，采用单行文字输入方式比较方便。

6. 2. 2　多行文字输入

在 AutoCAD 中可以一次输入多行文本，而且可以设定其中的不同字体或样式、颜色、高度等特性。可以输入一些特殊字符，并可以输入堆叠式分数，设置不同的行距，进行文本的查找与替换，导入外部文件等。

6. 2. 2. 1　命令

命令行：MTEXT

菜单栏：绘图(D)→文字(X)→多行文字(M)...

工具栏："绘图"：→

6. 2. 2. 2　功能

利用多行文字编辑器书写多行的段落文字，可以控制段落文字的宽度、对正方式，允许段落内文字采用不同字样、不同字高、不同颜色和排列方式，整个多行文字是一个对象。

6. 2. 2. 3　格式

命令：MTEXT↙

当前文字样式：Standard 文字高度：2. 5

指定第一角点：(指定矩形框的第一个角点)

指定对角点或［高度(H)/对正(J)/行距(L)/旋转(R)/样式(S)/宽度(W)/栏

(C)]:

在此提示下指定矩形框的另一个角点,则显示一个矩形框,文字按缺省的左上角对正方式排布,矩形框内有一箭头表示文字的扩展方向。当指定对角点时,也可指定其中的各选项,各选项的含义与单行文字相同。当指定第二角点后,AutoCAD 弹出如图 6-7 所示"多行文字编辑器"对话框,从该对话框中可输入和编辑多行文字,并进行文字参数的多种设置。

图 6-7 "多行文字编辑器"对话框

6.2.2.4 对话框说明与操作

多行文字编辑器包含"栏数""多行文字对正""段落""左对齐""居中""右对齐""对正""分布""行距""编号""插入字段""大小写转换""符号""倾斜角度""追踪""宽度因子"等。通过它们可以输入满足工程图纸要求的文本。

注意:文字的默认样式是"Standard",而该样式所用的字体文件为"txt. shx",这是一个西文字库,没有汉字,这时输入的汉字到 AutoCAD 界面上都显示成"?"。改变字体文件名,"?"将重新显示为原来输入的汉字内容。

任务 6.3 编辑文字

用户可以利用 DDEDIT 命令或 PROPERTIES 命令编辑已创建的文本对象,但 DDEDIT 命令只能修改单行文本的内容和多行文本的内容及格式,而 PROPERTIES 命令不仅可以修改文本的内容,还可以改变文本的位置、倾斜角度、样式和字高等属性。

6.3.1 用 DDEDIT 命令编辑文字对象

6.3.1.1 命令

命令行:DDEDIT

菜单栏:修改(M)→对象(O)→文字(T)

6.3.1.2 功能

修改已经绘制在图形中的文字内容。

6.3.1.3 格式

命令:DDEDIT↙

选择注释对象或[放弃(U)]:

在此提示下选择想要修改的文字对象,如果选取的文本是用 TEXT 命令创建的单行文本,可直接对其文本内容进行修改;如果选取的文本是用 MTEXT 命令创建的多行文本,选取后则打开"多行文字编辑器"对话框(见图 6-7),可对文本进行编辑。

6.3.2　用 DDMODIFY 命令编辑文字对象

6.3.2.1　命令

命令行:DDMODIFY 或 PROPERTIES

菜单栏:修改(M)→对象特性(P)

工具栏:“标准”→

6.3.2.2　功能

修改文字对象的各项特性。

6.3.2.3　格式

命令:DDMODIFY↙

先选中需要编辑的文字对象,然后单击相应的工具栏图标或选择相应的菜单命令或输入 DDMODIFY 命令后按回车键,AutoCAD 打开“特性”对话框,如图 6-8 所示,利用此对话框可以方便地修改文字对象的内容、颜色、线型、位置、倾斜角度等属性。

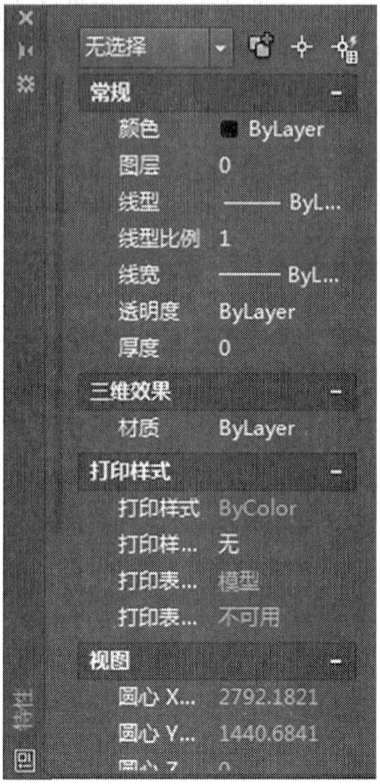

图 6-8　“特性”对话框

任务 6.4　尺寸标注

AutoCAD 的尺寸标注采用半自动方式,系统按照图形的测量值和标注样式进行标注。此外,还提供了很强的尺寸编辑功能。

6.4.1 尺寸标注命令

由于标注类型较多,AutoCAD 把标注命令和标注编辑命令集中安排在“标注”下拉菜单和“标注”工具栏(见图 6-9)中,使用户可以灵活方便地进行尺寸标注。图 6-9 列出了“标注”工具栏中每一图标的功能。

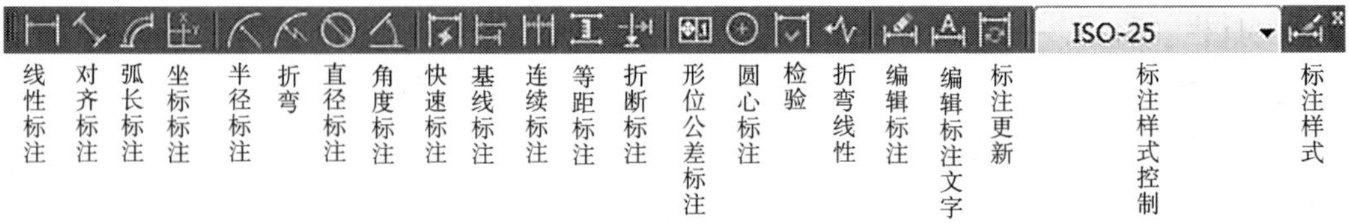

图 6-9 “标注”工具栏

6.4.2 尺寸标注样式

尺寸标注样式是一系列尺寸标注变量的集合,这些尺寸标注变量是利用图 6-10“标注样式管理器”对话框完成的。下面新建一个符合国标的建筑图标注样式。

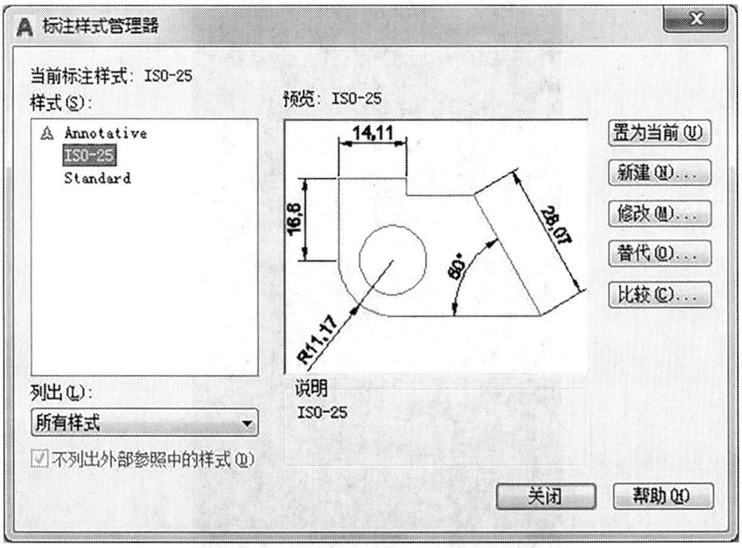

图 6-10 “标注样式管理器”对话框

第一步:为新样式命名

(1)单击“标注”工具栏上的“标注样式(S)...”命令按钮,显示如图 6-10 对话框。

(2)单击“新建(N)...”按钮,显示图 6-11 “创建新标注样式”对话框。

(3)取新样式名为:gb-25(可以自定),单击“继续”,显示“新建标注样式:gb-25”对话框。

该对话框包含“符号和箭头”“文字”“调整”“主单位”等标签,它们的主要内容是:

符号和箭头:设置尺寸界线、尺寸线、箭头的有关格式和参数。

文字:设置尺寸文字的字体、字高等参数。

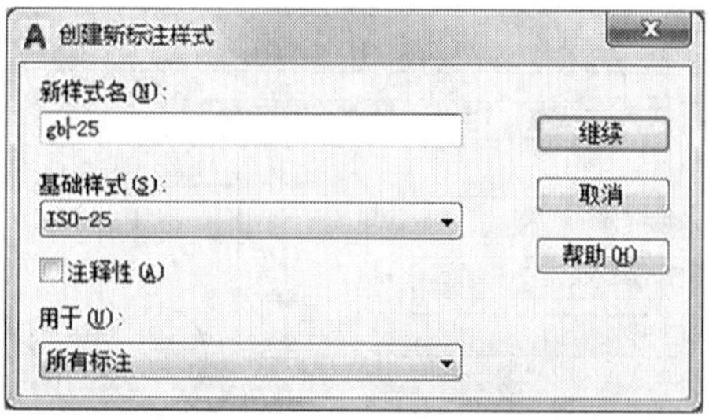

图 6-11　“创建新标注样式”对话框

调整:调整尺寸文字与尺寸线间的相对位置关系。

主单位:设置尺寸的单位格式及显示精度。

第二步:为各类尺寸设置公共格式与参数

(1)在“线”标签中,修改“基线间距”为 7,超出尺寸线为 2(见图 6-12)。

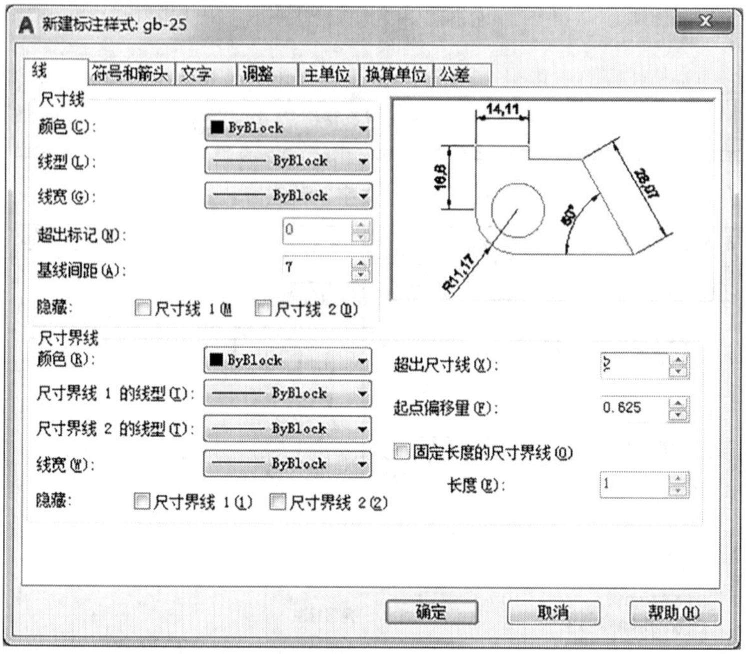

图 6-12　修改“基线间距”

(2)单击“文字”标签,选择文字样式 gb-hz,其他均为默认设置(见图 6-13)。

这里 gb-hz 是预先设置好的国标字体,如果预先没有设置,可以单击“…”按钮,打开“文字样式”对话框进行设置。

(3)单击“主单位”标签,确保“单位格式(U)”为小数,改设尺寸“精度(P)”为 0,“小数分隔符(C)”为逗点(见图 6-14)。

(4)单击“调整”标签,在“使用全局比例”框中输入 100(出图比例的倒数)。

这里假定所绘图形按 1∶100 打印出图,如果准备 1∶50 出图,则上述值输入 50,其余类推。

(5)单击“确定”按钮,返回“标注样式管理器”,至此公共参数设置完毕。

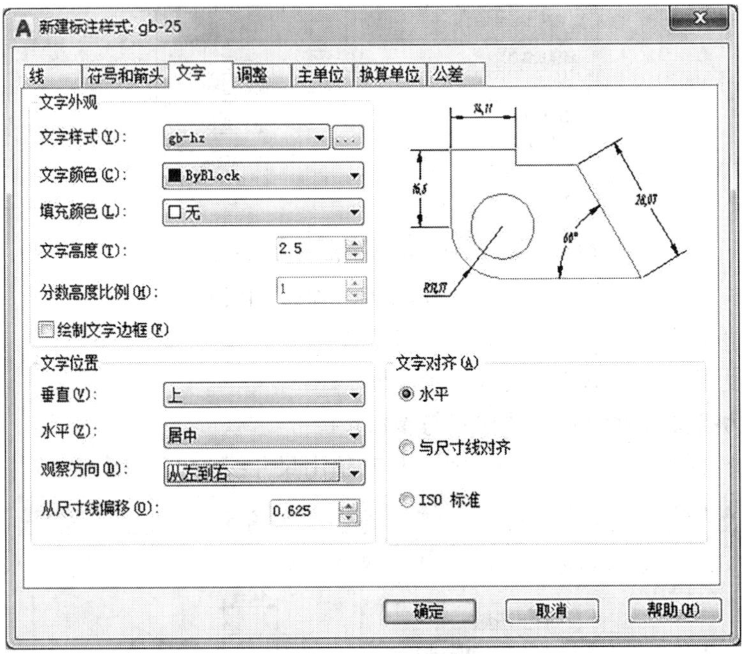

图 6-13 “文字”标签

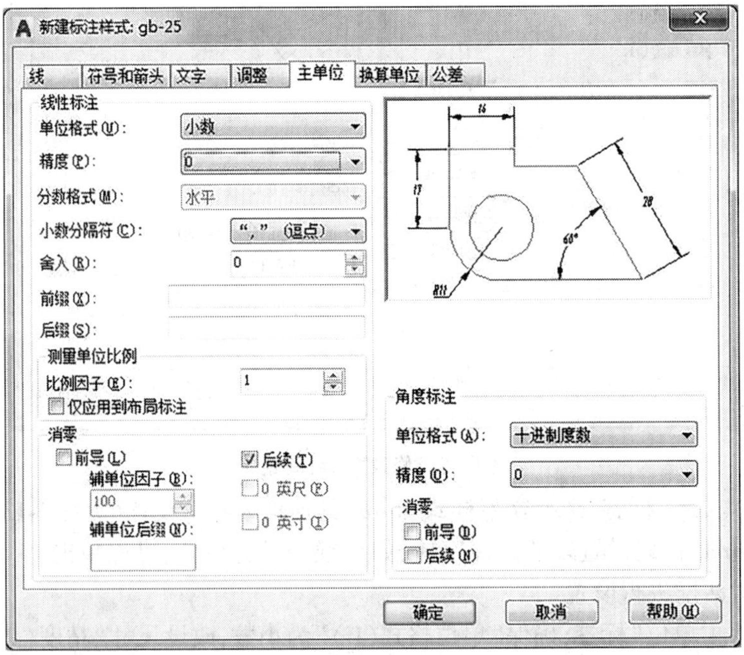

图 6-14 “主单位”标签

不要关闭对话框，继续下述设置。

第三步：设置线性标注的格式

(1)单击“新建”按钮，显示“创建新标注样式”对话框。

(2)在“用于(U)”下拉列表中，选择“线性标注”，表示以下设置只对线性尺寸起作用。单击“继续”按钮(见图 6-15)。

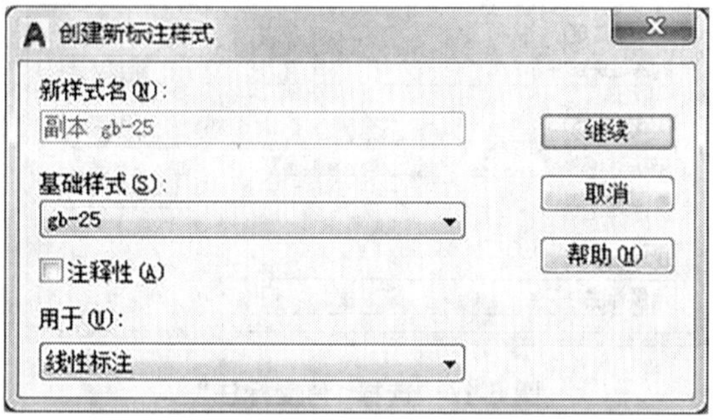

图 6-15　选择“线性标注”

(3)在“符号和箭头”标签中,选择“箭头”的形式为“建筑标记”,箭头大小为“2”(见图 6-16)。

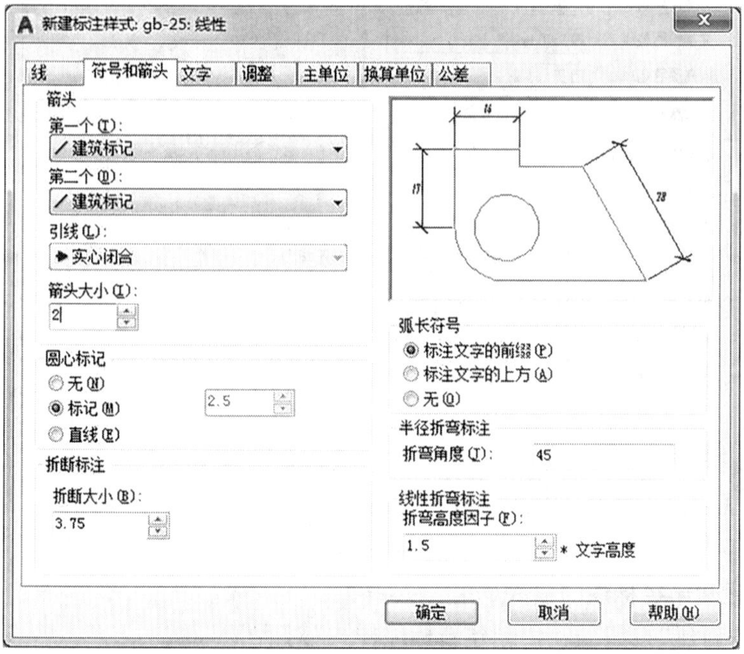

图 6-16　选择“箭头”的形式

(4)单击“确定”按钮,线性标注设置完毕。不要关闭对话框,继续下述设置。

第四步:设置角度标注的格式

(1)单击“新建”按钮,显示 “创建新标注样式”对话框。

(2)在“用于(U)”下拉列表中,选择“角度标注”,表示以下设置只对角度尺寸起作用。单击“继续”按钮(见图 6-17)。

(3)在“文字”标签中,选择“文字对齐”方式为“水平”,“文字位置”垂直为“外部”(见图 6-18)。

(4)单击“确定”按钮,角度标注设置完毕。不要关闭对话框,继续下述设置。

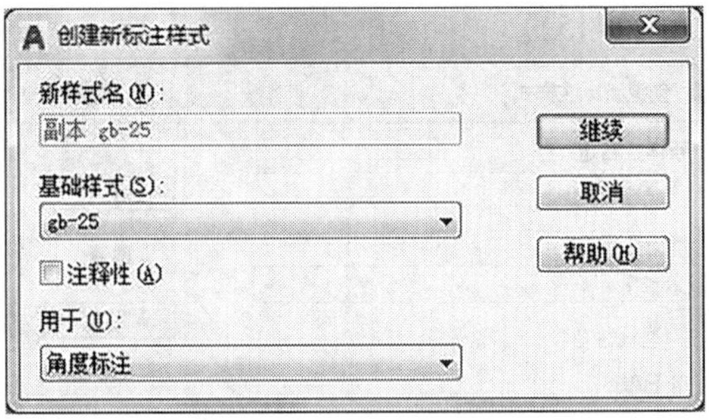

图 6-17 选择“角度标注”

图 6-18 选择“文字对齐”方式

第五步:设置半径标注的格式

(1)单击“新建”按钮,显示“创建新标注样式”对话框。

(2)在“用于(U)”下拉列表中,选择“半径标注”,表示以下设置只对半径尺寸起作用。单击“继续”按钮(见图 6-19)。

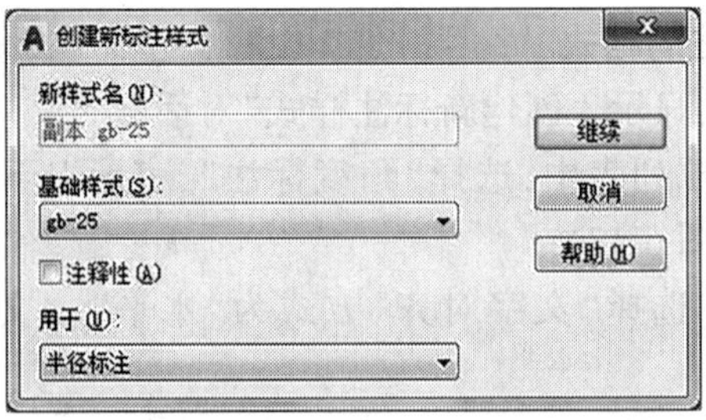

图 6-19 选择“半径标注”

(3)在“文字”标签中,选择“文字对齐”方式为“ISO 标准”(见图 6-20)。

图 6-20　选择“文字对齐”方式为“ISO 标准”

(4)在“调整”标签中,选择“调整选项”下的“文字”项,并选“手动放置文字”(见图 6-21)。

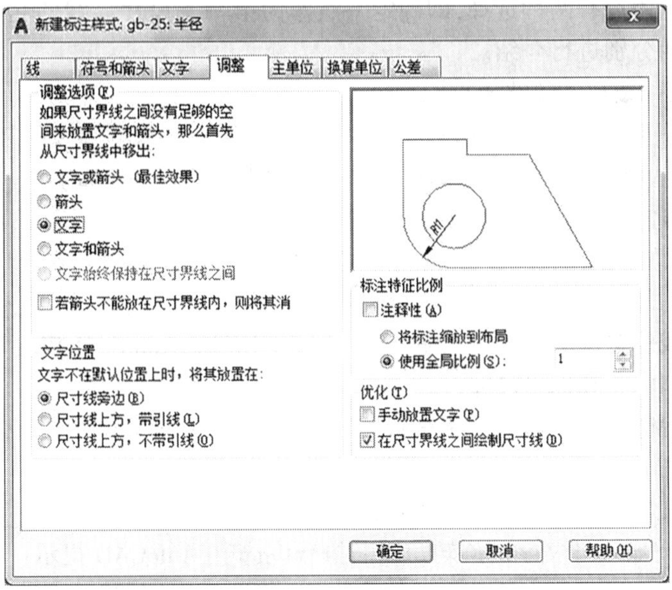

图 6-21　“调整”标签

(5)单击“确定”按钮,半径标注设置完毕。不要关闭对话框,继续下述设置。

第六步:设置直径标注的格式

(1)单击“新建”按钮,显示“创建新标注样式”对话框。

(2)在“用于(U)”下拉列表中,选择“直径标注”,表示以下设置只对直径尺寸起作用。单击“继续”按钮。

(3)同“半径标注”的设置。

(4)单击“确定”按钮,直径标注设置完毕。至此,各类尺寸标注格式设置完毕,完成了样式名为“gb-25”的全部设置。

不要关闭对话框,进行最后设置。

第七步:设置当前样式

选择样式“gb-25”,单击“置为当前”按钮。

最后拾取“关闭”按钮。检测标注尺寸样式设置是否正确,若有错误应及时修改。

6.4.3 尺寸标注类型

在所有工程图中,线性尺寸标注最多。下面主要阐述各种线性尺寸的标注方法。

6.4.3.1 线性标注

命令行:DIMLINEAR

菜单栏:标注(N)→线性(L)

工具栏:“标注”→ 

操作格式:

执行 DIMLINEAR 命令,AutoCAD 提示:

指定第一条尺寸界线原点或<选择对象>:

在此提示下用户有两种选择,即确定一点作为第一条尺寸界线的起始点或按回车键选择对象。下面分别进行介绍。

(1)指定第一条尺寸界线原点。

指定第一条尺寸界线原点或<选择对象>:(确定第一条尺寸界线的起始点)

指定第二条尺寸界线原点:(确定另一条尺寸界线的起始位置)

指定尺寸线位置或[多行文字(M)/文字(T)/角度(A)/水平(H)/垂直(V)/旋转(R)]:(确定尺寸线的位置)

各选项的功能如下:

指定尺寸线位置:确定尺寸线的位置。用户响应后,AutoCAD 按自动测量出的两尺寸界线起始点间的距离标出尺寸。

多行文字(M):利用“多行文字编辑器”对话框输入并设置尺寸文字。

文字(T):输入尺寸文字。执行该选项,AutoCAD 提示:

输入标注文字<3.5>:(输入尺寸文字即可)

角度(A):确定尺寸文字的旋转角度。执行该选项,AutoCAD 提示:

指定标注文字的角度:(输入文字的旋转角度后,所标注的尺寸文字将旋转该角度)

水平(H):标注水平尺寸。执行该选项,AutoCAD 提示:

指定尺寸线位置或[多行文字(M)/文字(T)/角度(A)]:(确定尺寸线的位置)

垂直(V):标注垂直尺寸。执行该选项,AutoCAD 提示:

指定尺寸线位置或[多行文字(M)/文字(T)/角度(A)]:(确定尺寸线的位置)

旋转(R):旋转标注。执行该选项,AutoCAD 提示:

指定尺寸线的角度<0>:(确定尺寸线的旋转角度)

指定尺寸线位置或[多行文字(M)/文字(T)/角度(A)]:(确定尺寸线的位置)

(2)选择对象。

指定第一条尺寸界线原点或<选择对象>:(默认选择对象)

选择标注对象:(要求选择要标注尺寸的对象)

用户选择后,AutoCAD 将该对象的两端点作为两条尺寸界线的起始点,并提示:

指定尺寸线位置或[多行文字(M)/文字(T)/角度(A)/水平(H)/垂直(V)/旋转(R)]:

用户根据需要响应即可。

6.4.3.2　对齐标注

命令行:DIMALIGNED

菜单栏:标注(N)→对齐(G)

工具栏:"标注"→ 

操作格式:

执行 DIMALIGNED 命令,AutoCAD 提示:

指定第一条尺寸界线原点或<选择对象>:

在此提示下用户有两种选择,即确定第一条尺寸界线起点,或直接选择对象,下面分别给予介绍。

1. 指定第一条尺寸界线原点

指定第一条尺寸界线原点或<选择对象>:(确定第一条尺寸界线的起始点)

指定第二条尺寸界线原点:(确定另一条尺寸的起始点)

指定尺寸线的位置或[多行文字(M)/文字(T)/角度(A)]:

各选项含义如下:

(1)指定尺寸线的位置:确定尺寸线的位置。用户响应后,AutoCAD 按自动测量出的两尺寸界线起始点间的距离标出尺寸。

(2)多行文字(M):利用"多行文字编辑器"对话框输入并设置尺寸文字。

(3)文字(T):输入尺寸文字。执行该选项,AutoCAD 提示:

输入标注文字<2.5>:(在该提示下输入尺寸文字即可)

(4)角度(A):确定尺寸文字的旋转角度。执行该选项,AutoCAD 提示:

指定标注文字的角度:(输入文字的旋转角度) 所标注的尺寸文字将旋转该角度

2. 选择对象

如果在指定第一条尺寸界线原点或<选择对象>:提示下直接按回车键,AutoCAD 提示:

选择标注对象:(选择标注尺寸的对象)

用户选择后,AutoCAD 将该对象的两端点作为两条尺寸界线的起始点,并提示:

指定尺寸线位置或[多行文字(M)/文字(T)/角度(A)]:(用户根据需要响应即可)

6.4.3.3　坐标尺寸标注

工程图中有时还需要用到坐标尺寸标注,坐标标注用于标注相对于坐标原点的坐标。

用户可通过 UCS 命令改变坐标系的原点位置。

命令行：DIMORDINATE

菜单栏：标注(N)→坐标(O)

工具栏："标注"→ 

操作步骤如下：

执行 DIMORDINATE 命令，AutoCAD 提示：

指定点坐标：(确定要标注坐标尺寸的点)

指定引线端点或[X 基准(X)/Y 基准(Y)/多行文字(M)/文字(T)/角度(A)]：

在此提示中，指定引线端点默认项用于确定引线的端点位置。确定后 AutoCAD 在该点标注出指定点坐标。

说明：在指定引线端点提示下确定引线的端点位置之前，应首先确定标注点的什么坐标，如果在此提示下相对于标注点上下移动光标，将标注点的 X 坐标；若相对于标注点左右移动光标，则标注点的 Y 坐标。

指定引线端点或[X 基准(X)/Y 基准(Y)/多行文字(M)/文字(T)/角度(A)]：

提示中的 X 基准、Y 基准选项分别用来标注指定点的 X、Y 坐标；

多行文字(M)选项将通过"多行文字编辑器"对话框输入标注的内容；

文字(T)选项将直接要求用户输入标注的内容；

角度(A)选项用于确定标注内容的旋转角度。

6.4.3.4　半径尺寸标注

命令行：DIMRADIUS

菜单栏：标注(N)→半径(R)

工具栏："标注"→ 

操作步骤如下：

执行 DIMRADIUS 命令，AutoCAD 提示：

命令：DIMRADIUS

选择圆弧或圆：(选择要标注半径的圆弧或圆)

指定尺寸线位置或[多行文字(M)/文字(T)/角度(A)]：

如果在该提示下直接确定尺寸线的位置，AutoCAD 按实际测量值标注圆或圆弧的直径。另外，可以通过利用多行文字(M)、文字(T)以及角度(A)选项确定尺寸文字和尺寸文字的旋转角度。

说明：当通过多行文字(M)或文字(T)选项重新确定尺寸文字时，只有给输入的尺寸文字加前缀 R，才能使标出的半径尺寸有符号，否则没有此符号。

6.4.3.5　直径尺寸标注

命令行：DIMDIAMETER

菜单栏：标注(N)→直径(D)

工具栏："标注"→

操作步骤如下：

执行 DIMDIAMETER 命令,AutoCAD 提示:

命令:DIMDIAMETER

选择圆弧或圆:(选择要标注直径的圆弧或圆)

指定尺寸线位置或[多行文字(M)/文字(T)/角度(A)]:

如果在该提示下直接确定尺寸线的位置,AutoCAD 按实际测量值标注圆或圆弧的直径。另外,可以通过利用多行文字(M)、文字(T)以及角度(A)选项确定尺寸文字和尺寸文字的旋转角度。

说明:当通过多行文字(M)或文字(T)选项重新确定尺寸文字时,只有给输入的尺寸文字加前缀%%C,才能使标出的直径尺寸有直径符号,否则没有此符号。

6.4.3.6　角度尺寸标注

命令行:DIMANGULAR

菜单栏:标注(N)→角度(A)

工具栏:"标注"→ 

操作步骤如下:

执行 DIMANGULAR 命令,AutoCAD 提示:

命令:DIMANGULAR

选择圆弧、圆、直线或<指定顶点>:

用户在此提示下可标注圆弧的包含角、圆上某段圆弧的包含角、两条不平行直线之间的夹角或者根据给定的三个点标注角度。下面分别进行介绍。

(1)标注圆弧的包含角。

选择圆弧、圆、直线或<指定顶点>:(选择圆弧)

指定标注弧线位置或[多行文字(M)/文字(T)/角度(A)]:(直接确定标注弧线的位置)

AutoCAD 会按实际测量值标注出角度。另外,还可以通过多行文字(M)、文字(T)以及角度(A)选项确定尺寸文字和它的旋转角度。

(2)标注圆上某段圆弧的包含角。

选择圆弧、圆、直线或<指定顶点>:(在此提示下选择圆)

选择第二条直线:(确定另一点作为角的第二个端点,该点可以在圆上,也可以不在圆上)

指定标注弧线位置或[多行文字(M)/文字(T)/角度(A)]:

如果在此提示下直接确定标注弧线的位置,AutoCAD 标注出角度值,该角度的顶点为圆心,尺寸界线(或延伸线)通过所选择的两个点。另外,还可以用多行文字(M)、文字(T)、角度(A)选项确定尺寸文字和它的旋转角度。

(3)标注两条不平行直线之间的夹角。

选择圆弧、圆、直线或<指定顶点>:(在此提示下选择直线)

选择第二条直线:(选择第二条直线)

指定标注弧线位置或[多行文字(M)/文字(T)/角度(A)]:

如果在此提示下直接确定标注弧线的位置,AutoCAD 标注出这两条直线的夹角。另外,还可以用多行文字(M)、文字(T)、角度(A)选项确定尺寸文字和它的旋转角度。

(4)根据三个点标注角度。

选择圆弧、圆、直线或<指定顶点>:(在此提示下直接按回车键)

指定角的顶点:(确定角的顶点)

指定角的第一个端点:(确定角的第一个端点)

指定角的第二个端点:(确定角的第二个端点)

指定标注弧线位置或[多行文字(M)/文字(T)/角度(A)]:

如果在此提示下直接确定标注弧线的位置,AutoCAD 根据给定的三点标注出角度。另外,还可以用多行文字(M)、文字(T)、角度(A)选项确定尺寸文字和它的旋转角度。

说明:当通过多行文字(M)或文字(T)选项重新确定尺寸文字时,只有给输入的尺寸文字加后缀%%D,才能使标出的角度值有(°)符号,否则没有此符号。

6.4.3.7 基线标注

命令行:DIMBASELINE

菜单栏:标注(N)→基线(B)

工具栏:“标注”→ 

操作步骤如下:

执行 DIMBASELINE 命令,AutoCAD 提示:

命令:DIMBASELINE

指定第二条尺寸界线原点或[放弃(U)/选择(S)]<选择>:(在此提示下直接确定下一个尺寸的第二条尺寸界线的起始点)

指定第二条尺寸界线原点或[放弃(U)/选择(S)] <选择>:(此时可再确定下一个尺寸的第二条尺寸界线的起始位置)

指定第二条尺寸界线原点或[放弃(U)/选择(S)]<选择>:(其中放弃(U)用于放弃前一操作;选择(S)用于重新确定基线标注时作为基线的尺寸界线)

选择基线标注:(在该提示下选择尺寸界线后)

指定第二条尺寸界线原点或[放弃(U)/选择(S)]<选择>:

说明:基线标注前必须先线性、坐标、角度、关联,标注出一尺寸,以确定基线标注所需要的基准线(尺寸界线)。

6.4.3.8 连续标注

命令行:DIMCONTINUE

菜单栏:标注(N)→连续(C)

工具栏:“标注”→ 

操作步骤如下:

执行 DIMCONTINUE 命令,AutoCAD 提示:

指定第二条尺寸界线原点或[放弃(U)/选择(S)]<选择>:(在此提示下直接确定下一个尺寸的第二条尺寸界线的起始点,AutoCAD 按连续标注方式标注出尺寸,即把上一个或所选标注的第二条尺寸界线作为新尺寸标注的第一条尺寸界线标注尺寸)

指定第二条尺寸界线原点或[放弃(U)/选择(S)] <选择>:(此时可再确定下一个尺寸

的第二条尺寸界线的起始位置，标注出全部尺寸后，在上述提示下按回车键，结束命令)

指定第二条尺寸界线原点或[放弃(U)/选择(S)] <选择>:(其中放弃(U)用于放弃前一操作;选择(S)项用于重新确定连续标注时共用的尺寸界线)

选择连续标注:(在该提示下选择尺寸界线)

指定第二条尺寸界线原点或[放弃(U)/选择(S)] <选择>:

在该提示下可标注出的下一个尺寸以新选择的尺寸界线作为其第一条尺寸界线。

说明:连续标注前须先线性、坐标、角度、关联，标注出一尺寸，以确定连续标注所需要的前一标注尺寸的尺寸界线。

6.4.3.9 引线标注

命令行:QLEADER

菜单栏:标注(N)→引线(E)

利用该命令，用户可以创建引线和注释，而且引线和注释可以有多种格式。

操作步骤如下:

执行 QLEADER 命令，命令行提示:

命令:QLEADER

指定第一个引线点或[设置(S)] <设置>:

各选项的功能如下:

设置(S):设置引线标注的格式。执行该选项，AutoCAD 弹出如图 6-22 所示的“引线设置”对话框。对话框中有注释、引线和箭头及附着三个选项卡，用户可根据各选项卡的功能进行设置。

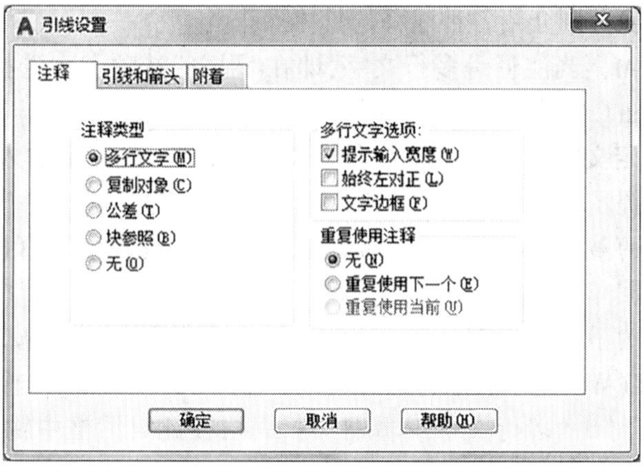

图 6-22 “引线设置”对话框

(1)“注释”选项卡:用来设置引线标注的注释类型、多行文字选项、确定是否重复使用注释。

①“注释类型”选项组:设置引线标注的注释类型。注释类型不同，输入注释前给出的提示也不同。

②“多行文字选项”选项组:设置多行文字的格式。只有在“多行文字选项:”选项组中把注释类型设为多行文字类型时，才能设置该选项组。

③“重复使用注释”选项组：确定是否重复使用注释，从选项组中选择即可。

(2)“引线和箭头”选项卡：设置引线和箭头的格式。

①“引线”选项组：确定引线是直线还是样条曲线。

②“点数”选项组：设置引线端点数的最大值。可以通过“最大值”框确定具体数值，也可以选择没有限制。

③“箭头”下拉列表框：设置引线起始点处的箭头样式，通过相应的下拉列表框选择即可。如果选择下拉列表框中的用户箭头项，AutoCAD 弹出“选择自定义箭头块”对话框，用户可通过此对话框将块做箭头使用。

④“角度约束”选项组：对第一段和第二段引线设置角度约束，从相应的下拉列表中选择即可。

(3)“附着”选项卡：确定多行文字注释相对于引线终点的位置。

①“多行文字附着”选项组：用户可根据文字在引线的左边或右边分别通过相应的单选按钮进行设置。

②“最后一行加下划线(U)”复选框：确定是否给多行文字注释的最后一行加下划线。

指定第一个引线点：

指定第一个引线点或[设置(S)]<设置>：(执行默认，确定引线的起始点)

指定下一点：(用户应在该提示下确定引线的下一点位置，按回车键可结束确定点的操作)

确定引线的各端点后，用户在“附着”选项卡中确定的注释类型不同，AutoCAD 给出的提示也不同。下面分别介绍各种注释的具体操作。

(1)多行文字(M)：当注释是多行文字，即在“附着”选项卡中选择多行文字时，确定引线的各端点后 AutoCAD 提示：

指定宽度：(确定文字的宽度，通过“注释”选项卡中的“提示输入宽度(W)”复选框可确定是否显示此提示)

输入注释文字的第一行<多行文字(M)>：(用户可在此提示下直接输入多行文字，即输入一行文字后按回车键)

输入注释文字的下一行：(在此提示下直接输入多行文字，然后按回车键，结束命令)

上述“多行文字(M)”选项表示将通过“多行文字编辑器”对话框输入注释文字。执行该选项，AutoCAD 可弹出“多行文字编辑器”对话框，在此对话框中输入文字后即可实现标注。

(2)复制对象(C)：注释是由复制多行文字、文字、块参照或形位公差这样的对象得到的。如果在“注释”选项卡中将注释类型选择为“复制对象(C)”，确定引线的各端点后，AutoCAD 提示：

选择要复制的对象：(在此提示下选择多行文字、文字、块参照或标注的形位公差，AutoCAD 将这些对象复制到相应的位置)

(3)公差(T)：注释是形位公差。如果在“注释”选项卡中将注释类型选择为“公差”，确定引线的各端点后，AutoCAD 弹出如图 6-23 所示的对话框。用户可通过此对话框确定标注内容。

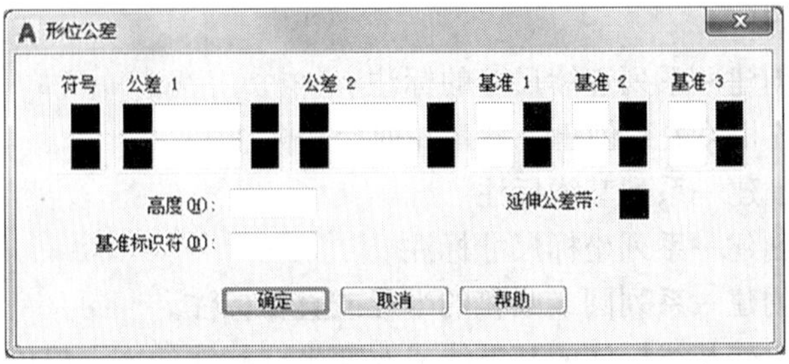

图 6-23　“形位公差“对话框

(4)块参照(B):注释是插入的块。如果在“注释”选项卡中将注释类型选择为“块参照(B)”,确定引线的各端点后,AutoCAD 提示:

输入块名或[?]:(输入块的名称)

指定插入点或[比例(S)/X/Y/Z/旋转(R)/预览比例(PS)/PX/PY/PZ/预览旋转(PR)]:

在该提示下确定插入比例和旋转角度即可。

(5)无(O):没有注释。如果在“注释”选项卡中将注释类型选择为“无(N)”,AutoCAD 画出引线后,结束命令的执行。

注意:由于直接使用公差命令标注形位公差只有方框没有指引线,所以还应补画出指引线。最好使用引线命令来标注形位公差。同时可以绘制引线,并可以在“形位公差”对话框中进行设置。

6.4.3.10　圆心标注

命令行:DIMCENTER

菜单栏:标注(N)→圆心标注(M)

工具栏:“标注”→ 

操作步骤如下:

命令:DIMCENTER

选择圆弧或圆:(在该提示下选择圆弧或圆即可)

说明:圆心标记的形式由系统变量 DIMCEN 确定,当该变量的值大于 0 时,作圆心标记,且该值是圆心标记线长度的 1/2;当该变量的值小于 0 时,画出中心线,且该值是圆心处小十字线长度的 1/2。

6.4.3.11　快速标注

命令行:QDIM

菜单栏:标注(N)→快速标注(Q)

工具栏:“标注”→ 

快速创建一系列尺寸标注。

命令:QDIM

选择要标注的几何图形:(选择需要标注尺寸的各图形对象)

指定尺寸线位置或[连续(C)/并列(S)/基线(B)/坐标(O)/半径(R)/直径(D)/基

准点(P)/编辑(E)]<连续>:

各选项功能如下:

(1)连续(C):创建一系列连续尺寸的标注。

(2)并列(S):按相关关系创建一系列并列尺寸标注。

(3)基线(B):创建一系列基线标注。

(4)坐标(O):创建一系列坐标尺寸标注。

(5)半径(R):创建一系列圆或圆弧的半径或直径标注。

(6)直径(D):改变基线标注的基准线或改变坐标标注的零点值位置。

(7)基准点(P):编辑快速标注的尺寸。

(8)编辑(E):确定尺寸线的位置。

用户响应后,即可按设置标注出尺寸。各种尺寸标注见图 6-24 的尺寸标注样例。

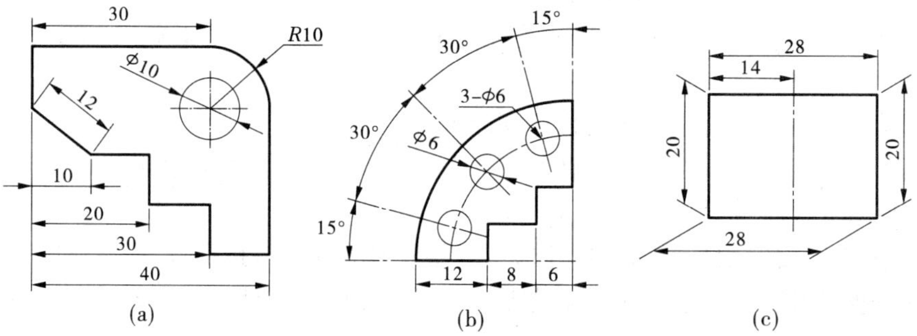

图 6-24 尺寸标注样例

注意:若标注结果文字太小或箭头太大,可改变标注样式内的“全局比例”选项的数值,将数值变大。标注样式控制所有标注方式中的参数值。因此,标注样式的设置会影响标注结果。

任务 6.5 编辑标注

无论图形中现有标注对象是单个标注还是使用标注样式标注,其所有部分均可修改。有关标注样式的修改部分,已经在前文讲述过。本任务主要讲述不通过“标注样式管理器”对标注的各个几何要素进行修改。

一旦创建标注后,可以使用 AutoCAD 编辑命令或夹点来编辑标注的位置,可以旋转现有文字或用新文字替换,还可以修改标注的关联性。

可以通过 AutoCAD 编辑命令或夹点编辑修改标注。夹点编辑是修改标注最快、最简单的方法。编辑标注的方式取决于标注是否关联。不管使用哪一种方法,在编辑标注时,被标注的对象都不会自动修改,除非将该对象包含在编辑选择集中。当在标注上单击右键时,AutoCAD 显示一个快捷菜单,快捷菜单上有编辑命令,也可用“特性”窗口或“标注样式管理器”通过个性特性来修改标注的格式。

本任务中介绍的编辑方法是针对关联标注而言的,对于非关联标注,编辑标注对象时必须在选择集中包括相关标注定义点，否则不更新标注。定义点确定标注的位置。例如，要拉伸标注，必须在选择集中包括相应的定义点。通过打开夹点并选择对象以便亮显夹点，可以轻松地将它们包括在内。对于非关联标注这里不多讨论。

6.5.1 拉伸标注

可以使用夹点或者 STRETCH 命令拉伸标注。如果使用 STRETCH 命令，交叉窗口选择集中必须包括适当的定义点。拉伸标注与拉伸图形对象基本相似。

命令行：STRETCH

菜单栏：修改（M）→拉伸（D）

工具栏："修改"→ 

操作步骤如下：

命令：STRETCH

选择对象：（使用交叉选择窗口来选择要拉伸的标注）

指定基点或［位移（D）］：（指定位移的基点）

指定位移的第二个点或<用第一个点作位移>：（指定第二个位移点）

在移动后尺寸线将随图形的变化移动，并且尺寸值也将随之变化。但前提是尺寸是关联的。如图 6-24（c）中的尺寸"28"是拉伸后的情况。

6.5.2 修剪和延伸标注

可以修剪或延伸各种形式的线性标注和坐标标注。为了修剪或延伸标注，AutoCAD 先创建一条样例直线，然后修剪或延伸标注元素到该样例直线。

命令行：TRIM

菜单栏：修改（M）→修剪（T）

工具栏："修改"→ 

操作步骤如下：

（1）执行修剪命令。

（2）选择对象：选择用作剪切边的对象。

（3）在提示下选择要修剪的标注尺寸线。

尺寸界线将自动移动至修剪边，同时尺寸文本也将改变。图 6-28（c）中的尺寸"14"是修剪后的效果，其修剪边界为点划线。

6.5.3 使标注倾斜

如果尺寸界线与图形中的其他对象发生冲突，可以修改它们的角度。使现有的标注倾斜不会影响新的标注，如图 6-24（c）所示。

命令行：DIMEDIT

菜单栏：标注（M）→倾斜（Q）

工具栏："标注"→ 

操作步骤如下：

(1)从"标注(N)"菜单中选择"倾斜(Q)"命令。

(2)选择对象：选择需要改动的标注。

(3)直接输入角度或通过指定两点确定角度，见图 6-24(b)。

6.5.4 编辑标注文字

创建标注后，就可以编辑或替换标注文字，修改标注文字特性和旋转角，也可以将文字移到新的位置或返回到起始位置。有关修改文字特性的方法，可以参考前文有关标注样式管理器中的"文字"选项卡的内容，也可以使用"特性"窗口来编辑。

6.5.4.1 编辑标注文字

操作步骤如下：

(1)选择要修改的标注。

(2)从"修改(M)"菜单中选择"特性(P)"命令，出现特性窗口。

(3)在特性窗口的文字类中的文字替代框里编辑标注文字。

输入的文字将自动替代原来的标注文字。

注意：在"文字替代"框中输入的文字总是替换在测量值框中显示的实际标注测量值。要显示实际的标注测量值，请把"文字替代"框中的文字删除。如果要给标注测量值添加前缀或后缀，可以用尖括号(<>)代表标注测量值。在尖括号前面输入前缀，在尖括号后面输入后缀。

可以使用"特性"窗口编辑所有文字的特性，但是用"标注"菜单中提供的选项可以更快地设置标注对齐。

6.5.4.2 设置标注文字位置及旋转角

命令行：DIMEDIT

菜单栏：标注(N)→对齐文字(X)

工具栏："标注"→ 

操作步骤如下：

(1)从"标注(N)"菜单中选择对齐文字(X)和以下对齐选项之一：

"默认"(H)：将标注文字返回到由标注样式定义的位置。

"角度"(A)：提示输入一个角度来旋转标注文字。

"左"(L)：将标注文字定位在尺寸线的左侧。

"中"(C)：居中显示标注文字。

"右"(R)：将标注文字定位在尺寸线的右侧。

(2)选择一个或多个标注，然后按回车键，如果上步中输入的是"角度(A)"，则还需要在"指定标注文字的角度："提示下输入旋转角度。

注意：如果直接键入命令，或单击工具栏中的快捷图标，将会提示"指定新的尺寸文本的位置或[左/右/中/还原/角度]："，这时可以指定尺寸文本的任意位置，也可以输入一个选项，选项的具体内容同(1)中所述，确定后尺寸文本将按照指定的选项变化。

6.5.5 编辑标注特性

可以使用“特性”窗口编辑包括标注文字在内的任何标注特性。这些特性是由创建标注时的当前标注样式设置的。可以使用“特性”窗口查看和快速修改标注特性，例如线型、颜色、文字位置和由标注样式定义的其他特性。

命令行：PORPERTIES

菜单栏：修改(M)→特性(P)

操作步骤如下：

(1)选择要编辑其特性的标注。

(2)从“修改(M)”菜单中选择“特性(P)”命令。

(3)在“特性”窗口中，根据需要修改设置。

上机操作：按图 6-25 所给的尺寸，用 A3 图幅(420 mm×297 mm)和 1:1的比例绘制闸室设计图。

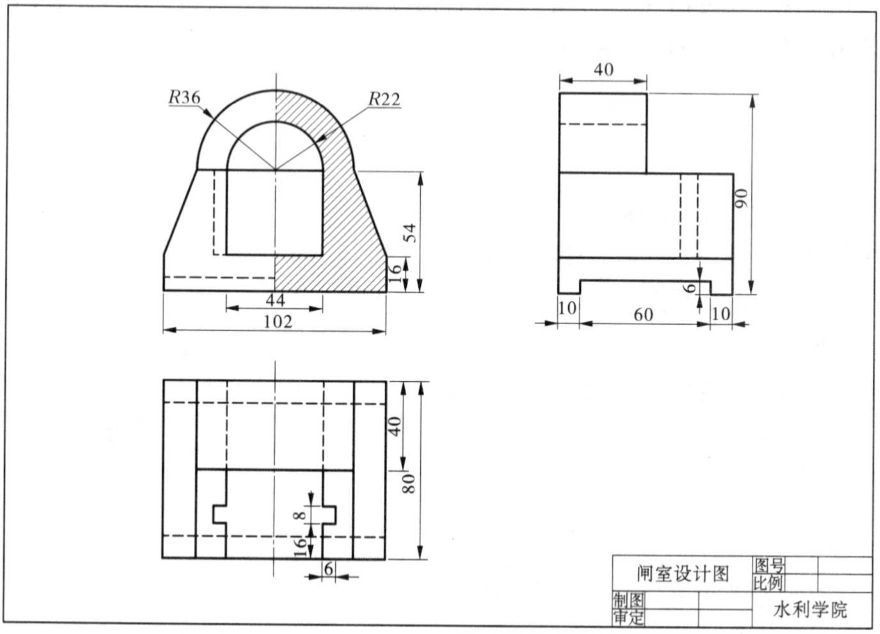

图 6-25 闸室

码 6-1 微课：闸室-文字样式

码 6-2 微课：闸室-图层设置

码 6-3 微课：闸室-图纸图框

码 6-4 微课：闸室-标题栏

码 6-5 微课：闸室-三视图

项目 7　图块操作

图块就是由多个图形对象组成的一个整体。根据作图需要随时插入当前任意指定的位置，同时还可以对块进行必要的旋转和缩放。块在图形中总是作为一个整体进行编辑的，还可以给块定义属性，在插入时填写可变信息。块不仅实现了对图形对象的重复利用，同时还节省了存储空间。本项目将重点介绍块的操作。通过本项目学习，使学生具有知难而进、自信果敢的精神。

任务 7.1　创建块

对于在绘图中反复出现的“对象”，可以将它们定义成块。在建筑图和工程图中有多次反复使用的图形，可事先将其创建成块。

7.1.1　块定义的命令

7.1.1.1　命令

命令行：BLOCK 或 BMAKE（B）

菜单栏：绘图（D）→块（K）→创建（M）...

工具栏：“绘图”→ 

7.1.1.2　功能

以对话框方式创建块定义，弹出“块定义”对话框，如图 7-1 所示。

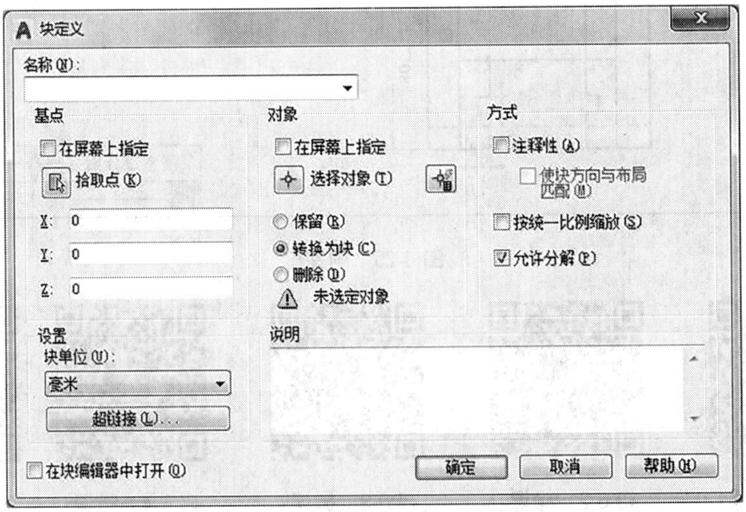

图 7-1　“块定义”对话框

7.1.1.3　对话框内各项的意义

(1)名称(N):在名称输入框中指定块名,它可以是中文或由字母、数字、下划线构成的字符串。

(2)基点:在块插入时作为参考点。可以用两种方式指定基点:一种是单击“拾取点(K)”按钮,在图形窗口给出一点;另一种是直接输入基点 X、Y、Z 坐标值。

(3)“对象”选项组:指定定义在块中的对象。可以用构造选择集的各种方式,将组成块的对象放入选择集。选择完毕,重新显示对话框,并在选项组下部显示:“已选择 X 个对象”。

保留(R):保留构成块的对象。

转换为块(C):用块将选定的多个分散对象替换为一个集合对象。

删除(D):定义块后,生成块定义的对象被删除,可以用 OOPS 命令恢复构成块的对象。

(4)说明:输入适当的文字,这样有助于迅速检索和记忆块。

在定义完块后,单击“确定”按钮。如果用户指定的块名已被定义,则 AutoCAD 显示一个警告信息,询问是否重新建立块定义,如果选择重新建立,则同名的旧块定义将被取代。

7.1.2　块定义的操作步骤

7.1.2.1　操作步骤

下面以图 7-2 所示图形为例,定义名为“标高”的块,介绍块定义的具体操作步骤。

(a)平面标高　(b)立面标高　(c)水位标高

图 7-2　标高的块定义

(1)画出块定义所需的图形。

(2)调用 BLOCK 命令,弹出“块定义”对话框。

(3)输入块名“BG”(也可单击右边弹出列表框按钮来查看已定义的块名)。

(4)用“拾取点(K)”按钮,在图形中拾取基准点,也可以直接输入坐标值。

(5)用“选择对象(T)”按钮,在图形中选择定义块的对象,对话框中显示块成员的数目。

(6)若选中“保留(R)”复选框,则块定义后保留原图形,否则原图形将被删除。

(7)按“确定”按钮,完成块“BG”的定义,它保存在当前图形中。

7.1.2.2　说明

(1)用 BLOCK 命令定义的块称为内部块,它保存在当前图形中,且只能在当前图形中用块插入命令引用。

(2)块可以嵌套定义,即块成员可以包括块插入。

注意:用 BLOCK 命令定义的块称为内部块,它保存在当前图形中,且只能在当前图形中用块插入命令引用;块可以嵌套定义,即块成员可以包括块插入。

任务 7.2 属性块

7.2.1 块的属性

图块除包含图形对象外，还可以具有非图形信息，例如把一台电视机图形定义为图块后，还可把其型号、参数、价格以及说明等文本信息一并加入到图块中。图块的这些非图形信息，叫作图块的属性，它是图块的一个组成部分，与图形对象一起构成一个整体，在插入图块时 AutoCAD 把图形对象连同属性一起插入图形中。

一个属性包括属性标记和属性值两方面的内容。例如，可以把 PRICE（价格）定义为属性标记，而具体的价格“2.09 元”是属性值。在定义图块之前，要事先定义好每个属性，包括属性标记、属性提示、属性的缺省值、属性的显示格式（在图中是否可见）、属性在图中的位置等。属性定义好后，以其标记在图中显示出来，而把有关信息保存在图形文件中。

当插入图块时，AutoCAD 通过属性提示要求用户输入属性值，图块插入后属性以属性值显示出来。同一图块，在不同点插入时可以具有不同的属性值。若在属性定义时把属性值定义为常量，AutoCAD 则不询问属性值。在图块插入以后，可以对属性进行编辑，还可以把属性单独提取出来写入文件，以供统计、制表用，也可以与其他高级语言（如 C、FORTRAN 等）或数据库进行数据通信。

应当注意：不是所有的图形都具有属性，如图 7-3（b）的标题栏可具有属性；而图 7-3（a）的窗完全由图线组成，就不具有属性。

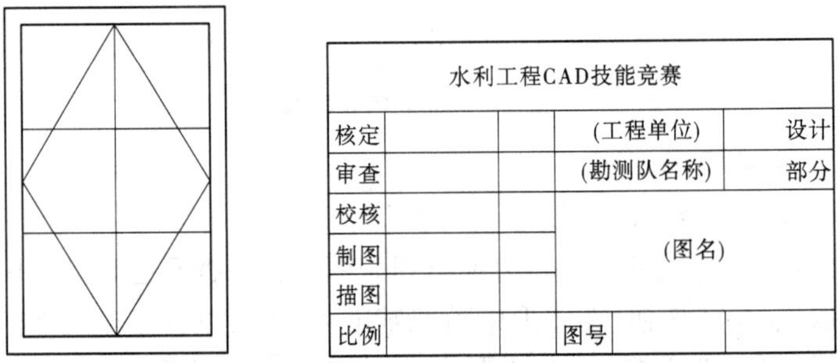

(a)窗　　(b)标题栏

图 7-3　块属性

7.2.2 定义属性

7.2.2.1 **命令**

命令行：DDATTDEF（ATT）

菜单栏：绘图（D）→块（B）→定义属性（D）

7.2.2.2 功能

通过“属性定义”对话框创建属性定义，见图 7-4（另一个命令 ATTDEF 是通过命令行输入的定义属性命令，两者功能相似）。

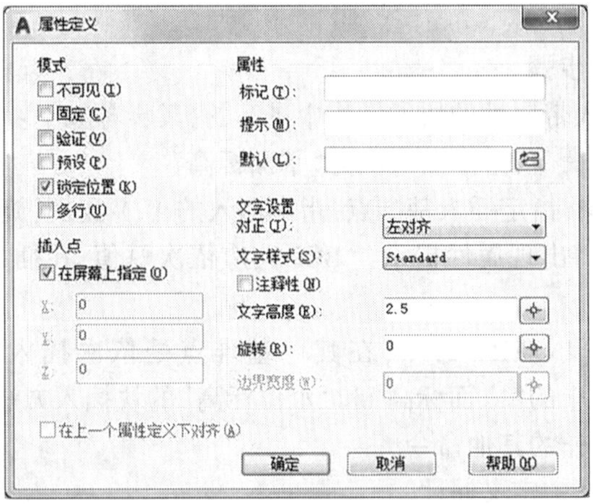

图 7-4 “属性定义”对话框

7.2.2.3 使用属性的操作步骤

以图 7-5 为例，平面标高的标注，可以使用带属性的块定义，然后在块插入时给属性赋值。属性定义的操作步骤如下：

（1）画出相关的图形[见图 7-5(a)]。

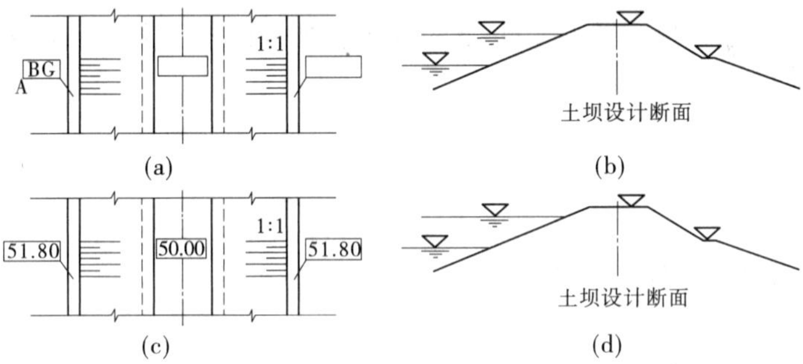

图 7-5 插入块

（2）调用 DDATTDEF 命令，弹出“属性定义”对话框。

（3）在“模式”选项组中，规定属性的特性，如属性值可以显示为“可见”或“不可见”，属性值可以是“固定”或“非常数”等。

（4）在“属性”选项组中，输入属性标记（如“BG”）、属性提示（若不指定则用属性标记）、属性值（指属性缺省值，可不指定）。

（5）在“插入点”选项组中，指定字符串的插入点，可以用“拾取点(K)”按钮在图形中定位，或直接输入插入点的 *X*、*Y*、*Z* 坐标。

（6）在“文字选项”选项组中，指定字符串的对正方式、文字样式、文字高度和字符串旋转角。

(7)单击“确定”按钮即定义了一个属性,此时在图形相应的位置会出现该属性的标记“BG”。

(8)调用 BMAKE 命令,把标注及属性定义为块“平面标高”,其基准点为 A,如图 7-5(a)所示。

7.2.2.4 属性赋值的步骤

属性赋值是在插入带属性的块的操作中进行的,其步骤如下:

(1)调用 INSERT 命令,指定插入块为“平面标高”。

(2)在图 7-5(c)中,指定插入基准点,指定插入的 *X*、*Y* 比例,旋转角为 0°,由于“平面标高”带有属性,系统将出现属性提示(“BG”),应依次赋值,在插入基准点处插入“平面标高”。

(3)同理,再调用 INSERT 命令,在其他基准点处依次插入“平面标高”,即完成图 7-5(c)。图 7-5(d)中的“立面标高”和“水位标高”的块插入方法与“平面标高”相同。

7.2.2.5 关于属性操作的其他命令

ATTDEF:在命令行中定义属性。

ATTDISP:控制属性值显示可见性。

DDATTE:通过对话框修改一个插入块的属性值。

DDATTEXT:通过对话框提取属性数据,生成文本文件。

任务 7.3 插入块

在当前图形中插入块或图形文件,无论块或被插入的图形文件多么复杂,系统都将它们作为一个单独的对象。

7.3.1 块插入的命令

7.3.1.1 命令

命令行:INSERT 或 DDINSERT(I)

菜单栏:插入(I)→块(B)...

工具栏:“绘图”→ 

7.3.1.2 功能

弹出“插入”对话框,如图 7-6 所示,将块或另一个图形文件按指定位置插入当前图中。插入时可改变图形的 *X*、*Y* 方向上的比例和旋转角度。图 7-5(a)、(b)为将块“BG”插入图中的不同位置上,也可用不同比例和旋转角度插入(另一个命令 INSERT 是通过命令行输入的块插入命令的,两者功能相似)。

7.3.1.3 对话框操作说明

(1)单击“名称(N)”下拉列表框,可以弹出当前图中已定义的块名表供选用。

(2)单击“浏览(B)...”按钮,弹出“选择文件”对话框,可选一图形文件插入当前图形中,并在当前图形中生成一个内部块。

(3)可以在对话框中,用输入参数的方法指定插入点、缩放比例和旋转角,若选中“在

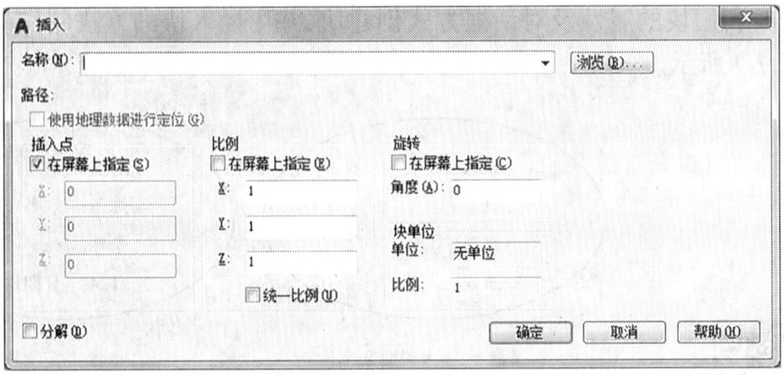

图 7-6　“插入”对话框

屏幕上指定”复选框,则可以在命令行依次出现相应的提示:

命令:INSERT↙

指定插入点或[比例(S)/X/Y/Z 旋转(R)/预览比例(PS)/PX/PY/PZ/预览旋转(PR)]:(给出插入点)

输入 X 比例因子,指定对角点,或者[角点(C)/XYZ]<1>:(给出 *X* 方向的比例因子)

输入 Y 比例因子或<使用 X 比例因子>:(给出 *Y* 方向的比例因子或按回车键)

指定旋转角度<0>:(给出旋转角度)

(4)选项:

角点(C):以确定一矩形两个角点的方式,对应给出 *X*、*Y* 方向的比例值。

XYZ:用于确定三维块插入,给出 *X*、*Y*、*Z* 三个方向的比例因子。

比例因子若使用负值,可产生对原块定义。

(5)“分解(D)”复选框:若选中该复选框,则块插入后是分解为构成块的各成员对象;反之块插入后仍是一个对象。对于未进行分解的块,在插入后的任何时候都可以用 EXPLODE 命令将其分解。

7.3.2　块的特性

7.3.2.1　块和图层、颜色、线型的关系

块插入后,插入体的信息(如插入点、比例、旋转角度等)记录在当前图层中,插入体的各成员一般继承各自原有的图层、颜色、线型等特性。但若块成员画在“0”层上,且颜色和线型使用 ByLayer(随层),则块插入后,该成员的颜色或线型采用插入时当前图层的颜色和线型,称为“0”层浮动;若创建块成员,对颜色或线型使用 ByBlock(随块),则块成员采用白色与连续线绘制,而在插入时则按当前层设置的颜色或线型画出。

7.3.2.2　单位块的使用

为了控制块插入时的形状大小,可以定义单位块,如定义一个 1×1 的正方形为块,则插入时,*X*、*Y* 方向的比例值就直接对应所画矩形的长和宽。

注意:块是可以嵌套的。所谓嵌套,是指在创建新块时所包含的对象中有块。块可以多次嵌套,但不可以自包含。要分解一个嵌套的块到原始的对象,必须进行若干次的分解。每次分解只会取消最后一次块定义。

上机操作:利用块的属性及对话框方式创建块,并用插入块的方法制作某班级的教室座位表,如图 7-7 所示。

码 7-1 微课:座位表

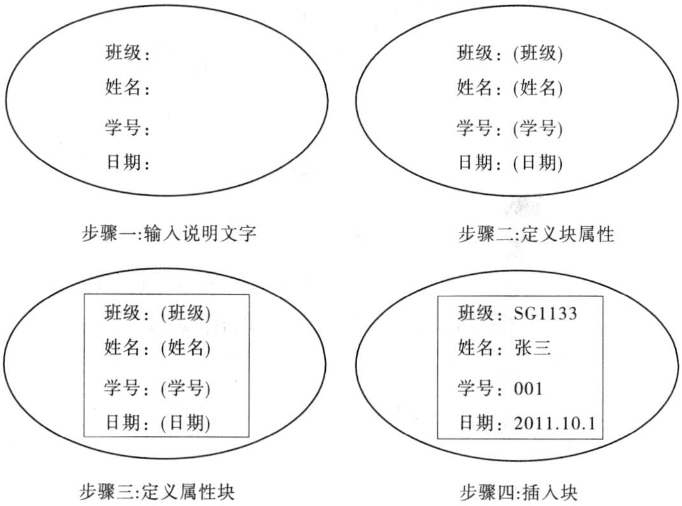

图 7-7　座位表

任务 7.4　存储块

7.4.1　写块

7.4.1.1　命令

命令行:WBLOCK(W)

7.4.1.2　功能

将当前图形中的块或图形存储为图形文件,以便其他图形文件引用,又称为“外部块”。

7.4.1.3　操作及说明

输入命令后,屏幕上将弹出“写块”对话框(见图 7-8)。其中的选项及含义如下:

(1)“源”选项组:指定存盘对象的类型。

①块(B):当前图形文件中已定义的块,可从下拉列表中选定。

②整个图形(E):将当前图形文件存盘,相当于 SAVEAS 命令,但未被引用过的命名对象,如块、线型、图层、字样等不写入文件。

③对象(O):将当前图形中指定的图形对象赋名存盘,相当于在定义图块的同时将其存盘。此时可在“基点”和“对象”选项组中指定块基点及组成块的对象和处理方法。

(2)“目标”选项组:指定存盘文件的有关内容。

①文件名:存盘的文件名。文件名可以与被存盘块名相同,也可以不同。

②位置:指定存盘文件的路径。

③插入单位(U):图形的计量单位。

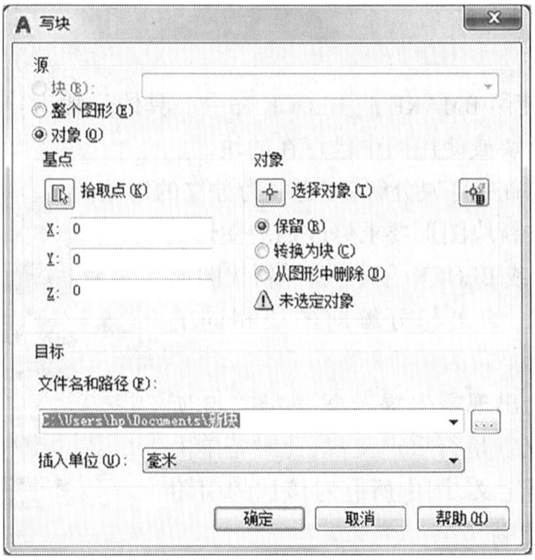

图 7-8　“写块”对话框

7.4.2　一般图形文件和外部块的区别

一般图形文件和用 WBLOCK 命令创建的外部块都是“. DWG”文件，格式相同，但在生成与使用时略有不同。

(1)一般图形文件常带有图框、标题栏等，是某一主题完整的图形，图形的基准点常采用缺省值，即(0,0)点。

(2)一般图形文件常按产品分类，在对应的文件夹中存放。

(3)外部块常带有子图形性质，图形的基准点应按插入时能准确定位和使用方便为准，常定义在图形的某个特征点处。

(4)外部块的块成员，其图层、颜色、线型等的设置，更应考虑通用性。

(5)外部块常做成单位块，便于公用，使用户能用插入比例控制插入图形的大小。

(6)外部块是用户建立图库的一个元素，因此其存放的文件夹和文件命名都应按图库创建与检索的需要而定。

重点：可以用两种方式定义一个块：使用 BLOCK 命令集合当前对象来创建块，但此块仅能供当前图形使用。使用 WBLOCK 命令集合对象于一个独立的文件内，即写块。以后可以在其他图形中插入。

注意：通过 EXPLODE 命令分解块，不仅可以取消最后一次块定义，同时可以确定块中对象的图层、颜色和线型。

任务 7.5　编辑块

随设计规范和设计标准的不断更新或设计的修改，一些图例符号会发生变化，因而会经常需要更新图库的块定义。

7.5.1 重新定义块

更新内部块定义使用 BMAKE 或 BLOCK 命令。具体步骤为：

(1)插入要修改的块或使用图中已存在的块。

(2)用 EXPLODE 命令将块分解，使之成为独立的对象。

(3)用编辑命令按新块图形要求修改旧块图形。

(4)运行 BMAKE 或 BLOCK 命令，选择新块图形作为块定义选择对象，给出与分解前的块相同的名字。

(5)完成此命令会出现警告提示框，如图 7-9 所示，并提示“×××已定义。是否重定义?”，此时若单击“是”按钮，块就被重新定义，图中所有对该块的引用插入同时被自动修改更新。

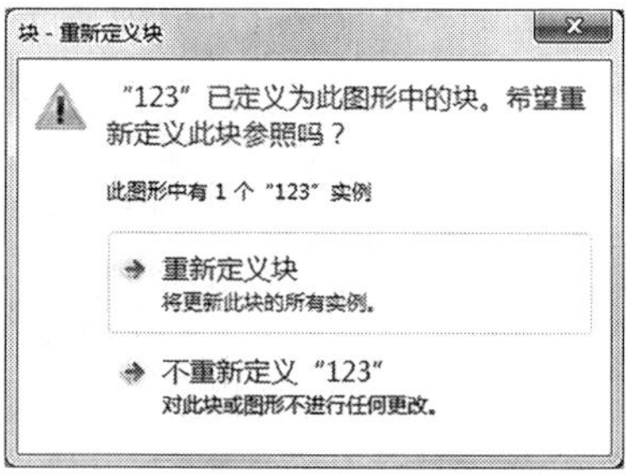

图 7-9 “AutoCAD”警告提示

7.5.2 编辑块属性

若属性已被创建成为块，则用户可用 EATTEDIT 命令来编辑属性值及属性的其他特性。

7.5.2.1 **命令**

命令行：EATTEDIT

菜单栏：修改(M)→对象(O)→属性(A)→单个(S)

工具栏：修改Ⅱ→

7.5.2.2 **功能**

以对话框方式编辑块属性，弹出“增强属性编辑器”对话框，如图 7-10 所示。

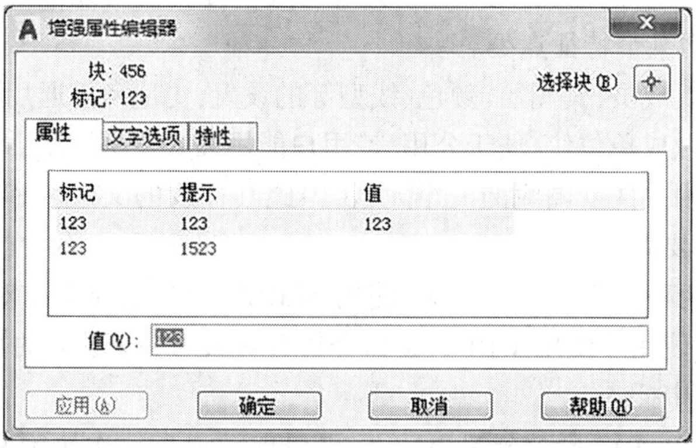

图 7-10 “增强属性编辑器”对话框

启动 EATTEDIT 命令，AutoCAD 提示“选择块”，用户选择要编辑的图块后，系统打开“增强属性编辑器”对话框，如图 7-10 所示，在此对话框中用户可对块属性进行编辑。

“增强属性编辑器”对话框中有属性、文字选项和特性等 3 个选项卡，它们的功能如下。

(1)“属性”选项卡。

该选项卡列出了所选块对象中属性的标记、提示及值，如图 7-10 所示。用户可在值文本框中修改属性的值。

（2）“文字选项”选项卡。

该选项卡用于修改属性文字的一些特性，如文字样式、字高等。选项卡中各选项的含义与文字样式对话框中同名选项含义相同。

（3）“特性”选项卡。

该选项卡用于修改属性文字的图层、线型及颜色等。

使用 BATTMAN 命令弹出如图 7-11 的“块属性管理器”对话框，通过该对话框可以编辑块属性。其调用命令方法如下：

命令行：BATTMAN

菜单栏：修改（M）→对象（O）→属性（A）→块属性管理器（B）

工具栏：修改 Ⅱ→

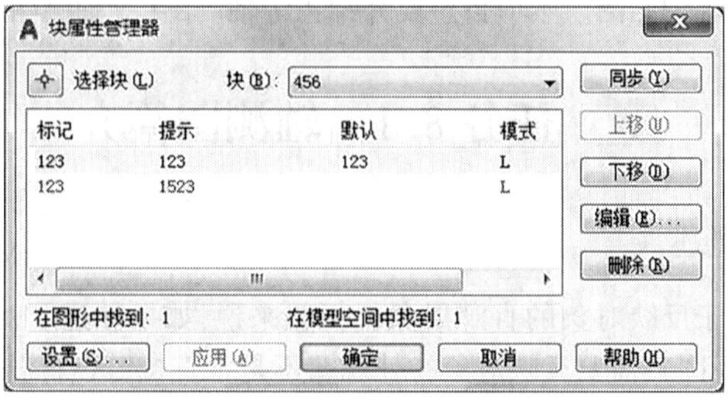

图 7-11　“块属性管理器”对话框

重点：启动 EATTEDIT 命令和启动 BATTMAN 命令都是编辑属性块。

注意：使用 BATTMAN 命令，可以直接弹出“块属性管理器”对话框；而使用 EATTEDIT 命令，需要选中块才能弹出“增强属性编辑器”对话框。

技巧：不论是使用 EATTEDIT 命令还是使用 BATTMAN 命令，都必须是所在的当前图形文件中具有带属性的块，才能进行编辑属性块，否则将无法使用上述命令。

项目 8 等轴测图

中国建筑一局(集团)有限公司自主研发了施工管理“X-MEN”机器人,工程师提前将建筑三维模型传输到机器人系统中,机器人通过激光雷达建图定位系统,围绕建筑行进时同步记录距离和方位的坐标点,实时生成建筑立体影像,辅助检查施工质量、校准机电管线位置等。如果需要对房屋结构进行改造,只需要让机器人走一圈,就可以像开了透视眼一样看到墙体内部的构造,施工时完美避开内部的钢筋或水电线路,真正实现建筑数字化管理。本项目等轴测图是一种反映物体三维形状的二维图形。等轴测图因具有三个向度而富有立体感,常用来辅助人们认识图示物体的构造。可以在等轴测模式下按二维图形的绘制方法绘制等轴测图。本项目主要介绍正等轴测图(等轴测图)的画法。

任务 8.1 轴测图简介

8.1.1 轴测图概述

轴测图一般用于反映对象的直观形象。一般来说,如果知道了对象的正交视图(顶视图、左视图和右视图),需要反映对象的外观图不是很直接,这就需要提供轴测图,通过轴测图来反映对象的外观形象就比较容易了。需要注意的是,等轴测图是看起来像三维图形的实体,其本质却仍然是二维图形。用户不要将二维轴测图与 3D 图形混淆起来,3D 图形是对象的真实三维模型,可以旋转并从任何一个方向观看模型。二维轴测图仅是一个二维的图形。

在进行轴测图的创建之前,首先对轴测图的一些基本知识做一介绍。由于轴测图采用的依然是平行投影法,故而在原物体和轴测投影之间满足以下两点关系:

(1)若两直线平行,则它们的轴测投影仍然相互平行。

(2)两平行线段的轴测投影长度与空间长度的比值相等。

轴测图分为正轴测图和斜轴测图。正轴测图指的是投影方向与轴测投影面垂直,斜轴测图指的是投影方向与轴测投影面不垂直。

如图 8-1(a)所示是通常情况下绘制的一个平面图形。用轴测图显示该图形,从左上方观察,则显示的图形效果如图 8-1(b)所示。

注意:原来在正交视图中的直角,到等轴测图中都发生了变化。

轴测图主要用平面图形的方式来表示三维立体图形对象。如图 8-2 所示是用轴测图的形式绘制的一个立方体。

在前文讲过,两平行线段的轴测投影长度与空间长度的比值相等。轴测投影长度等于直线的长度乘以轴向变形系数。也就是说,空间上和某一轴线平行的所有直线,例如平行于 X 轴,它们的轴线投影不仅都平行于 X 轴,而且也全按同一系数 p 缩短了。从而已

图 8-1　平面图形的轴测图形式

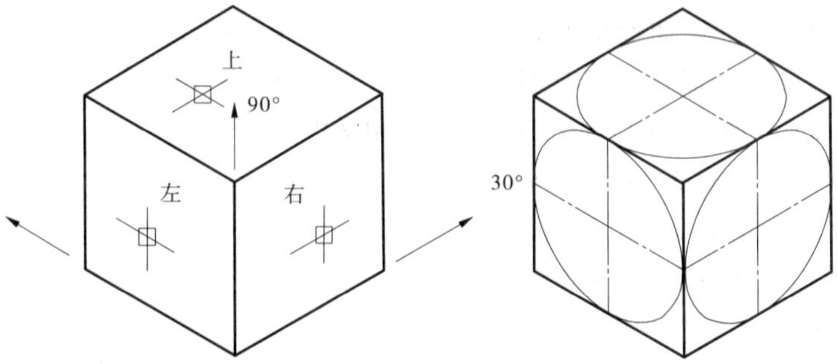

图 8-2　等轴测图形平面及等轴测圆

知轴向变形系数后,就可在轴测图上量出与轴线平行的线段的尺寸。这也就是“轴测”的含义。

8.1.2　轴测图的分类

由于投影方向对轴测投影面(也称为画面)P 所成的角度不同,轴测图可以分为两类:

(1)正轴测图:投影方向 S 与轴测投影面 P 垂直。

(2)斜轴测图:投影方向 S 与轴测投影面 P 不垂直。

根据前文介绍的轴向变形系数的不同,上文的两类轴测图又可分为三种(在分类之前假设 X、Y、Z 轴上的轴向变形系数分别为 p、q、r):

①正(或斜)等轴测图:$p=q=r$。

②正(或斜)二轴测图:$p=r\neq q$。

③正(或斜)三轴测图:$p\neq q\neq r$。

由于各坐标轴与画面 P 的夹角可以成各种不同的大小,因此二轴测图和三轴测图的轴向变形系数可以有各种不同的数值。为了使图形具有较好的直观性和方便作图,在二轴测图中,一般取轴向变形系数 $p=r=2q$。但是轴测图由于作图较繁,故而在实际中很少采用。

轴测图富有立体感、易于看懂。但由于物体对轴测投影面处于倾斜位置或投影方向与轴测投影面不垂直,常常不能反映物体的真实形状和真实角度。例如,直角的投影成了钝角或锐角,圆的投影成了椭圆等。所以,一般在新产品设计过程中,只作为辅助图形用来做物体的外形比较。但有时为了在同一图形中既能反映物体的外部形状又能看到物体的内部结构,也往往将物体用等轴测剖视图来表示。

任务 8.2 等轴测模式概述

8.2.1 等轴测模式

等轴测图形不是真正的三维图形。沿三根主轴进行对齐,它们可以模拟从特定视点观察到的三维对象。如果捕捉角度为 0°,那么等轴测平面的轴为 30°、90°和 150°。如果将"捕捉"模式设置为等轴测,可以使用 F5 键(或 Ctrl+E)将等轴测平面改变为左视(等轴测平面左)、右视(等轴测平面右)和俯视(等轴测平面上)的方向。

左视:捕捉和栅格沿 90°和 150°轴对齐。

右视:捕捉和栅格沿 90°和 30°轴对齐。

俯视:捕捉和栅格沿 30°和 150°轴对齐。

以立方体为例,体验其视图关系,如图 8-2 所示。

应当指出,其中"右视"是制图课中的主视或正视,"右平面"是立体的前表面。顶(上)视即为俯视。

8.2.2 等轴测平面的设置

在原来绘制平面图形的环境下绘制轴测图是比较困难的,用户必须在绘制轴测图之前设置,即必须激活等轴测"捕捉"模式。具体的设置步骤如下:

(1)打开"工具"下拉菜单,选择"草图设置"项,打开"草图设置"对话框,如图 8-3 所示。

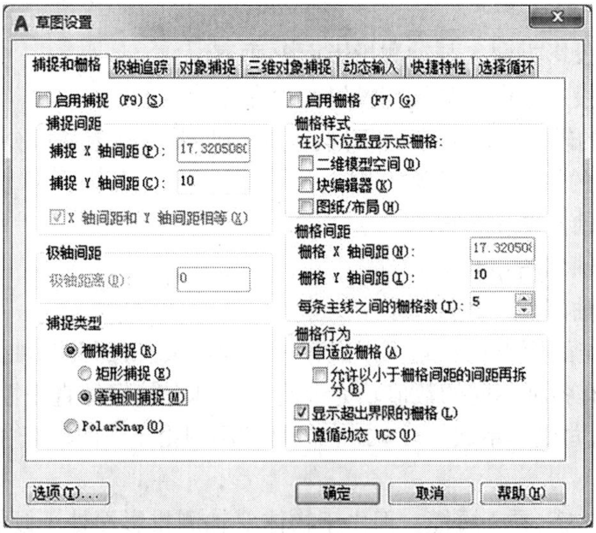

图 8-3 "草图设置"对话框

(2)在"草图设置"对话框中,选择"捕捉和栅格"标签,在"捕捉类型和样式"栏点中"等轴测捕捉"选项。

(3)单击“确定”,然后关闭对话框。这样就可以绘制等轴测图了。

任务 8.3　等轴测图的画法

要绘制等轴测图,首先要设置好等轴测平面。选择等轴测平面以使捕捉间距、栅格和十字光标沿相应的等轴测轴重新对齐。特定条件下,AutoCAD 会把点的选择限制在三根轴中的两根所确定的平面上。例如正交模式打开时,所选择的点将沿着图形所在平面的轴对齐。因此,可以选绘制模型的顶平面,然后切换到左平面绘制另一侧,接着再切换到右平面完成图形。其实在画图过程中随时都可按 F5 键将十字光标切换到所需状态。

8.3.1　长方体的等轴测

作图步骤如下:

(1)打开等轴测平面。

(2)按 F5 键,将十字光标切换到顶视状态,以便画长方体顶面矩形。

(3)打开正交开关,画矩形顶面等轴测。

(4)再按 F5 键,将十字光标切换到左视状态或右视状态,分别画出相应的等轴测矩形,完成作图,如图 8-4 所示。

(a)　　(b)

图 8-4　长方体和圆锥的等轴测图

重点:在等轴测图平面中画线方法与前述相同。当需要沿长、宽、高(X、Y、Z)这三个方向画线时,必须打开正交开关,才能保证所画直线是与相应的轴测轴平行(也就是前面所说的对齐)的。

技巧:利用 F5 键,可以在三个不同的方位之间切换。

注意:不要随意关闭正交开关(F5 键),否则所画图形会大失所望。

8.3.2　圆的等轴测

各个视图对应的轴测圆如图 8-2(b)所示。

作图步骤如下:

(1)将视图调整到“等轴测平面右”,单击工具栏上的“椭圆”工具按钮,出现下列提示符:

指定椭圆轴的端点或[圆弧(A)/中心点(C)/等轴测圆(I)]:

(2)选择“等轴测圆(I)”选项,此时需要用户输入轴测圆中心,单击辅助线的十字中心。绘制的轴测圆如图 8-2(b)所示。

注意:按快捷键 F5(或 Ctrl+E)可以在"等轴测平面上""等轴测平面左""等轴测平面右"之间来回切换。

(3)等轴测平面上与等轴测平面左的轴测圆与上述方法相同。可分别画出立体上、左两个椭圆,如图 8-2(b)所示。

(4)如果要画圆锥,需进一步确定圆锥的高,再进行编辑,结果如图 8-4(b)所示。

任务 8.4 等轴测图的应用

在实际工程中,常常需要根据物体的视图绘出立体图,但用 AutoCAD 绘立体图时,最简单且最常用的还是等轴测。下面就以简单的工程图为例来研究等轴测图的绘制。

8.4.1 设置样纸

绘制等轴测图时,不必每次都进行等轴测捕捉设置,这样比较麻烦,因为绘轴测图同样要用到图层(线型不尽相同,各层颜色各异),为此还是先设置一张标准图纸,这张图纸可称为样纸。样图在设置时包含的内容有"等轴测捕捉""图层""线型""线宽""颜色"等。设置好以后将它命名为:"ZCTY"(轴测图样纸)。这样每次使用时只需打开"ZCTY",然后"另存为"(换名存盘),这样操作样纸始终保存完好无损,而且使用方便。

8.4.2 应用实例

根据图 8-5(a)中所示的视图,按尺寸精确绘制跌水坎的等轴测图。

分析:正视图反映跌水坎的形状特征,俯视表明跌水坎前后等宽。因而仍与手工绘制类似,先画特征面(前或右侧面),再画顶面,最后画左侧图。

码 8-1 微课:跌水坎的等轴测图

作图步骤如下:

(1)打开样纸"另存为"→"DSZC"(跌水轴测)。

(2)按 F5 键将光标切换到右视状态,以便画特征面。

(3)打开正交开关,画特征面(前表面),如图 8-5(b)所示。注意,在正交打开的状态下,只能画与轴测轴方向一致的线而不能画斜线。若想画斜线,需关闭正交开关。

(4)按 F5 键将光标切换到左视状态,画跌水顶面,如图 8-5(c)所示。

(5)再按 F5 键将光标切换到左视状态,完成作图。编辑加深,如图 8-5(d)所示。

上机操作:根据图 8-6(a)所示涵洞的视图,画出涵洞的等轴测图。

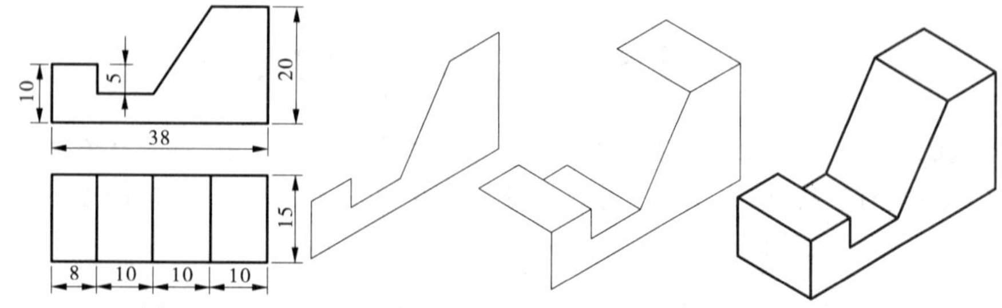

(a)　(b)　(c)　(d)

图 8-5　跌水坎的等轴测图

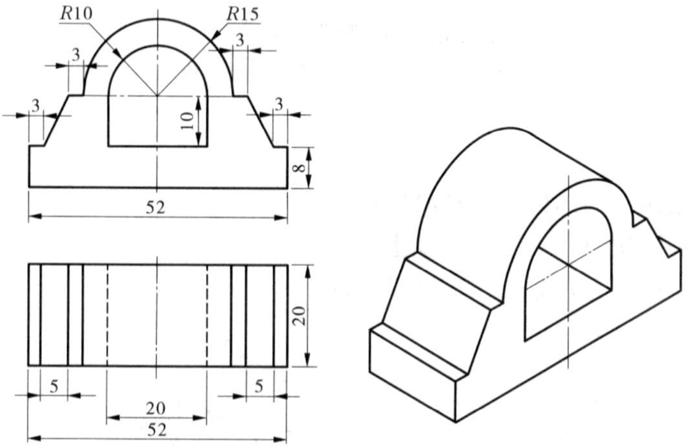

(a)　(b)

图 8-6　涵洞的等轴测图

码 8-2　微课：涵洞的等轴测图

分析：涵洞的断面形状如图 8-6(a)中的正视图所示，从俯视图中可知，沿前后方向的断面形状不改变，因此仍可采用特征面法来绘制。

作图步骤如下：

(1)打开样纸(或设置等轴测平面)换名存盘，即“另存为”→“HDZC”。

(2)将光标设置成等轴测后，选画特征面底部直线。因各条直线都和相应的轴对齐，故可先打开正交开关，然后画直线。

(3)在画完底部直线段后，再画等轴测圆(用椭圆命令)。提示：画椭圆之前应先作必要的辅助线确定圆心，然后画椭圆。注意：最好在选项中选择(I)，根据圆心、半径来画椭圆。

(4)将十字光标切换到等轴测平面左，延伸其厚度，并作与前表面对应的而且可见的后表面椭圆弧。

(5)还需用捕捉象限点(或捕捉切点)画最外椭圆曲线的公切线。修剪多余线后再加深，完成作图，如图 8-6(b)所示。

任务 8.5 等轴测图的标注

等轴测图是在二维平面中所绘制的立体图,其特点是绘制简单,具有立体感。但是它不反映实体所具有的特性,真实的大小还须用标注尺寸来体现。因此,本任务将着重介绍等轴测图的标注及其编辑。

8.5.1 等轴测图的尺寸标注

在等轴测图中,由于是在"等轴测捕捉"的设置下绘图的,图中斜方向的线较多,所以最好采用"对齐标注"的方法对图形进行标注。

轴测平面内绘制如图 8-7 所示平面体的正等轴测图并标注尺寸。

分析:在绘图和标注过程中均需打开正交模式,标注长度和宽度尺寸尽量采用对齐标注,标注高度尺寸宜采用正交标注。

作图步骤如下:

(1)打开正交模式,绘制平面体如图 8-7(a)所示。

(2)打开对象捕捉模式,用对齐标注对图形进行标注。

(3)检查有无遗漏尺寸,并完善标注,如图 8-7(b)所示。

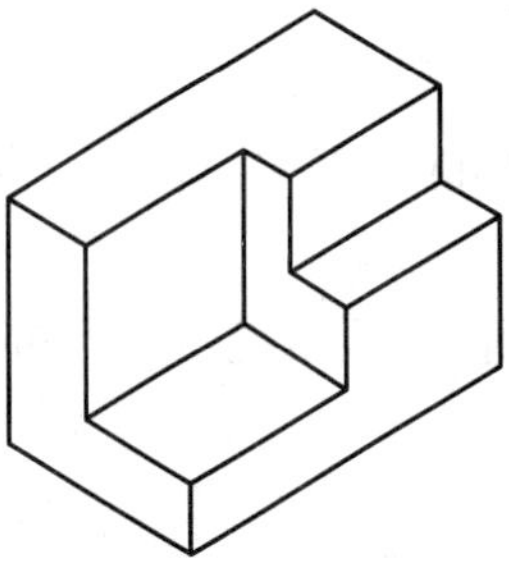

(a)

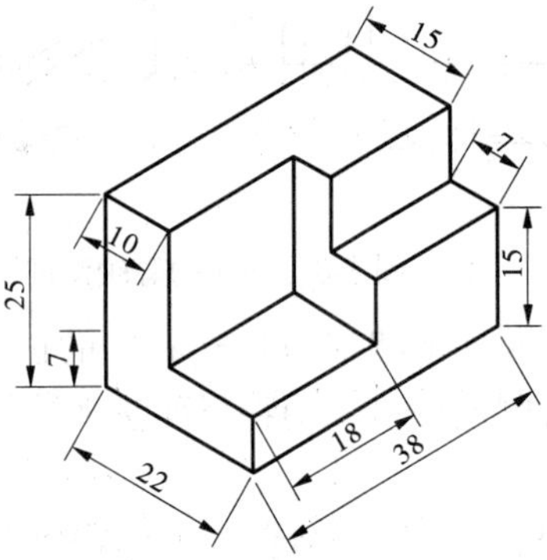

(b)

图 8-7 平面体尺寸标注

8.5.2 等轴测图的尺寸编辑

等轴测图的尺寸编辑非常重要,其操作简单,但不易掌握。关键在于图形千变万化,使得标注没有严格的标准形式。一般来说,只要用户对编辑后的效果满意即可。下面以实例讲述等轴测图的尺寸编辑。

图 8-7(b)所示是已标注齐全的图形,试对其进行合理的尺寸编辑。

分析:图 8-7(b)中虽没有遗漏尺寸,但不是很完美。为了达到较好的效果,须用修改尺寸标注命令进行编辑。

作图步骤如下:

(1) 编辑长度尺寸。

命令：DIMEDIT↙

输入标注编辑类型[默认(H)/新建(N)/旋转(R)/倾斜(O)]<默认>：O↙(选倾斜)

选择对象：(选择长度尺寸 18、38 等，选择对象后按回车键)

输入倾斜角度(按回车键表示无)：-30↙(尺寸编辑为处于 *XOY* 平面与 *X* 轴对齐)

(2) 编辑宽度尺寸。

重复执行上述命令到如下提示：

选择对象：(选择宽度尺寸 7、10、15、22 等，选择对象后按回车键)

输入倾斜角度(按回车键表示无)：30↙(该四个尺寸也编辑为处于 *XOY* 平面与 *Y* 轴对齐)

(3) 编辑高度尺寸。

再重复执行命令到如下提示：

选择对象：(选择宽度尺寸 7、15、25 等，选择对象后按回车键)

输入倾斜角度(按回车键表示无)：30↙(该三个尺寸也设置为 *XOZ* 平面与 *Z* 轴对齐)

编辑结果如图 8-8(a) 所示。

(4) 再次编辑长度尺寸。

当出现如下提示时：

选择对象：(可选择 18、38，选择对象后按回车键)

输入倾斜角度(按回车键表示无)：90↙(该三个尺寸又设置为 *XOZ* 平面与 *X* 轴对齐)

(5) 继续编辑宽度尺寸。

重复执行命令后提示为：

选择对象：(选择宽度尺寸 22 后按回车键)

输入倾斜角度(按回车键表示无)：-90↙(该尺寸设置为 *YOZ* 平面与 *Y* 轴对齐)

编辑到此为止，可得到满意的图形如图 8-8(b) 所示。

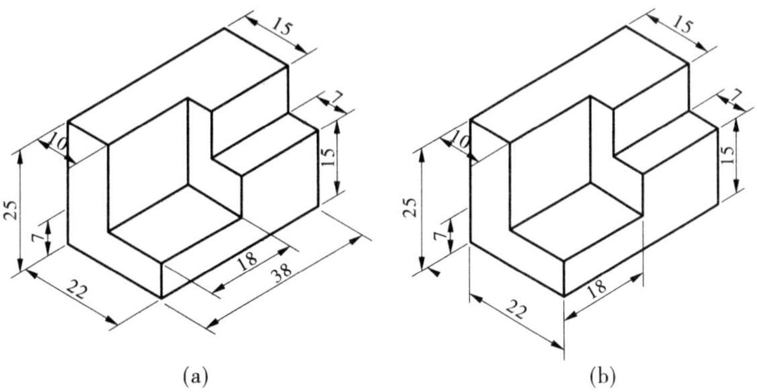

图 8-8　平面体尺寸编辑

技巧:再对等轴测图进行尺寸标注与编辑标注时尽量采用以下方法:

(1)标注尺寸时,高度尺寸须用正交标注;长度尺寸和宽度尺寸须用对齐标注。

(2)编辑尺寸时,当输入倾斜角度为30°时,对于长度尺寸应输入"-30";对于宽度尺寸和高度尺寸,则应输入"30"。

(3)编辑尺寸时,当输入倾斜角度为90°时,对于宽度尺寸应输入"-90";对于长度尺寸和高度尺寸,则应输入"90"。

上机操作:绘制如图8-9所示的平面体和曲面体的等轴测图。

提示:(1)重点在于确定等轴测圆的圆心位置(先画定位线)。

(2)圆柱筒不同部位的等轴测圆用复制的方法作图比较简便(注意定位)。

(3)修整后可完成作图(分清需要保留的线和必须修剪的线)。

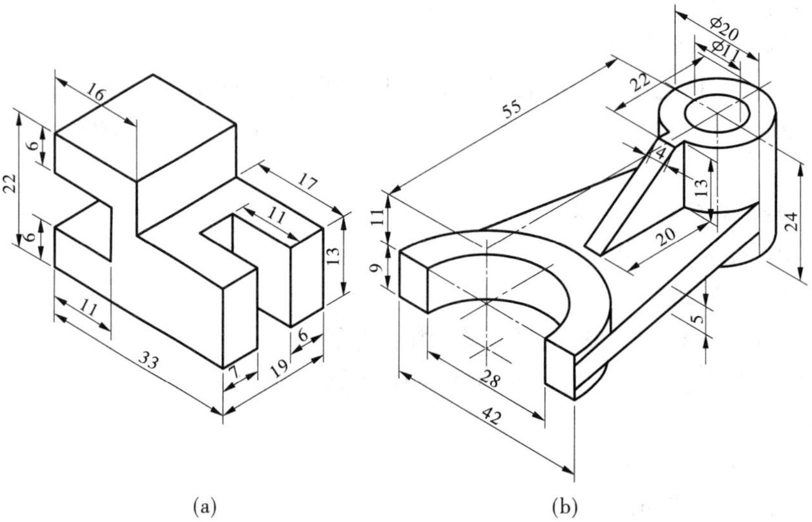

图8-9 平面体和曲面体

项目9　三维建模

党的二十大报告提出,创新是第一动力。通过科技创新,提升工程建设质量。通过学习先进技术,为祖国建设添砖加瓦。用 AutoCAD 进行设计时,有时需要直接绘制设计对象的三维图形,包括绘制空间曲面和三维实体,以对其进行全局观察,得到更直观的效果图。AutoCAD 支持三种三维建模方式:三维线框模型、三维曲面模型和三维实体模型。三维线框模型是由三维直线和曲线命令创建的轮廓模型,没有面和体的特征;三维曲面模型是由曲面命令创建的没有厚度的表面模型,具有面的特征;三维实体模型是由实体命令创建的具有线、面、体特征的实体模型。

任务 9.1　三维点和线

9.1.1　三维点

若要绘制三维图形,则构成图形的每一个顶点都是三维空间中的点,且均有 X、Y、Z 三个坐标(见图 9-1)。其主要坐标形式如下:

X,Y,Z　绝对直角坐标　　　　@X,Y,Z　相对直角坐标

$d<A,Z$　绝对圆柱坐标　　　　@$d<A,Z$　相对圆柱坐标

$d<A<B$　绝对球面坐标

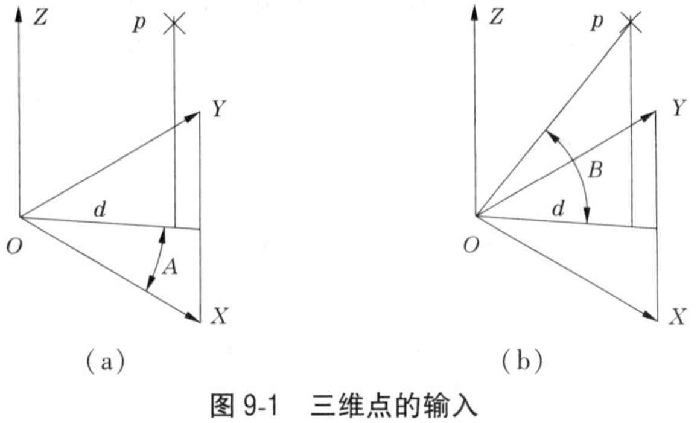

图 9-1　三维点的输入

三维点的坐标值一般都是相对于当前的用户坐标系而言的。如想以 WCS 为基准,则输入绝对坐标时,前面加一个“ * ”,例如:“ * X,Y,Z”。AutoCAD 的点和直线命令在此均可直接使用。

9.1.2　三维多段线

9.1.2.1　调用命令

命令行:3DPOLY(3P)

菜单栏:绘图(D)→三维多段线(3)

9.1.2.2 **格式示例**

命令:3DPLOY

指定多段线的起点:(输入起点)

指定直线的端点或[放弃(U)]:(输入下一点)

指定直线的端点或[放弃(U)]:(输入下一点)

指定直线的端点或[闭合(C)/放弃(U)]:(输入下一点,或闭合)

用三维多段线命令绘制如图 9-2 所示的水管轴线图。

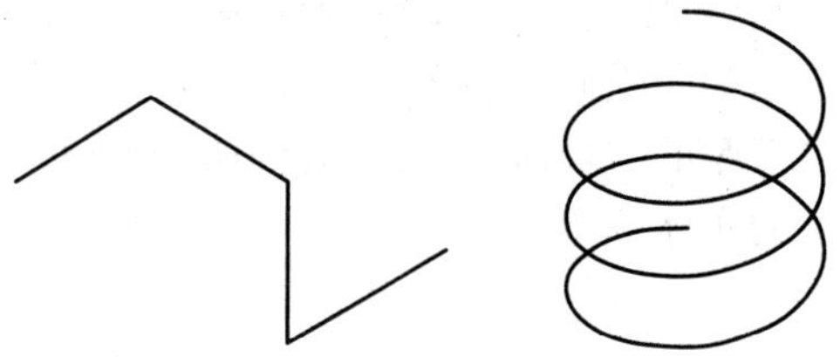

(a) (b)

图 9-2 三维多段线和三维螺旋线

分析:为画图方便,应将起点置于原点(0,0,0),如图 9-2 所示。

作图步骤如下:

命令:3DPOLY↙

指定多段线的起点:0,0,0↙(输入起点)

指定直线的端点或[放弃(U)]:30,0,0↙(输入下一点)

指定直线的端点或[放弃(U)]:30,0,30↙(输入下一点)

指定直线的端点或[放弃(U)]:50,30,0↙(输入下一点)

指定直线的端点或[放弃(U)]:50,50,30 ↙(输入下一点,或闭合、放弃)

按回车键,结束命令,结果如图 9-2(a)所示。请自行分析绘制如图 9-2(b)所示的三维螺旋线。

注意:上文介绍过的 PLINE 命令不接受三维坐标,只能绘制二维多段线。

任务 9.2 基本三维面

利用 AutoCAD 2019,用户可以创建各种样式的三维面,但本任务仅简单介绍基本三维面的创建。

9.2.1 创建三维面

9.2.1.1 **调用命令**

命令行:3DFACE

菜单栏:绘图(D)→建模(M)→网格(M)→三维面(F)

工具栏："曲面"→

9.2.1.2 主要功能

创建三维面。三维面是三维空间的表面，它没有厚度，没有质量属性。由3DFACE命令创建的每个面的各顶点可以有不同的 Z 坐标，但构成各个面的顶点最多不能超过四个。如果构成面的顶点为四个，则消隐（HIDE）命令认为该面是不透明的，即可以消隐；反之，消隐命令对其无效。

9.2.1.3 格式示例

命令：3DFACE

指定第一点或［不可见(I)］：（输入第一点）

指定第二点或［不可见(I)］：（输入第二点）

指定第三点或［不可见(I)］<退出>：（输入第三点）

指定第四点或［不可见(I)］<创建三侧面>：（输入第四点或按回车键创建由三边构成的面）

指定第三点或［不可见(I)］<退出>：（输入第三点）

指定第四点或［不可见(I)］<创建三侧面>：（输入第四点或按回车键创建由三边构成的面）

指定第三点或［不可见(I)］<退出>：（输入第三点或按回车键结束命令）

9.2.1.4 选项

上面的各提示中，"不可见(I)"选项用来控制是否显示面上的边。AutoCAD总是将前一个面上的第三点、第四点作为下一个面的第一点、第二点，故重复提示输入第三点、第四点，以继续绘其他面。在指定第四点或［不可见(I)］<创建三侧面>：提示下直接按回车键，AutoCAD将第三点、第四点合成一个点，故创建出由三边构成的面。

9.2.2 旋转网格

9.2.2.1 调用命令

命令行：REVSURF

菜单栏：绘图(D)→建模(M)→网格(M)→旋转网格(M)

工具栏："曲面"→

9.2.2.2 功能

利用"旋转网格"命令，将曲线绕旋转轴旋转一定的角度，形成旋转曲面。

9.2.2.3 格式

命令：REVSURF

选择要旋转的对象：（选择旋转对象）

选择定义旋转轴的对象：（选择作为旋转轴的对象）

指定起点角度<0>：（确定旋转的起始角度）

指定包含角(+=逆时针，-=顺时针)<360>：（输入旋转曲面的包含角。其中+将沿逆时针方向旋转，-沿顺时针方向旋转，默认为360°）

注意：旋转对象可以是直线段、圆弧、圆、样条曲线、二维多段线、三维多段线等对象。

旋转轴可以是直线段、二维多段线、三维多段线等对象。如果将多段线作旋转轴，它的首尾端点连接线为旋转轴。旋转方向的分段数由系统变量 SURFTAB1 确定，旋转轴方向的分段数由系统变量 SURFTAB2 确定。

用“旋转网格”命令绘制如图 9-3 所示的宝葫芦图。

分析：在 SURFTAB1 = 50，SURFTAB2 = 50 设置下，将图 9-3(a)中的样条曲线绕直线旋转 360°，如图 9-3 所示。

作图步骤如下：

命令：REVSURF↙

选择要旋转的对象：[选择图 9-3(a)中的样条曲线为旋转对象]

选择定义旋转轴的对象：[选择图 9-3(a)中的直线作为旋转轴]

指定起点角度<0>：(确定旋转的起始角度可默认)

指定包含角(+ =逆时针，- =顺时针)<360>：(输入旋转曲面的包含角。其中+将沿逆时针方向旋转，-沿顺时针方向旋转，默认为 360°)

得到如图 9-3(b)所示结果。

(a)　　　　(b)

图 9-3　宝葫芦

9.2.3　平移网格

9.2.3.1　调用命令

命令行：TABSURF

菜单栏：绘图(D)→建模(M)→网格(M)→平移网格(T)

工具栏：“曲面”→

9.2.3.2　主要功能

利用 TABSURF 命令，将路径曲线沿方向矢量的方向平移后构成平移曲面。

9.2.3.3　格式示例

命令：TABSURF

选择用作轮廓曲线的对象：(选择曲线对象)

选择用作方向矢量的对象：(选择方向矢量)

注意：作为路径曲线的对象可以是直线段、圆弧、圆、样条曲线、二维多段线、三维多段线等对象。作为方向矢量的对象可以是直线段(LINE)或非闭合的二维多段线、三维多段线等对象。当选择多段线作为方向矢量时，平移方向沿着多段线两端点的边线方向。AutoCAD 向方向矢量对象上远离拾取点的端点方向创建平移曲面。平移曲面的分段数由系统变量 SURFTAB1 确定。

用“平移网格”命令绘制图 9-4(a)所示石棉瓦的单线图。

分析:先绘制出呈规律性变化的样条曲线,然后进一步作图。

作图步骤如下:

命令:TABSURF↙

当前线宽密度:SURFTAB1＝25

选择用作轮廓曲线的对象:(选择样条曲线对象)

选择用作方向矢量的对象:(选择直线为方向矢量)

得到如图 9-4(b)所示的平移曲面。

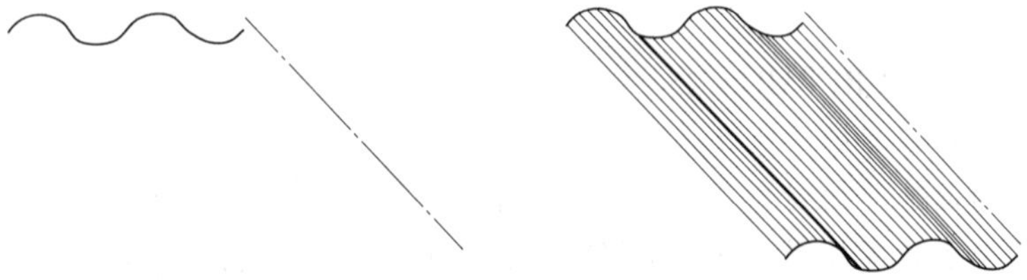

(a)　　　　(b)

图 9-4　石棉瓦

9.2.4　直纹网格

9.2.4.1　调用命令

命令行:RULESURF

菜单栏:绘图(D)→建模(M)→网格(M)→直纹网格(R)

工具栏:“曲面”→

9.2.4.2　主要功能

利用 RULESURF 命令,在两条曲线之间用直线连接这两条曲线从而形成直纹曲面。

9.2.4.3　格式示例

命令:RULESURF

选择第一条定义曲线:(选择第一条曲线)

选择第二条定义曲线:(选择第二条曲线)

注意:用户应事先绘出用来创建直纹曲面的曲线,如图 9-5(a)所示,这些曲线可以是直线段、点、圆弧、圆、样条曲线、二维多段线、三维多段线等对象。直纹曲面的分段数由系统变量 SURFTAB1 确定。

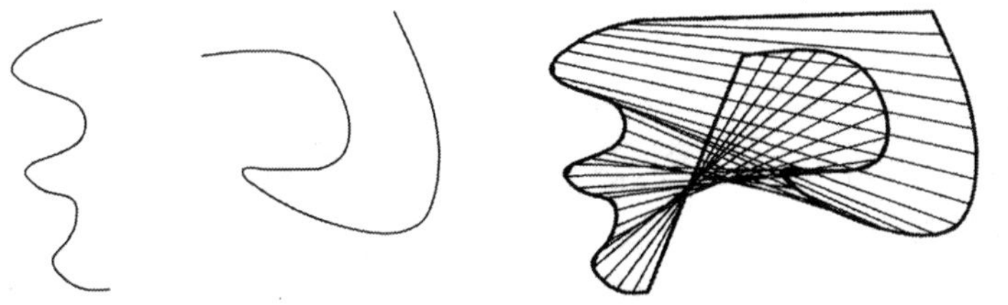

(a)　　　　(b)

图 9-5　直纹网格

9.2.5 边界网格

9.2.5.1 调用命令

命令行:EDGESURF

菜单栏:绘图(D)→建模(M)→网格(M)→边界网格(D)

工具栏:"绘图" → 

9.2.5.2 主要功能

利用 EDGESURF 命令,将四条首尾连接的边创建为三维多边形网格。

9.2.5.3 格式示例

命令:EDGESURF

当前线框密度:SURFTAB1 = 25

选择用作曲面边界的对象 1:(选择第一条边)

选择用作曲面边界的对象 2:(选择第二条边)

选择用作曲面边界的对象 3:(选择第三条边)

选择用作曲面边界的对象 4:(选择第四条边)

注意:必须事先绘出用于创建边界曲面的各对象,这些对象可以是直线段(LINE)、圆弧(ARC)、样条曲线(SPLINE)、二维多段线(PLINE)、三维多段线(3DPOLYLINE)等。用户选择的第一个对象的方向为多边形网格的 M 方向,它的邻边方向为网格的 N 方向。

如图 9-6 所示是一个边界曲面的示例。其边界由圆弧、直线、多段线和样条曲线构成,如图 9-6(a)所示,执行"边界网格"命令后可形成如图 9-6(b)所示的边界曲面。需要指出,四条边界必须是相交构成的封闭图形。

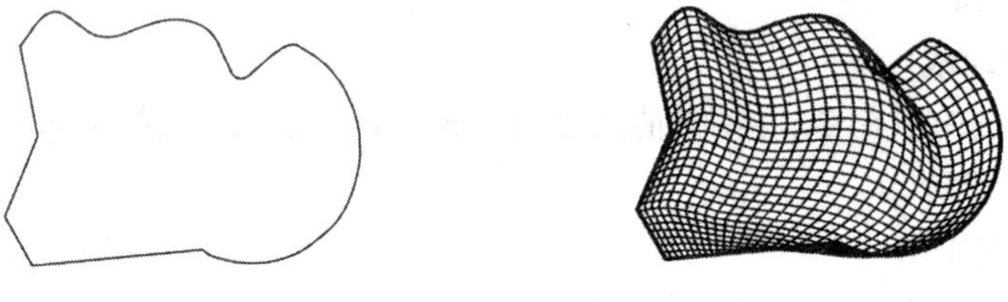

(a)　　　　(b)

图 9-6 边界网格

9.2.6 体表面

9.2.6.1 调用命令

命令行:3D

菜单栏:绘图(D)→建模(M)→网格(M)→图元(P)→长方体(B)

工具栏:"平滑网格图元" → 

9.2.6.2 主要格式

命令:3D

正在初始化... 已加载三维对象。

输入选项

[长方体表面(B)/圆锥面(C)/下半球面(DI)/上半球面(DO)/网格(M)/棱锥面(P)/球面(S)/圆环面(T)/楔体表面(W)]:S

指定中心点给球面:

指定球面的半径或[直径(D)]:

输入曲面的经线数目给球面<16>:

输入曲面的纬线数目给球面<16>:

圆锥面和其他立体表面的作图方法与球表面作图方法类似,如图9-7所示。

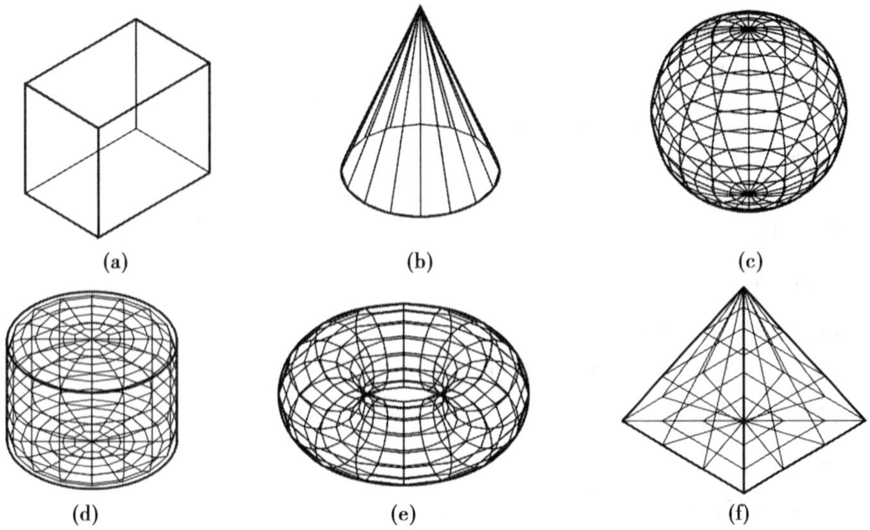

图9-7　体表面

任务9.3　三维实体

下面将主要研究三维实体的创建以及实体造型中的布尔运算。

9.3.1　基本体

常见的基本体有长方体、棱锥体、圆锥体和圆球体等,其创建实体的方法基本相同。

9.3.1.1　调用命令

命令行:BOX(长方体),SPHERE(球体),CYLINDER(圆柱体),CONE(圆锥体),WEDGE(楔体),TORUS(圆环体)

菜单栏:绘图(D)→建模(M)→长方体(B)、球体(S)、圆锥体(O)等

工具栏:"建模"→ 

9.3.1.2　主要功能

创建常见的三维基本实体,如图9-8所示 。

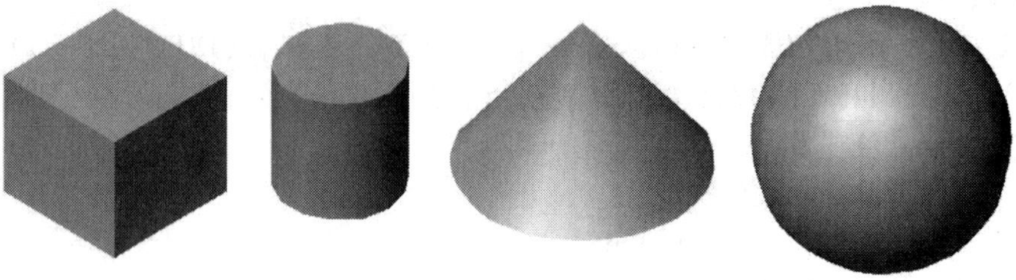

(a)　　(b)　　(c)　　(d)

图 9-8　三维基本实体

9.3.1.3　格式示例

命令:BOX(长方体)

指定长方体的角点或[中心点(CE)]<0,0,0>:(给出角点)

指定角点或[立方体(C)/长度(L)]:(给出底面上另一角点)

指定高度:[两点(2P)](给出高度)

9.3.2　拉伸体

9.3.2.1　调用命令

命令行:EXTRUDE(EXT)

菜单栏:绘图(D)→建模(M)→拉伸(X)

工具栏:“建模”→

9.3.2.2　主要功能

将二维对象拉伸成三维实体。

9.3.2.3　格式示例

命令:EXTRUDE

当前线框密度:ISOLINES=10

选择对象:

上面提示中的第一行说明当前的线框密度。“选择对象”要求选择用于拉伸的二维对象。选择对象后,AutoCAD 提示:

选择对象:(也可以继续选择对象)

指定拉伸高度或[路径(P)]:

9.3.2.4　各选项含义

(1)指定拉伸高度。

确定拉伸高度,使对象按该高度拉伸,为默认项。用户响应后,AutoCAD 提示:

确定拉伸的倾斜角度<0>:

此提示要求确定拉伸的倾斜角度。如果以零角度响应,AutoCAD 把二维对象按指定的高度拉伸成柱体;如果输入角度值,拉伸后实体截面沿拉伸方向按此角度变化。角度允许的范围是-90°~+90°。

(2)路径(P)。

按路径拉伸。执行该选项,AutoCAD 提示:

选择拉伸路径:(在此提示下确定路径即可)

说明:用于拉伸的二维对象可以是圆、椭圆、封闭的二维多段线、封闭的样条曲线、面域等对象。用于拉伸的路径可以是圆、圆弧、椭圆、二维多段线、三维多段线、二维样条曲线等,路径可以封闭,也可以不封闭。拉伸体如图 9-9 所示。

9.3.3 旋转

9.3.3.1 调用命令

命令行:REVOLVE(REV)

菜单栏:绘图(D)→建模(M)→旋转(R)

工具栏:"建模"→

9.3.3.2 主要功能

将二维对象旋转成三维实体,如图 9-10 所示。

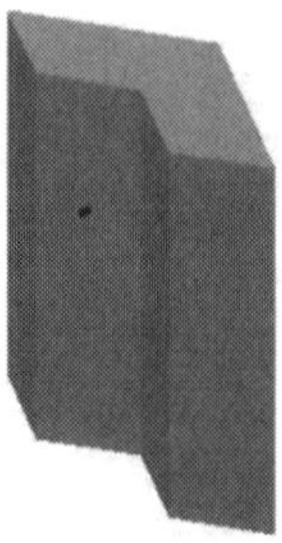

图 9-9 拉伸体

图 9-10 旋转体

9.3.3.3 格式示例

命令:REVOLVE

当前线框密度:ISOLINES=8

选择对象:(选择二维对象)

选择对象:↙(也可以继续选择对象)

指定旋转轴的起点或定义轴依照[对象(O)/X 轴(X)/Y 轴(Y)]:

9.3.3.4 各选项的含义

(1)指定旋转轴的起点或定义轴。

通过确定旋转轴的两端点位置确定旋转轴,为默认项。用户响应后,AutoCAD 提示:

指定轴端点:(确定旋转轴另一端点位置)

指定旋转角度<360>:

(2)对象(O)。

绕指定的对象旋转。此时用户只能选择用 LINE 命令绘制的直线或用 PLINE 命令绘制的多段线。选择多段线时,如果拾取的多段线是线段,对象将绕该线段旋转;如果选择的是圆弧段,AutoCAD 以该圆弧两端点的连线作为旋转轴旋转。执行"对象(O)"选项,AutoCAD 提示:

选择对象:(选择作为旋转轴的对象)

指定旋转角度<360>:

(3)X 轴(X)/Y 轴(Y)。

分别绕 *X*、*Y* 轴旋转成实体。执行某一选项,AutoCAD 提示:

指定旋转角度<360>:

重点:用于旋转的二维对象可以是圆、椭圆、封闭的二维多段线、封闭的样条曲线以及面域等对象。

注意:上述三维基本实体、拉伸体和旋转体已经过渲染而成为具有光线感的立体图;否则,将以轮廓线的形式显示。

9.3.4 扫掠

9.3.4.1 调用命令

命令行:SWEEP

菜单栏:绘图(D)→建模(M)→扫掠(P)

工具栏:"建模"→ 

9.3.4.2 主要功能

将选中的面域按照指定的路径来拉伸成实体(见图 9-11)。

9.3.4.3 格式示例

命令:SWEEP

当前线框密度:ISOLINES=8

选择要扫掠的对象:找到一个(选择二维对象)

选择要扫掠的对象:↙(也可以继续选择对象)

选择扫掠路径或[对齐(A)/基点(B)/比例(S)/扭曲(T)]:

绘制完成的扫掠实体如图 9-11 所示。

码 9-1 微课:扫掠实体

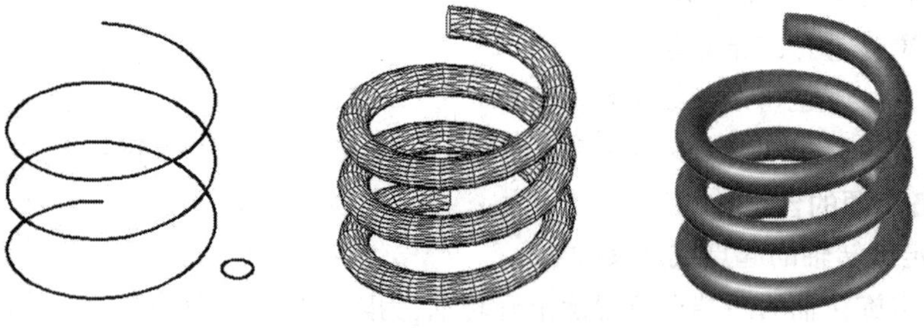

图 9-11 扫掠实体

9.3.5 放样

9.3.5.1 调用命令

命令行:LOFT

菜单栏:绘图(D)→建模(M)→放样(L)

工具栏:"建模"→ 

9.3.5.2　主要功能

2007 以后版本使用 LOFT（放样）命令，可以通过指定一系列横截面来创建新的实体或曲面，如图 9-12 所示。

9.3.5.3　格式示例

命令：LOFT

按放样次序选择横截面：找到 1 个

按放样次序选择横截面：找到 1 个，总计 2 个

按放样次序选择横截面：↙（也可以继续选择对象）

输入选项[导向(G)/路径(P)/仅横截面(C)]<仅横截面>：C

绘制完成的放样实体如图 9-12 所示。

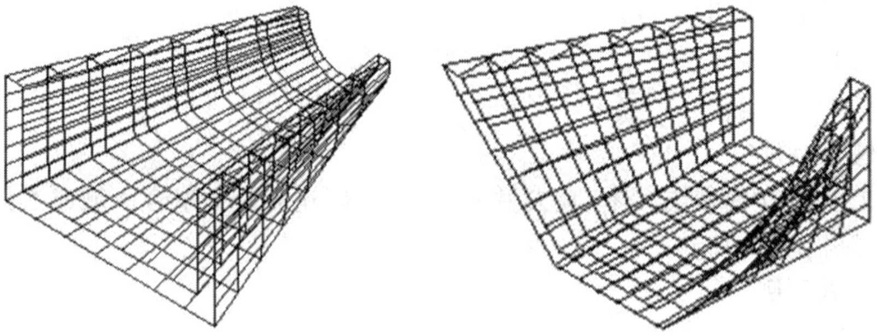

图 9-12　放样实体

任务 9.4　布尔运算

实体造型中的布尔运算，指对实体或面域进行并集、差集、交集布尔运算，以创建组合三维复杂实体。下面就以简单的圆柱和立方体来介绍布尔运算（见图 9-13）。

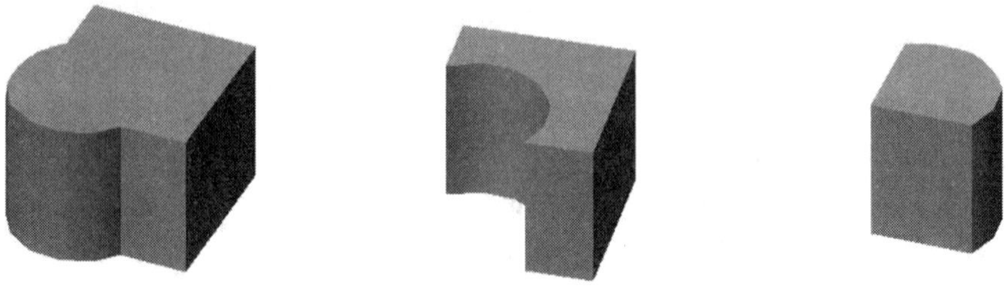

(a)并集　　(b)差集　　(c)交集

图 9-13　布尔运算

9.4.1　并集运算

9.4.1.1　调用命令

命令行：UNION(UNI)

菜单栏：修改(M)→实体编辑(N)→并集(U)

工具栏:“建模”→

9.4.1.2 主要功能

把相交的面域或实体合并为一个组合面域或者一个实体(类似于《制图》的叠加型组合体)。

9.4.1.3 格式示例

命令:UNION

选择对象:(可选择面域或实体,此处选择圆柱和立方体)

9.4.2 差集运算

9.4.2.1 调用命令

命令行:SUBTRACT(SU)

菜单栏:修改(M)→实体编辑(N)→差集(S)

工具栏:“实体编辑”→

9.4.2.2 主要功能

从被减对象中(面域或实体)减去另一组对象,创建为一个组合面域或实体(类似于《制图》的切割型组合体)。

9.4.2.3 格式示例

命令:SUBTRACT

选择要从中减去的实体或面域...

选择对象:(可选择面域或实体,即选择被减对象立方体)

选择对象:(按回车键,结束被减对象的选择)

选择要被减去的实体或面域:

选择对象:(可选择面域或实体,即选择要减去的对象圆柱)

选择对象:(按回车键,结束)

9.4.3 交集运算

9.4.3.1 调用命令

命令行:INTERSECT(IN)

菜单栏:修改(M)→实体编辑(N)→交集(I)

工具栏:“实体编辑”→

9.4.3.2 主要功能

对交叠的面域或实体,取其交叠部分(公共部分)创建为一个组合面域或实体。

9.4.3.3 格式示例

命令:INTERSECT

选择对象:(可选择面域或实体)

任务9.5 实体编辑

9.5.1 拉伸面

9.5.1.1 调用命令

命令行:SOLIDEDIT

菜单栏:修改(M)→实体编辑(N)→拉伸面(E)

工具栏:“实体编辑”→

码9-2 微课:拉伸实体表面

9.5.1.2 主要功能

可以根据指定的距离拉伸面或将面沿某条路径进行拉伸。

9.5.1.3 格式示例

命令:_solidedit

选择面或[放弃(U)/删除(R)]:找到一个面(选择实体表面A,见图9-14)

选择面或[放弃(U)/删除(R)/全部(ALL)]:(按回车键)

指定拉伸高度或[路径(P)]:50(输入拉伸距离)

指定拉伸的倾斜角度<0>:5

结果如图9-14所示。

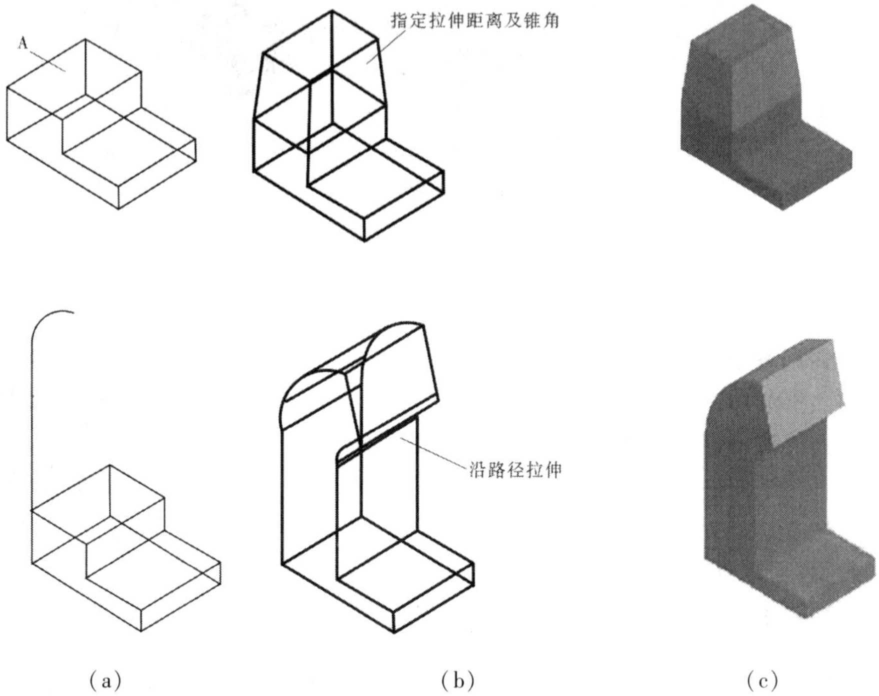

图9-14 拉伸实体表面

9.5.2 移动面

9.5.2.1 调用命令

命令行:SOLIDEDIT

菜单栏:修改(M)→实体编辑(N)→移动面(M)

工具栏:"实体编辑"→

9.5.2.2 主要功能

通过移动面来修改实体的尺寸或改变某些特征(如孔、槽等)的位置。

9.5.2.3 格式示例

码 9-3 微课:移动面

命令:_solidedit

选择面或[放弃(U)/删除(R)]:找到一个面(选择孔的表面 *B*,见图 9-15)

选择面或[放弃(U)/删除(R)/全部(ALL)]:(按回车键)

指定基点或位移:0,70,0(选输入沿坐标移动的距离)

输入第二点:(按回车键)

结果如图 9-15 所示。

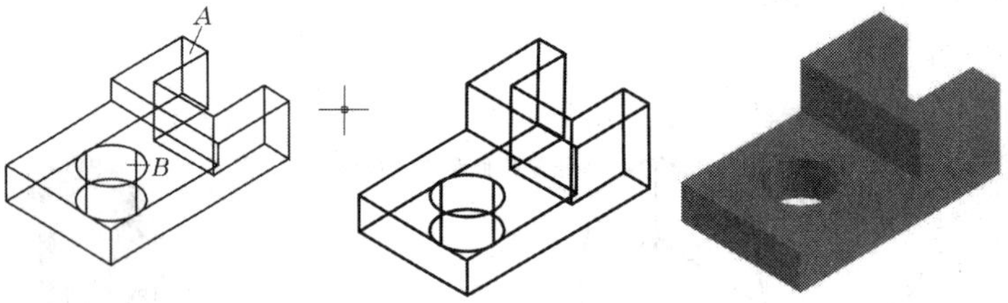

(a)　　(b)　　(c)

图 9-15 移动面

9.5.3 偏移面

9.5.3.1 调用命令

命令行:SOLIDEDIT

菜单栏:修改(M)→实体编辑(N)→偏移面(O)

工具栏:"实体编辑"→

码 9-4 微课:偏移面

9.5.3.2 主要功能

通过偏移面来改变实体及孔、槽等特征的大小。

9.5.3.3 格式示例

命令:_solidedit

选择面或[放弃(U)/删除(R)]:找到一个面(选择孔的表面 *B*,见图 9-16)

选择面或[放弃(U)/删除(R)/全部(ALL)]:(按回车键)

输入偏移距离:-20(输入偏移距离)

结果如图 9-16 所示。

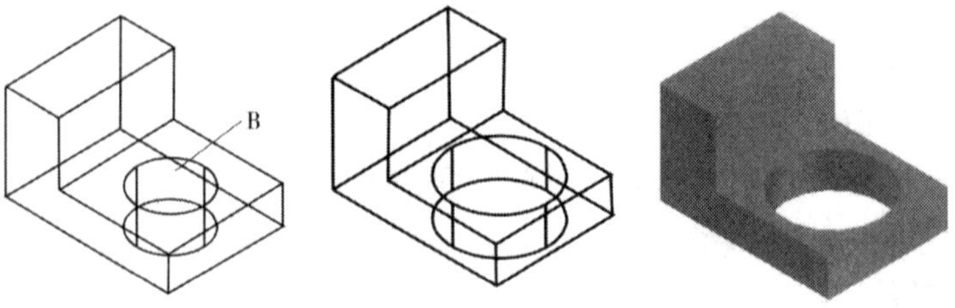

(a) (b) (c)

图 9-16 偏移面

9.5.4 旋转面

9.5.4.1 调用命令

命令行:SOLIDEDIT

菜单栏:修改(M)→实体编辑(N)→旋转面(A)

工具栏:“实体编辑”→

9.5.4.2 主要功能

通过旋转实体的表面来改变倾斜角度或将一些结构特征(如孔、槽等)旋转到新的方位。

9.5.4.3 格式示例

命令:_solidedit

选择面或[放弃(U)/删除(R)]:找到一个面(选择孔的表面 *A*)

选择面或[放弃(U)/删除(R)/全部(ALL)]:(按回车键)

指定轴点[经过对象的轴(A)/视图(V)/X 轴(X)/Y 轴(Y)/Z 轴(Z)]<两点>:(指定旋转轴上的第一点 *D*,见图 9-17)

在旋转轴上指定第二点:(指定旋转轴上的第一点 *E*)

指定旋转角度或[参照(R)]:-30(输入旋转角度)

结果如图 9-17 所示。

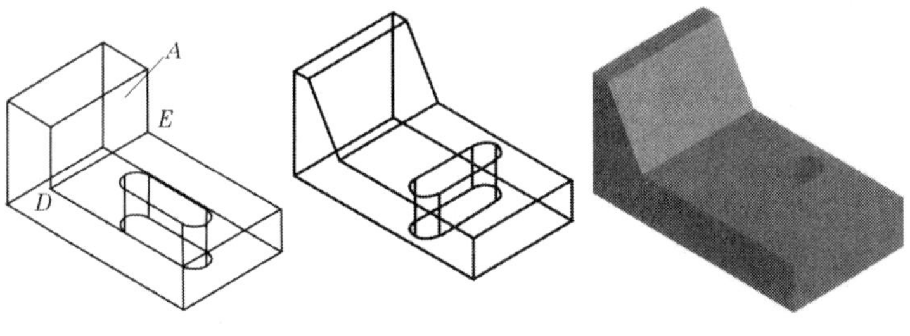

(a) (b) (c)

图 9-17 旋转面

9.5.5 倾斜面

9.5.5.1 调用命令

命令行:SOLIDEDIT

菜单栏:修改(M)→实体编辑(N)→倾斜面(T)

工具栏:"实体编辑"→ 

9.5.5.2 主要功能

倾斜面主要用于对实体的某个面进行旋转处理,从而形成新的实体。

9.5.5.3 格式示例

命令:_solidedit

选择面或[放弃(U)/删除(R)]:(选择实体上的面)

选择面或[放弃(U)/删除(R)/全部(ALL)]:

指定基点:(指定一个点)

指定沿倾斜轴的另一个点:(指定另一个点)

指定倾斜角度:30(输入 30°)

已开始实体校核。

操作后的结果如图 9-18 所示。

码 9-5 微课:倾斜面

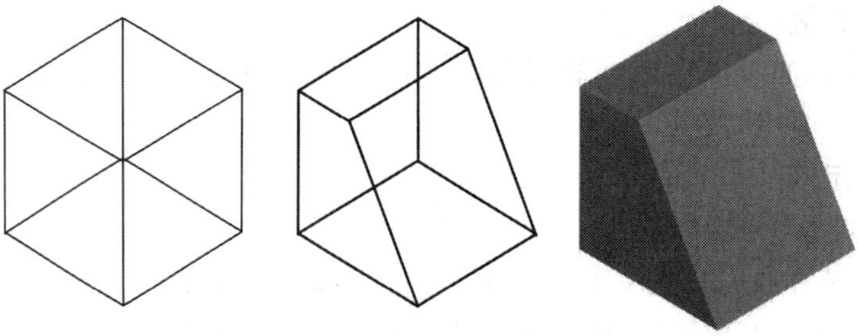

(a) (b) (c)

图 9-18 倾斜面

9.5.6 抽壳

9.5.6.1 调用命令

命令行:SOLIDEDIT

菜单栏:修改(M)→实体编辑(N)→抽壳(H)

工具栏:"实体编辑"→ 

9.5.6.2 主要功能

可以利用抽壳的方法将一个实心体模型创建成一个空心的薄壳体。

9.5.6.3 格式示例

命令:_solidedit

选择三维实体(选择要抽壳的对象)

删除面或[放弃(U)/添加(A)/全部(ALL)]:(选择要删除的表面 *A*,见图 9-19)

删除面或[放弃(U)/添加(A)/全部(ALL)]:(按回车键)

输入抽壳偏移距离:100(输入壳体厚度)

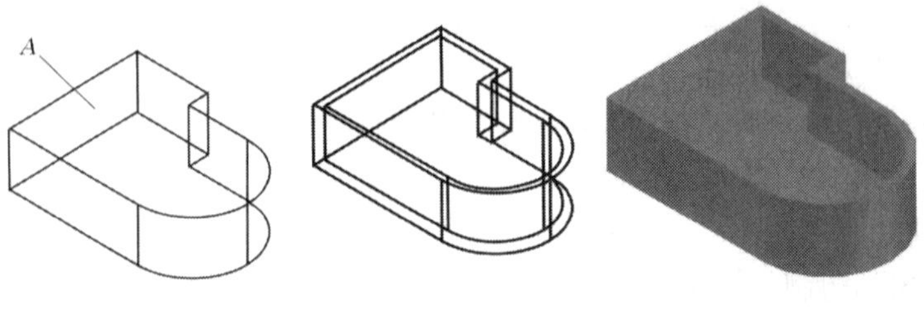

(a)　(b)　(c)

图 9-19　抽壳

9.5.7　圆角边

9.5.7.1　调用命令

命令行:FILLETEDGE

菜单栏:修改(M)→实体编辑(N)→圆角边(F)

工具栏:"建模"→

9.5.7.2　主要功能

对实体对象的边制作圆角。

9.5.7.3　格式示例

命令: _FILLETEDGE

半径 = 1.0000

选择边或[链(C)/环(L)/半径(R)]: R

输入圆角半径或[表达式(E)] <1.0000>: 15(输入圆角半径)

选择边或[链(C)/环(L)/半径(R)]:(选择棱边 *A*,见图 9-20)

选择边或[链(C)/环(L)/半径(R)]:(选择棱边 *B*,见图 9-20)

选择边或[链(C)/环(L)/半径(R)]:(选择棱边 *C*,见图 9-20)

码 9-6　微课:圆角边

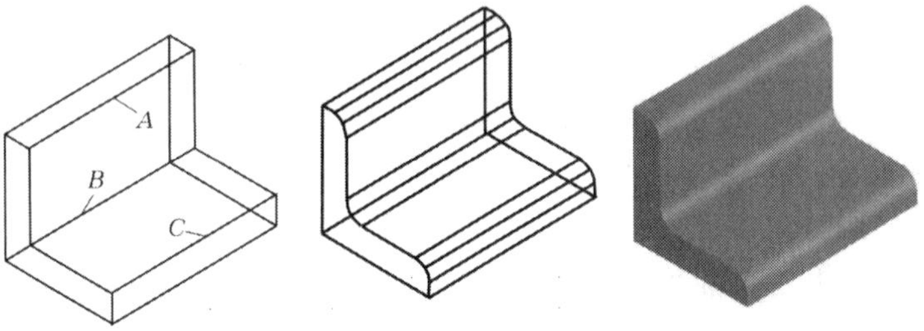

(a)　(b)　(c)

图 9-20　圆角边

9.5.8 倒角边

9.5.8.1 调用命令

命令行:CHAMFEREDGE

菜单栏:修改(M)→实体编辑(N)→倒角边(C)

工具栏:“建模”→ 

9.5.8.2 主要功能

对实体对象的边制作倒角。

9.5.8.3 格式示例

命令:_CHAMFEREDGE 距离 1 = 0.1000,距离 2 = 0.1000

选择一条边或[环(L)/距离(D)]:D

指定距离 1 或[表达式(E)] <0.1000>:10

指定距离 2 或[表达式(E)] <0.1000>:10

选择一条边或[环(L)/距离(D)]:(选择棱边 *A*,见图 9-21)

选择一条边或[环(L)/距离(D)]:(选择棱边 *B*,见图 9-21)

选择一条边或[环(L)/距离(D)]:(选择棱边 *C*,见图 9-21)

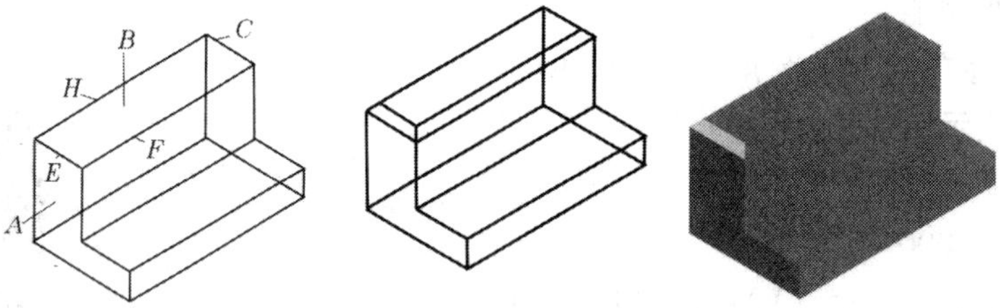

(a)　(b)　(c)

图 9-21 倒角边

任务 9.6 三维操作

9.6.1 三维阵列

9.6.1.1 调用命令

命令行:3DARRAY

菜单栏:修改(M)→三维操作(3)→三维阵列(3)

工具栏:“建模”→ 

9.6.1.2 主要功能

可以在三维空间中创建对象的矩形阵列或环形阵列。

9.6.1.3 格式示例

命令:_3darray

选择对象:找到 1 个[选择要阵列的对象,见图 9-22(a)]

选择对象:(按回车键)

输入阵列类型[矩形(R)/环形(P)]<矩形>:(按回车键)

输入行数(---)<1>:2(输入行数,行的方向平行于 X 轴)

输入列数(|||)<1>:3(输入列数,列的方向平行于 Y 轴)

输入层数(...)<1>:2(指定层数,层数表示沿 Z 方向的分布数目)

指定行间距(---)<1>:300(输入行间距,如果输入负值,阵列方向沿 X 轴反方向)

指定列间距(|||)<1>:400(输入列间距,如果输入负值,阵列方向沿 Y 轴反方向)

指定层间距(...)<1>:800(输入层间距,如果输入负值,阵列方向沿 Z 轴反方向)

命令:_3darray(重复命令)

选择对象:找到一个[选择要阵列的对象,见图 9-22(b)]

选择对象:(按回车键)

输入阵列类型[矩形(R)/环形(P)]<矩形>:P(指定圆环阵列)

输入阵列中的项目数目:6(输入环形阵列的数目)

指定要填充的角度(+=逆时针,-=顺时针)<360>:(输入环形阵列的角度值,可以输入正值或负值,角度正反向由右手螺旋法则确定)

旋转阵列对象?[是(Y)/否(N)]<是>:(按回车键,阵列的同时还旋转对象)

指定阵列的中心点:end 于(指定阵列轴的第一点 A)

指定旋转轴上的第二点:end 于(指定阵列轴的第二点 B)

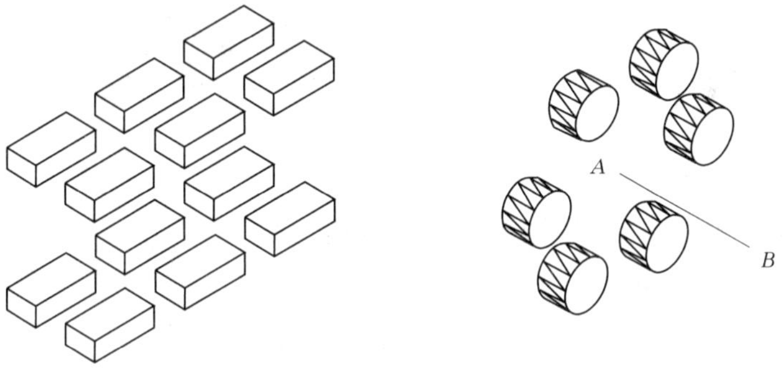

(a)　　　　(b)

图 9-22　三维阵列

9.6.2　三维镜像

9.6.2.1　调用命令

命令行:MIRROR3D

菜单栏:修改(M)→三维操作(3)→三维镜像(D)

9.6.2.2　主要功能

如果镜像线是当前 UCS 平面内的直线,则使用常见的 MIRROR 命令就可进行 3D 对象的镜像复制。但若想以某个平面来创建 3D 对象的镜像复制,就必须使用 MIRROR3D 命令。

9.6.2.3 格式示例

命令:_mirror3d

选择对象:找到 1 个(选择要镜像的对象)

选择对象:(按回车键)

指定镜像平面(三点)的第一个或[对象(O)/最近的(L)/Z 轴(Z)/视图(V)/XY 平面(XY)/YZ 平面(YZ)/ZX 平面(ZX)/三点(3)]<三点>:[利用三点指定镜像平面,捕捉第一点 *A*,见图 9-23(b)]

在镜像平面上指定第二点:(捕捉第二点 *B*)

在镜像平面上指定第三点:(捕捉第三点 *C*)

是否删除源对象?[是(Y)/否(N)]<否>:(按回车键不删除源对象)

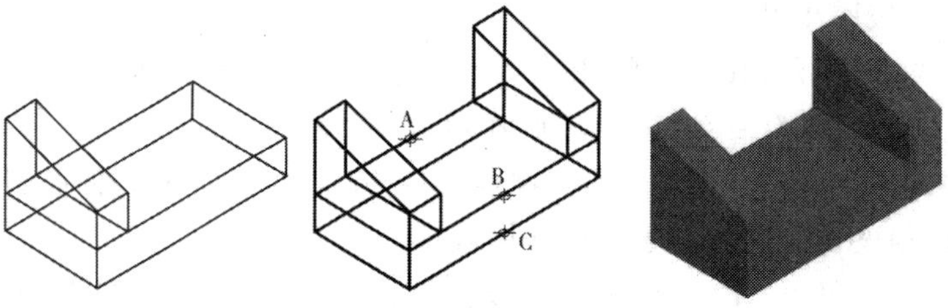

(a) (b) (c)

图 9-23 三维镜像

9.6.3 三维旋转

9.6.3.1 调用命令

命令行:ROTATE3D

菜单栏:修改(M)→三维操作(3)→三维旋转(R)

工具栏:"建模"→ 

9.6.3.2 主要功能

使用 ROTATE 命令仅能使对象在 *XY* 平面内旋转,即旋转轴只能是 *Z* 轴。ROTATE3D 命令是 ROTATE 的 3D 版本,该命令能使对象绕着 3D 空间中的任意轴旋转。

9.6.3.3 格式示例

命令:_rotate3d

选择对象:找到 1 个(选择要旋转的对象)

选择对象:(按回车键)

指定轴上的第一点或定义轴依据[对象(O)/最近的(L)/视图(V)/Z 轴(Z)/两点(2)]:(指定旋转轴上的第一点 *A*,见图 9-24)

指定轴上的第二点:(指定旋转轴上的第二点 *B*)

指定旋转角度或[参照(R)]:90(输入旋转的角度值)

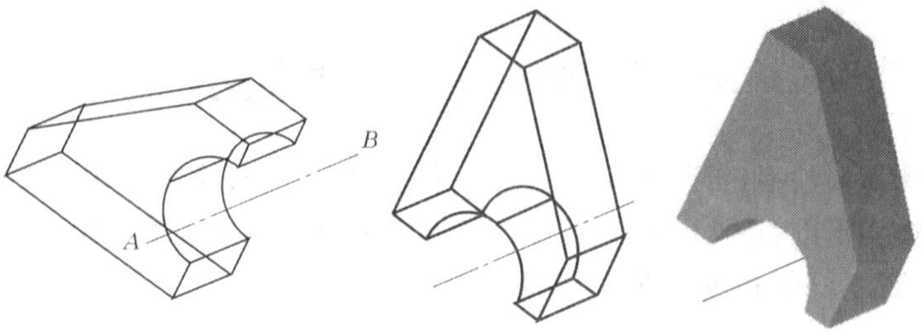

(a) (b) (c)

图 9-24 三维旋转

9.6.4 三维对齐

9.6.4.1 调用命令

命令行:ALIGN

菜单栏:修改(M)→三维操作(3)→三维对齐(A)

工具栏:“建模”→

9.6.4.2 主要功能

可以指定源对象与目标对象的对齐点,从而使源对象的位置与目标对象的位置对齐。

9.6.4.3 格式示例

命令:_3dalign

选择对象:找到 1 个(选择要旋转的对象)

选择对象:(按回车键)

指定第一个源点:(选择源对象上的点 A,如图 9-25 所示,该点即为源点)

指定第一个目标点:(选择目标对象上的点 B,该点即为目标点)

指定第二个源点:(选择第二个源点 C)

指定第二个目标点:(选择第二个目标点 D)

指定第三个源点或<继续>:(选择第三个源点 E)

指定第三个目标点: (选择第三个目标点 F)

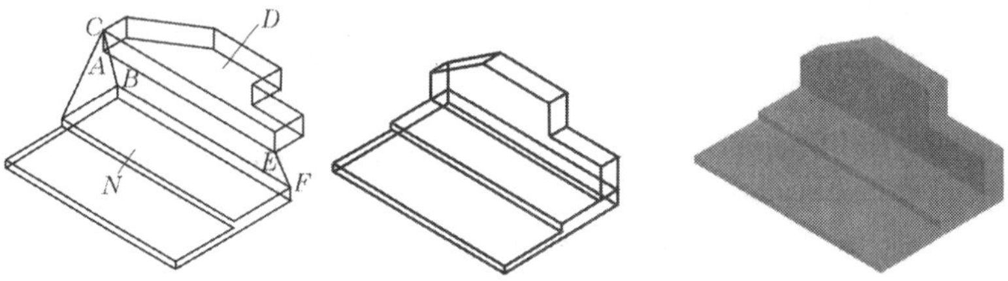

(a) (b) (c)

图 9-25 三维对齐

任务 9.7　三维显示

绘制二维图形时所有的工作都是在 *XOY* 平面中进行的，绘图的视点不需要改变。但在绘制三维立体图形时，一个视点往往不能满足观察图形各个部位的需要，用户经常需要变换视点，从三维不同的角度来观察物体。

9.7.1　视口

视口是图形屏幕上用于绘制、显示图形的区域。默认时，AutoCAD 把整个作图区域作为单一的视口。用户可以根据需要将作图区域设置成多个视口，以便能够在每个视口中显示图形的不同部分，这样就能够更清楚地描述物体的形状。创建视口的命令是 VPORTS，也可选择下拉菜单“视图(V)”→“视口(V)”选项。根据当前所处的绘图空间不同(模型选项卡或布局)，用户可以在模型选项卡中创建平铺视口，在布局中创建浮动视口。平铺视口和浮动视口的区别是：前者将绘图区域分成若干个固定大小和位置的视口，彼此之间不能重叠；后者正好相反。用户可以改变视口的大小与位置，而且可以互相重叠视口。

9.7.1.1　创建平铺视口

如果当前处于模型选项卡，执行 VPORTS 命令，AutoCAD 弹出如图 9-26 所示的“视口”对话框。

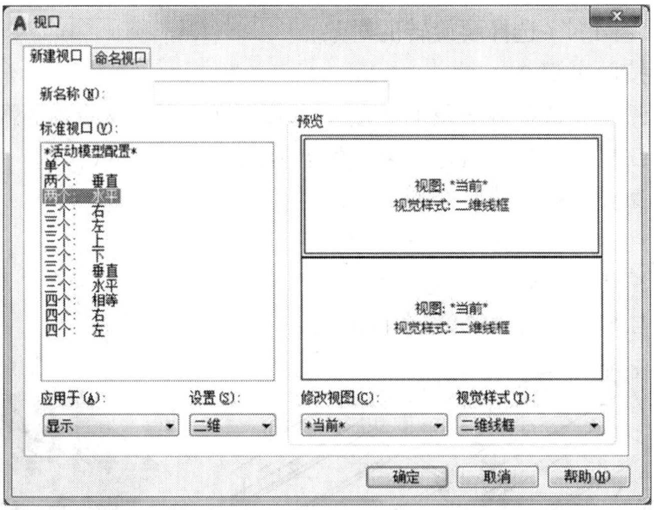

图 9-26　“创建平铺视口”对话框

“视口”对话框中有“新建视口”和“命名视口”两个选项卡，下面分别进行介绍。

(1)“新建视口”选项卡。

创建新建视口配置，如图 9-26 所示，对话框主要功能项如下：

“新名称(N)：”编辑框。为新创建的视口配置确定名称。如果用户不对新视口配置命名，AutoCAD 将不保存新创建的视口配置，因此在布局中不能使用该配置。

"标准视口(V):"列表框。AutoCAD 在"标准视口(V):"列出了用户可以采用的标准视口配置,用户可以从中选择需要的配置形式。

"应用于(A):"下拉列表框。确定是将视口配置应用于整个屏幕还是应用于当前视口。

"设置(S):" 下拉列表框。确定是进行二维设置还是三维设置(有 2D 和 3D 两种选择)。

"预览"选项组。从"标准视口(V):"中选择视口配置的配置格式,AutoCAD 在此对视口配置的格式提供直接的可视化反馈。

(2)"命名视口"选项卡。

"命名视口"选项卡用于显示图形中命名保存的视口配置,用户可以从中选择某一配置作为当前视口配置。在"命名视口"框中选择某一命名项,AutoCAD 在"预览"框中显示出相应的视口配置,此时单击"确定"按扭,AutoCAD 将此配置作为当前的视口配置。

9.7.1.2 创建浮动视口

如果当前处于布局模式,执行 VPORTS 命令后,AutoCAD 弹出如图 9-27 所示形式的"创建浮动视口"对话框,用于在布局中命名和设置浮动视口。

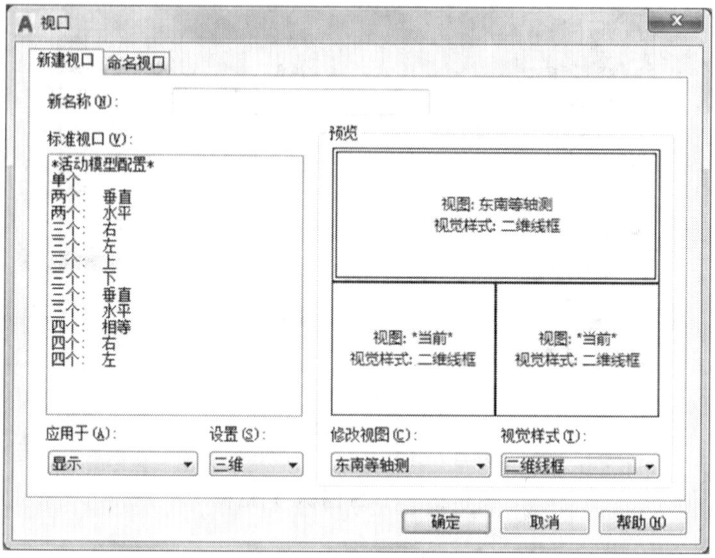

图 9-27 "创建浮动视口"对话框

9.7.2 坐标系图标显示控制

9.7.2.1 调用命令

命令行:UCSICON

菜单栏:视图(V)→显示(L)→UCS 图标(U)

9.7.2.2 主要功能

控制坐标系图标的可见性和位置。

9.7.2.3　**格式示例**

命令:UCSICON

输入选项[开(ON)/关(OFF)/全部(A)/非原点(N)/原点(OR)/特性(P)]<开>:

9.7.2.4　**各选项的含义**

(1)开(ON):在绘图屏幕上显示坐标系图标。

(2)关(OFF):在绘图屏幕上不显示坐标系图标。

(3)全部(A):如果当前图形屏幕上有多个视口,执行该选项后,用 UCSICON 命令对坐标系图标的设置均适用于全部视口中的图标;否则仅适用于当前视口。

(4)非原点(N):将坐标系图标显示在绘图屏幕的左下角。

(5)原点(OR):将坐标系图标显示在当前 UCS 的原点位置。

(6)说明:将坐标系图标设置成显示在当前 UCS 的原点位置后,如果 UCS 的原点位于绘图屏幕之外,或者坐标系图标放在原点时被视口剪切,执行该选项后坐标系图标仍显示在绘图屏幕的左下角。

(7)特性(P):调用"UCS 图标"对话框设置坐标系图标的显示模式。执行该选项,AutoCAD 弹出"UCS 图标"对话框,如图 9-28 所示。

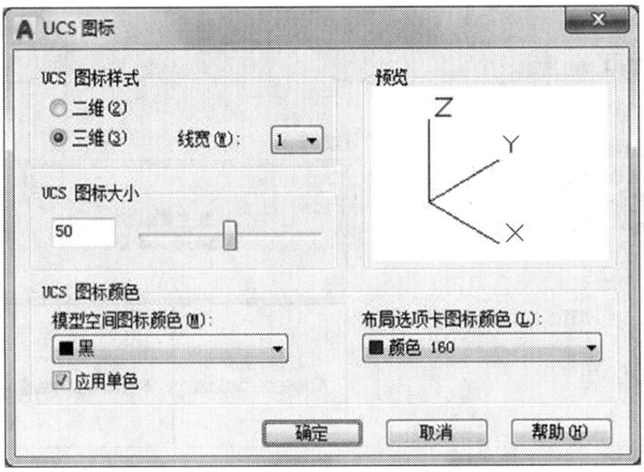

图 9-28　"UCS 图标"对话框

利用"UCS 图标"对话框,用户可以方便地设置坐标系图标的样式、大小以及颜色等特性。

9.7.3　视点

9.7.3.1　**利用 VPOINT 命令设置视点**

执行 VPOINT 命令,AutoCAD 提示:

指定视点或[旋转(R)]<显示坐标球和三轴架>:

各选项含义如下:

(1)指定视点:确定一点作为视点方向,为默认项。

(2)旋转(R):根据角度确定视点。执行该选项,AutoCAD 提示:

输入 XY 平面中与 X 轴的夹角<315>:(输入视点方向在 *XY* 平面内的投影与 *X* 轴正向夹角)

输入与 XY 平面的夹角<35>:(输入视点方向与其在 *XY* 面上投影之间的夹角)

(3)显示坐标球和三轴架:显示坐标球和三轴架。

在指定视点或[旋转(R)]<显示坐标球和三轴架>:直接按回车键,即执行<显示坐标球和三轴架>项,AutoCAD 显示出如图 9-29 所示的坐标球和三轴架。

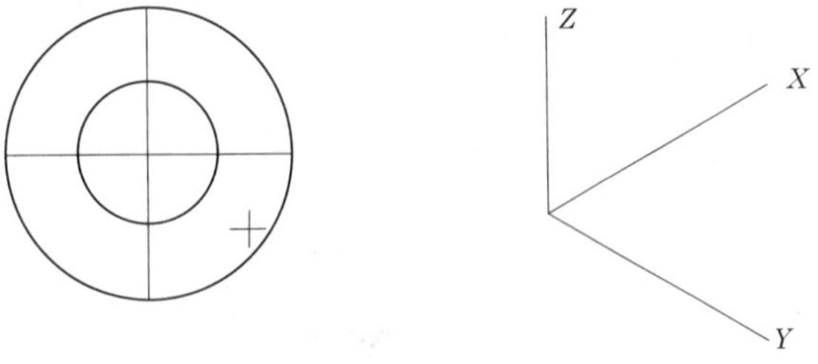

(a)　　　　　　　　(b)

图 9-29 坐标球和三轴架

用坐标球和三轴架确定视点的方法如下:

拖动鼠标使光标在坐标球范围内移动时,三轴架的 *X*、*Y* 轴也会绕着 *Z* 轴转动。三轴架转动的角度与光标在坐标球上的位置对应。光标位于坐标球的不同位置,相应的视点也不相同。

坐标球的二维表示如下:

坐标球的中心点为北极(0,0,1),相当于视点位于 *Z* 轴正方向;内环为赤道(*n*,*n*,0);整个外环为北极(0,0,-1)。当光标位于内环之内时,相当于视点在球体的上半球体;光标位于内环与外环之间,表示视点在球体的下半球体。随着光标的移动,三轴架也随之变化,即视点位置在发生变化。确定视点位置后按回车键,AutoCAD 按该视点显示对象。

说明:(1)由 VPOINT 命令设置视点后得到的投影图为轴测投影图,不是透视投影图。

(2)视点只确定方向,没有距离含义。也就是说,在视点与原点连线及其延长线上选任一点作为视点,观察效果一样。

9.7.3.2 利用对话框预设视点

命令行:DDVPOINT

菜单栏:视图(V)→三维视图(D)→视点预设(I)...

执行 DDVPOINT 命令,AutoCAD 弹出如图 9-30 所示的"视点预设"对话框。

在"视点预设"对话框中,"绝对于 WCS(W)"和"相对于 UCS(U)"两个单选按钮分别来确定是相对于 WCS 坐标系还是相对于 UCS 坐标系设置视点。在对话框的图像框中,左面类似于钟表的图用于确定原点、视点之间的连线在 XY 平面的投影与 *X* 轴正向的夹角,右面的半圆形图用于确定该连线与投影线之间的夹角。用户可以在"X 轴(A):"和"XY 平面(P):"两个编辑框内输入相应的角度。"设置为平面视图(V)"按钮则用于设

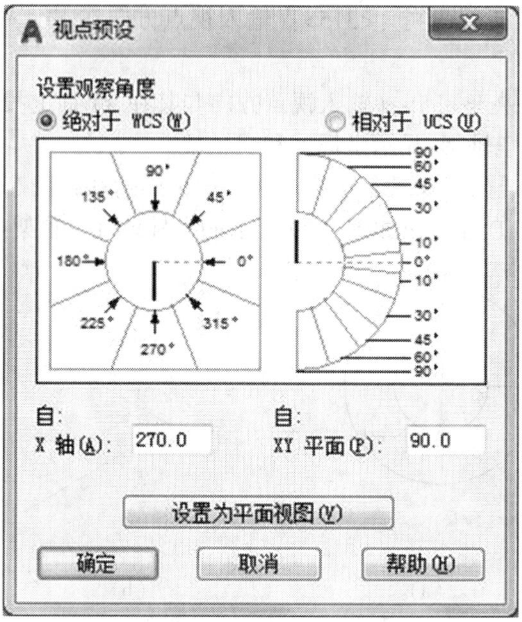

图 9-30 “视点预设”对话框

置平面视图。

说明:利用下拉菜单“视图(V)”→“三维视图(D)”中的其他一些菜单项(见图 9-31),可以快速确定一些特殊视点。

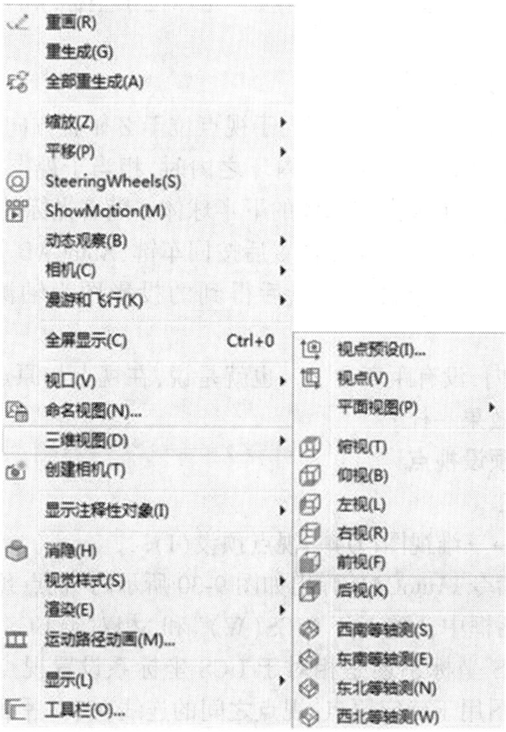

图 9-31 确定视点的级联菜单

9.7.3.3 设置 UCS 平面视图

1. 调用“平面视图”命令的方法

命令行:PLAN

菜单栏:视图(V)→三维视图(D)→平面视图(P)

2. 功能

设置 UCS 坐标的平面视图,即以平面视图[视点为(0,0,1)]方式观察图形。用户可以选择多种坐标系下的平面视图,如当前 UCS、命名保存的 UCS 或 WCS 等。

3. 格式示例

执行 PLAN 命令,AutoCAD 提示:

输入选项[当前 UCS(C)/UCS(U)/世界(W)]<当前 UCS>:

其中“当前 UCS(C)”项表示将在当前视口中重新生成相对于当前 UCS 的平面视图;“UCS(U)”项表示恢复命名存储的 UCS 平面视图;“世界(W)”项则重新生成相对于 WCS 的平面视图。

9.7.4 效果图

9.7.4.1 消隐

三维图形是由线框组成的,如果希望其实际情况只显示它的可见轮廓线,而不显示其不可见轮廓线,则需要对其进行消隐处理。

1. 调用命令

命令行:HIDE(HI)

菜单栏:视图(V)→消隐(H)

工具栏:“渲染”→ (隐藏)

2. 主要功能

把当前三维显示做消隐处理。消隐后的图形不可编辑,用 REGEN(重生成)命令,可以恢复消隐前显示。

9.7.4.2 着色

着色是指对三维图形进行浓淡处理,生成单色调的灰度图形。

1. 调用命令

命令行:AHADE(SHA)

菜单栏:视图(V)→视觉样式(S)→着色(S)

2. 主要功能

把当前三维显示做着色处理,可对应有四种着色效果,被着色后的图像,它不能进行图形编辑,用 REGEN(重生成)命令,可以恢复着色前的显示。

3. 说明

(1)系统变量 SHADEDGE 控制四种着色方法:

SHADEDGE=0,256 色,边不亮显,有光照效果;

SHADEDGE=1,256 色,边亮显,有光照效果;

SHADEDGE=2,16 色,用 HIDE 命令效果;

SHADEDGE=3,16 色,边用背景色,面用前景色填充,无光照效果。

(2)系统变量 SHADEDGE 控制 AutoCAD 计算每个表面着色的漫反射,取值 0~100,缺省值为 70,表示表面反射光的 70%是光源漫射的,剩下的 30%是环境光。该值越高,图像的对比度就越大。它的值影响 SHADEDGE 为 0 或 1 时的着色效果。

9.7.4.3 **渲染**

渲染是指将三维图形生成像照片一样真实感的三维效果图的过程。为获得好的真实感效果,可以为三维图形赋以不同的颜色和材质,设置不同的种类、位置和数量的光源,以及衬托以不同的环境和背景等。

1. 调用命令

命令行:RENDER(RR)

菜单栏:视图(V)→渲染(E)

工具栏:"渲染"→ 

2. 主要功能

如使用缺省选项,则可直接拾取"渲染"按钮,产生渲染图。渲染图是一幅图像,用 REGEN(重生成)命令可恢复渲染前的 AutoCAD 图形。一般来说,渲染处理的步骤包括设置光源、设置材质和设置背景。

3. 渲染过程

(1)通过视图→渲染→光源新建光源,常用的有点光源、聚光灯和平行光。

(2)通过视图→渲染→材质浏览器选择材质。

(3)利用 BACKGROUND 命令设置背景颜色。

(4)选择工具图标→完成渲染。

上机操作:绘制如图 9-32 所示的实体,并进行"消隐"→"着色"→ "渲染"操作。

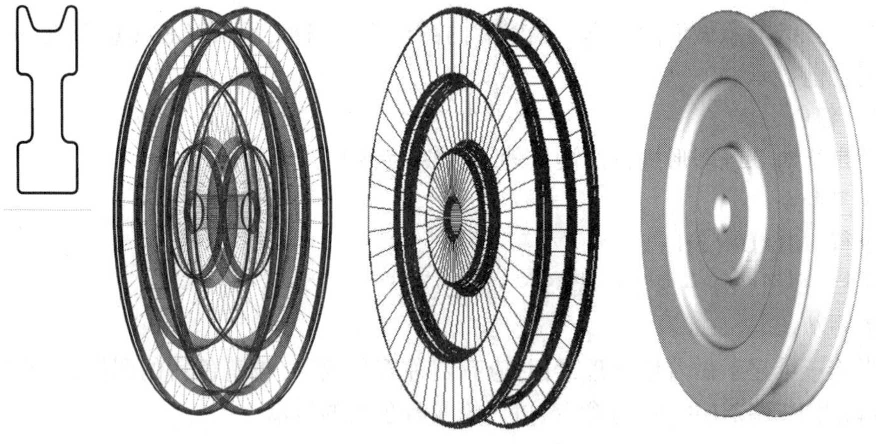

(a) (b) (c) (d)

图 9-32 三维操作

先绘制圆柱和圆锥(见图 9-33),再对其进行布尔运算的操作。

提示:圆柱和圆锥的半径为 20,高为 50。

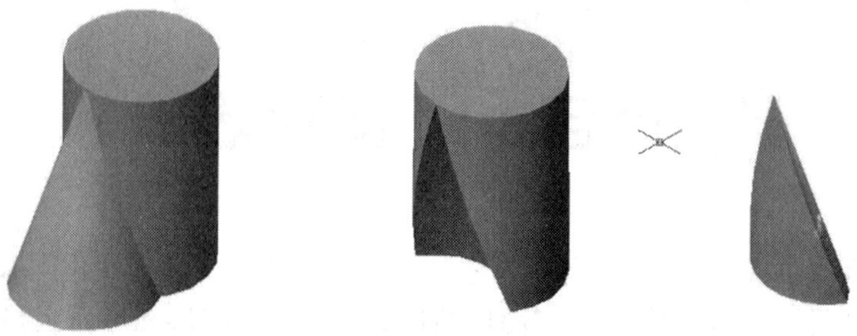

（a） （b） （c）

图 9-33 实体编辑

项目 10　图形输出

党的二十大报告提出,教育、科技、人才是全面建设社会主义现代化国家的基础性、战略性支撑。本项目利用 AutoCAD 绘制图形的目的不仅是将图形在屏幕上显示出来,更多的是需要将图形打印到图纸上,以便于应用。为此 AutoCAD 提供了图形输出功能:图纸打印。利用 AutoCAD 强大的打印输出功能可以方便地将图形打印到图纸上。

任务 10.1　模型空间和图纸空间

在 AutoCAD 环境中有两种空间:模型空间和图纸空间,有利于将设计空间与表达空间区分开来。模型空间主要用于设计绘图,而图纸空间主要用于打印出图。

10.1.1　模型空间

模型空间中的“模型”是指 AutoCAD 中用绘制与编辑命令生成的代表现实世界物体的对象。模型空间是用于完成绘图和设计工作的工作空间,用户通过模型空间建立的模型来表达二维形体或三维形体的造型,并可使用多个视图来表示物体的不同侧面,同时还可为图形配以必要的尺寸和注释。前文所介绍的众多图形绘制和编辑功能都是在模型空间完成的。

在模型空间中,可以创建多个视图以展示图形的不同视角,但用户只能在当前活动视图中进行编辑,并且当前活动视图中进行的修改将影响到其他视图中模型的显示。而在图纸空间中的每个视图都可以独立进行编辑,每个视图可以拥有不同的比例,可以冻结或锁定不同的图层,还可以为每个视图设定不同的标注和注释。模型空间中视口的特征如下:

(1)在模型空间中,可以绘制全比例的二维图形和三维模型,并带有尺寸标注。

(2)在模型空间中,每个视口都包含对象的一个视图。例如,设置不同的视口会得到俯视图、正视图、侧视图和立体图等。

(3)用 VPORTS 命令创建视口和视口设置,并可以保存起来,以备后用。

(4)视口是平铺的,它们不能重叠,总是彼此相邻的。

(5)在某一时刻只有一个视口处于激活状态,十字光标只能出现在一个视口中,并且也只能编辑该活动的视口(平移、缩放等)。

(6)只能打印活动的视口;如果 UCS 图标设置为 ON,该图标就会出现在每个视口中。

(7)系统变量 MAXACTVP 决定了视口的范围是 2~64。

10.1.2　图纸空间

图纸空间的“图纸”与真实的图纸相对应,它模拟图纸页面,提供直观的打印设置。

图纸空间用于排列用户的图形、绘制的局部放大图以及绘制视图。通过移动或视窗的大小、形状可以在图纸空间中排列多个视图。在图纸空间中，视图被作为对象，可以利用 AutoCAD 的标准编辑命令进行编辑。因此，在图纸空间中，用户可以在同一张纸上对不同的视图进行绘制和编辑。图纸空间中视口的特征如下：

(1)状态栏上的 PAPER 取代了 MODEL。

(2)VPORTS、PS、MS 和 VPLAYER 命令处于激活状态(只有激活了 MS 命令后，才可使用 PLAN、VPOINT 和 DVIEW 命令)。

(3)视口的边界是实体。可以删除、移动、缩放、拉伸视口。

(4)视口的形状没有限制。例如，可以创建圆形视口、多边形视口等。

(5)视口不是平铺的，可以用各种方法将它们重叠、分离。

(6)每个视口都在创建它的图层上，视口边界与层的颜色相同，但边界的线型总是实线。出图时如不想打印视口，可将其单独置于一图层上，冻结即可。

(7)可以同时打印多个视口。

(8)十字光标可以不断延伸，穿过整个图形屏幕，与每个视口无关。

(9)可以通过 MVIEW 命令打开或关闭视口；SOLVIEW 命令创建视口或者用 VPORTS 命令恢复在模型空间中保存的视口。在缺省状态下，视口创建后都处于激活状态。关闭一些视口可以提高重绘速度。

(10)在打印图形且需要隐藏三维图形的隐藏线时，可以使用 MVIEW 命令 HIDEPLOT 拾取要隐藏的视口边界即可。

(11)系统变量 MAXCTVP 决定了活动状态下的视口数是 64。

通过上述的讲解，相信大家对这两个空间已经有了明确的认识，直接单击绘图窗口底部的相应选项卡可实现模型空间与图纸空间的切换。

总之，模型空间的主要用途是创建三维图形，图纸空间的用途是设置二维打印空间。另外，图纸空间还提供了一个非常好的功能：允许用户在同一张纸上设置多种比例出图。但必须切记，当第一次进入图纸空间时，看不见视口，必须用 WPORTS 或 MVIEW 命令创建新视口或者恢复已有的视口配置(一般在模型空间中保存)。

从 AutoCAD 2000 开始，CAD 为用户提供了一个全新的概念——布局，布局相当于图纸空间，它模拟一张图纸并提供预置的打印设置。在 AutoCAD 2019 的图形窗口底部有一个“模型”标签以及一个或多个“布局”标签，如图 10-1 所示。“模型”标签表示模型空间，是用户创建和编辑图形的地方；“布局”标签表示图纸空间，是用来设定视图以备打印的环境，在不同的布局中可以进行不同的打印设置。

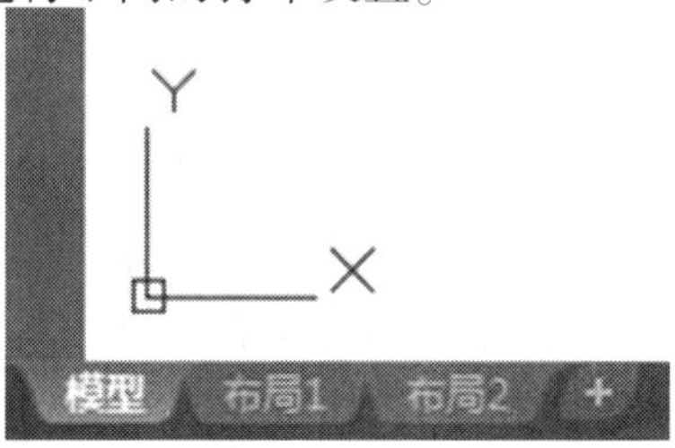

图 10-1 “模型”和“布局”标签图示

任务 10.2 打印输出

10.2.1 创建布局

布局实际上是一个图纸空间环境，它模拟一张图纸并提供打印预设置。可以在一个图形中创建多个布局，并且每个布局都可以模拟显示图形打印在图纸上的效果，这样就可以使用多个布局样式来打印同一个图形对象。

AutoCAD 系统缺省状态为两个布局，当这两个布局不能满足需要时，可以创建新的布局。在 AutoCAD 中，要进行图形打印首先应创建布局，创建布局可以通过布局向导和命令行来进行。常用以下几种方法。

10.2.1.1 布局向导

命令行：LAYOUTWIZARD

菜单栏：插入(I)→布局(L)→布局向导(W)

启动创建布局的命令后，系统显示如图 10-2 所示的对话框，并逐步进行新布局的创建：

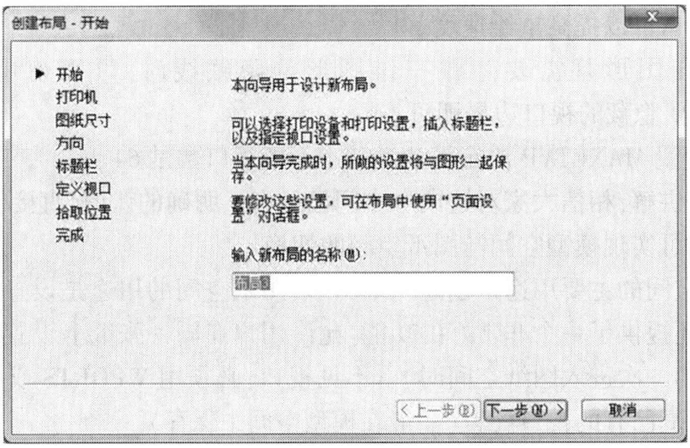

图 10-2 “创建布局-开始”对话框

(1)在“创建布局-开始”对话框中输入新建布局的名称，如键入工具，并单击“下一步(N)”按钮。

(2)在“创建布局-打印机”对话框右侧列出了当前计算机中可以使用的打印机，用户可以从中选择需要的打印机，如选择 Founder Wordjet A406 打印机，然后单击“下一步(N)”按钮。

(3)在“创建布局-图纸尺寸”中选择打印图纸的大小并选择所用的单位，如选择 A3 图幅，以毫米为单位，并单击“下一步(N)”按钮。

(4)在“创建布局-方向”对话框中设置布局的方向，选择好以后单击“下一步(N)”按钮。

(5)在“创建布局-标题栏”对话框中可以选择已经存在的图纸样式。在对话框的右侧给出了所选样式的预览图像，在"类型[块(O)外部参照(X)]"栏中，可以指定所选择的图纸样式是作为图块还是作为外部参照插入到图形中。

(6)在"创建布局-定义视口"对话框中指定布局的视图设置、比例等。可以为视图选择四种不同的布置形式：无、单个、标准三维工程制图、阵列。选择好视图设置后，单击"下一步(N)"按钮。

(7)在"创建布局-拾取位置"对话框中，单击"选择位置(L)"按钮，在图形窗口中指定视图的大小和位置，并单击"下一步(N)"按钮。

(8)再单击"完成"按钮结束新布局的创建。此时即完成了新的布局。

10.2.1.2　命令行建立布局

命令行：LAYOUT

菜单栏：插入(I)→布局(L)→新建布局(N)→来自样板的布局(T)→布局向导(W)

工具栏："布局" →

执行 LAYOUT 命令时，系统提示：

输入布局选项[复制(C)/删除(D)/新建(N)/样板(T)/重命名(R)/另存为(SA)/设置(S)/?]<设置>：

选取相应的选项可以对布局进行不同的操作：

(1)复制(C)：复制一个布局，在系统要求输入新创建布局名称时，如果未提供名称，则新创建的布局名称将是原有的名称加上一个括号中的数字增量，如原有布局名为"布局 1"，则复制后的布局名为"布局 2""布局 3"等。

(2)删除(D)：删除布局，如果用户选择删除所有布局，虽然所有设置的布局都将被删除，但系统仍将保留名为"布局 1"的空布局。

(3)新建(N)：创建一个新布局。

(4)样板(T)：根据样板文件(.dwt)或图形文件(.dwg)中已有布局来创建新布局。

(5)重命名(R)：将一个布局重命名；布局名称最多可为 255 个字符，不区分大小写。

(6)另存为(SA)：保存布局。

(7)设置(S)：指定一个布局为当前布局。

(8)?：显示当前图形中的所有布局。

技巧：将鼠标指针指向"布局"标签并单击鼠标右键，从弹出的快捷菜单中也可以对布局进行增加、删除等操作。

10.2.2　页面设置

命令行：PAGESETUP

菜单栏：文件(F)→页面设置(G)

工具栏："布局" →

执行命令后，显示"页面设置管理器"对话框，如图 10-3 所示。

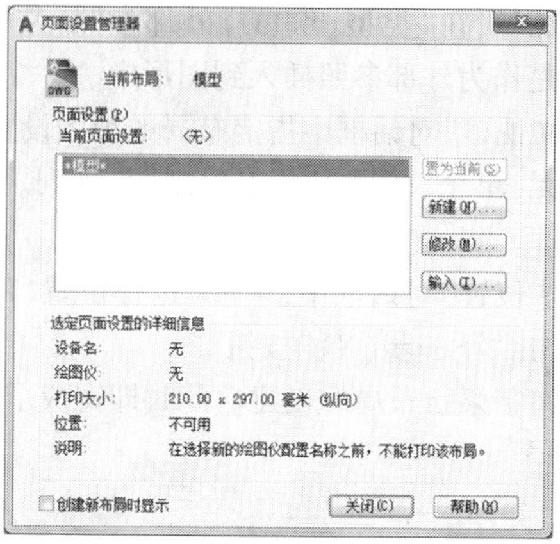

图 10-3 “页面设置管理器”对话框

单击其中的“新建(N)...”按钮，AutoCAD 将弹出“新建页面设置”对话框，如图 10-4 所示。

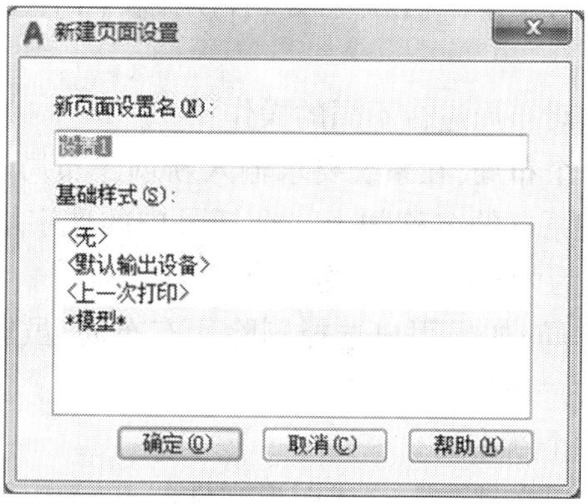

图 10-4 “新建页面设置”对话框

10.2.2.1 页面设置名称

在“新页面设置名(N)”框中输入页面设置的名称，单击“确定(O)” 按钮，AutoCAD 将弹出“页面设置-模型”对话框 ，如图 10-5 所示。

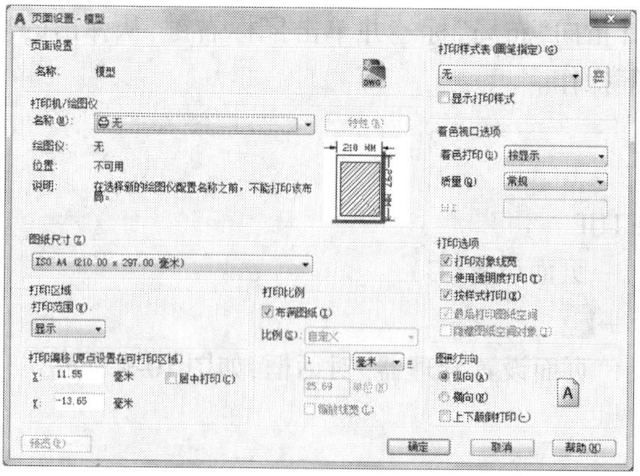

图 10-5 “页面设置-模型”对话框

10.2.2.2 设置输出图纸的尺寸

在"页面设置-模型"对话框的"图纸尺寸(Z)"下拉列表框中列出了当前配置的打印设备中可用的图纸尺寸，从中选择一种作为输出图纸的尺寸。

10.2.2.3 设置打印区域

"打印区域"用来确定打印范围。默认设置为"布局"(当"布局"选项卡被激活时)，或为"显示"(当"模型" 选项卡被激活时)。其中：

"布局"表示图纸空间的当前布局。

"范围"表示模型空间或图纸空间"图形界限"(LIMITS)命令定义的绘图界限。

"显示"表示当前绘图窗口显示的内容。

"窗口"表示用框选的方式在绘图窗口指定打印范围。

10.2.2.4 设置打印比例

在"打印比例"区，可以从"比例(S)" 下拉列表框中选择标准的打印比例，或在下面的编辑框中输入一个自定义的打印单位与图形单位之间的比例。若要将图形按指定的图纸充满打印，应打开"布满图纸(I)"开关。

注意：这里的"比例(S)"是指打印布局时的输出比例。通常选1:1，即按布局的实际尺寸打印输出。

10.2.2.5 设置输出图形的原点

在"打印偏移"选项区内输入 X、Y 的偏移量，以确定打印区域相对图纸原点的偏移距离。一般设为(0,0)。若选中"居中打印(C)"复选框，则 AutoCAD 自动计算偏移值，并将图形打印居中。

10.2.2.6 设置输出图形的方向

在"图形方向"选项区可确定打印图形在图纸上的方向，以及是否进行"上下颠倒打印(-)"。其中：

"纵向(A)"表示无论图纸是纵向的还是横向的，输出的图样的长边都将与图纸的长边垂直。

"横向(N)"表示无论图纸是纵向的还是横向的，输出的图样的长边都将与图纸的长边平行。

"上下颠倒打印(-)"表示在指定的纵向或横向的基础上旋转180°。

说明："着色视口选项"区用来设置打印三维图形时着色的方式和质量。

10.2.2.7 完成页面设置

单击"确定"按钮，即完成当前图形的一种页面设置。

说明：在 AutoCAD 中，对同一个图形文件可进行多种页面设置。

10.2.3 打印的准备

在打印之前还需进行一系列的准备工作，如配置打印机、控制打印样式等。

10.2.3.1 配置打印机

AutoCAD 2019 采用"绘图仪管理器"进行打印机的配置和管理，简化了打印机的配置过程。

在“文件(F)”下拉菜单选择“绘图仪管理器(M)...”，或在命令行输入 PLOTTERMANAGER，调出 Plotters 文件夹，双击其中的“添加绘图仪向导”图标(见图 10-6)后，系统将出现“添加绘图仪”对话框，该对话框将引导用户逐步完成出图设备的安装与配置。该对话框的应用十分直观，用户只需选择提示即可完成打印机的配置，这里不再具体介绍其步骤。

图 10-6 “添加绘图仪向导”图标

10.2.3.2 控制打印样式

从 AutoCAD 2000 开始，使用了一种新的对象属性来控制图形的打印——打印样式。使用打印样式可以设置图形对象的打印效果。打印样式包含了设置对象、图层、视窗、布局等的属性(如颜色、线型、线宽、线条尾端、接头样式、合并和填充样式、灰度等级等)，并控制出图时图形的输出。在图形打印过程中，可以用不同的打印样式打印同一图形，分别强调图形中不同的元素和层次，也可用相同的打印样式打印不同的图形，使它们具有相同的设置。出图样式有两种模式；Color-Dependent Plotstyle Table(颜色相关打印样式)和 Names Plot Style Table(命名打印样式)。在 AutoCAD 中打开一个图形，总是使用这两种模式之一。

10.2.4 打印

命令行：PLOT(PRINT)

菜单栏：文件(F)→打印(P)

工具栏：“标准”→

激活 PLOT 命令，系统将弹出如图 10-7 所示的“打印-模型”对话框。该对话框的界面形式和功能与前文介绍的“页面设置”基本相似，都可用于打印设备的选择和配置。如果已在“页面设置管理器”中定义过页面设置，则通过此“页面设置”区的“名称”下拉列表即可选用，否则需要在“打印-模型”对话框中进行一些类似于“页面设置管理器”中的设置工作。此处只对其中的不同之处做介绍。

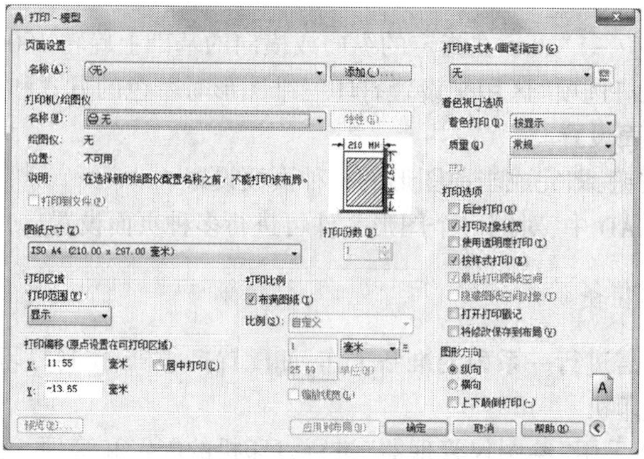

图 10-7 “打印-模型”对话框(一)

10.2.4.1 设置打印选项

在“打印选项”区域,选择或清除“打印对象线宽”复选框,以控制是否按线宽打印图线的宽度。若选中“按样式打印(E)”复选框,则使用为布局或视口指定的打印样式进行打印。通常情况下,图纸空间布局的打印优先于模型空间的图形,若选中“最后打印图纸空间”复选框,则先打印模型空间图形。若选中“隐藏图纸空间对象(T)”复选框,则在打印图纸空间中删除了对象隐藏线的布局。若选中“打开打印戳记”复选框,则在其右边出现“打印戳记设置”图标按钮,如图 10-8 所示,打印戳记是添加到打印图纸上的一行文字(包括图形名称、布局名称、日期和时间等)。单击这一按钮,打开“打印戳记”对话框,如图 10-9 所示,可以为要打印的图纸设计戳记的内容和位置。

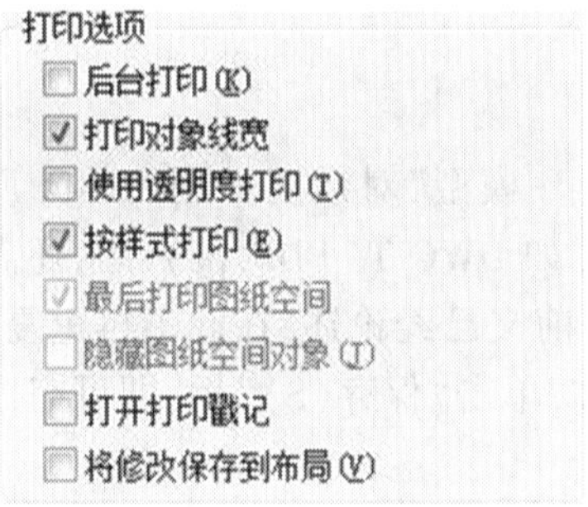

图 10-8 “打印选项”区域

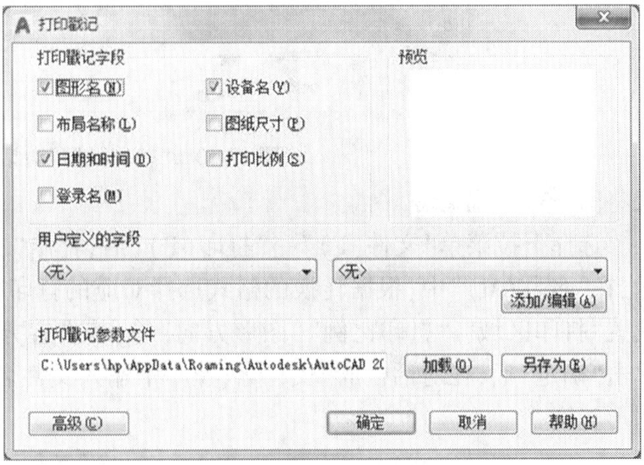

图 10-9 “打印戳记”对话框

10.2.4.2 打印预览

当完成打印的各项设置后,可以通过“打印”对话框底部的“预览(P)...”选项进行图形打印效果的预览。如果预览效果不理想,可再修改设置,然后预览,直至满意。

10.2.4.3 打印出图

当预览显示打印符合打印设计效果后,单击“确定”按钮,就可正式输出图形了。

10.2.5 输出转换

选择下拉菜单“文件(F)”→“输出(E)...”后,弹出“输出数据”对话框,如图 10-10 所示,在“文件名(N)”中输入文件名称,然后在“文件类型(T)”中选择需要转换的文件格式(如三维 DWF、平面印刷和位图等格式),单击“保存(S)”并选择对象后完成转换。

10.2.6 截屏转换

有时为了简便,需要将屏幕上的图形立即转换为图片,可利用键盘上的“Print Screen SysRq”将屏幕截图,然后粘贴到“Office”文件中,还可进一步编辑。

10.2.7 打印转换

为了使图形转换的图面质量更加清晰,可使用打印转换。这种方法即采用虚拟打印

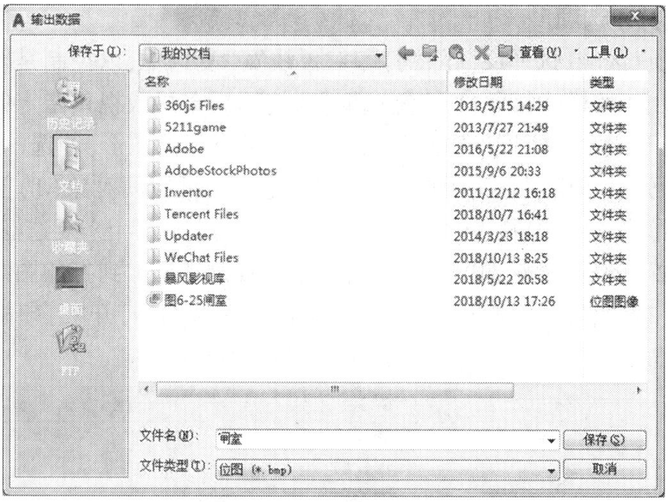

图 10-10 “输出数据”对话框

机将图形打印到文件。

选择下拉菜单“文件(F)”→“打印(P)”后，弹出“打印-模型”对话框，如图 10-11 所示，在“名称(M)”中，根据转换的格式选择对应的打印机(如 DWG To PDF. pc3)后，还需设置“打印区域” “打印比例”“图形方向”等，其设置方法前文已经论述，在此不再重复，单击“确定”后，在对话框的“文件名(N)”中输入文件名称，单击“保存(S)”后，即可完成图形转换。

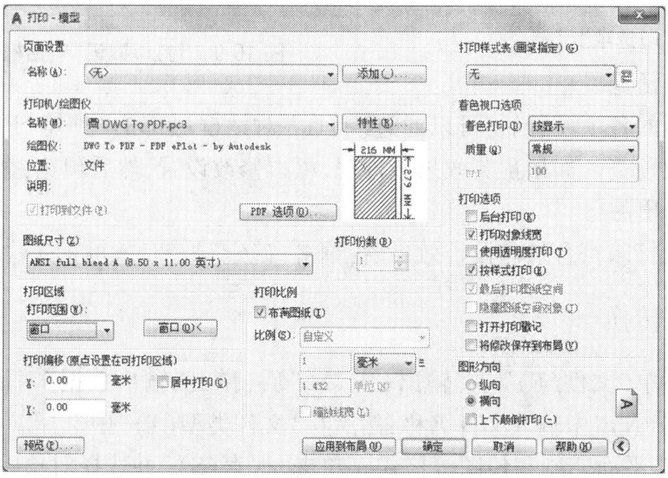

图 10-11 “打印-模型”对话框(二)

任务 10.3 快捷操作

AutoCAD 绘图时，为了方便执行外部命令和加速命令的键入，缩短命令的输入时间，以及避免过度记忆一长串的命令，特别设置了快捷键和功能键。只有熟练地掌握常用的操作方法和技巧，才能提高绘图的速度。

10.3.1 快捷键

所谓快捷键,指的是标准命令的缩写命令,见表 10-1。

表 10-1 AutoCAD 快捷键

序号	快捷键	执行命令	命令说明
1	A	ARC	弧
2	ADC	ADCENTER	AutoCAD 设计中心
3	AA	AREA	面积
4	AR	ARRAY	阵列
5	-AR	-ARRAY	指令式阵列
6	AV	DSVIEWER	鸟瞰视景
7	B	BLOCK	对话框式块建立
8	-B	-BLOCK	指令式图块建立
9	BH	BHATCH	对话框式绘制剖面线
10	BO	BOUNDARY	对话框式封闭边界建立
11	-BO	-BOUNDARY	指令式封闭边界建立
12	BR	BREAK	打断
13	C	CIRCLE	圆
14	CH	PROPERTIES	对话框式物件性质修改
15	-CH	CHANGE	指令式性质修改
16	CHA	CHAMFER	倒角
17	CO	COPY	复制
18	COL	COLOR	对话框式颜色设定
19	D	DIMSTYLE	尺寸型式设定
20	DAL	DIMALIGNED	对齐式线性标注
21	DAN	DIMANGULAR	角度标注
22	DBA	DIMBASELINE	基线式标注
23	DCE	DIMCENTER	中心标记标注
24	DCO	DIMCONTINUE	连续式标注
25	DDA	DIMDISASSOCIATE	取消关联的标注
26	DDI	DIMDIAMETER	直径标注
27	DED	DIMEDIT	尺寸修改

续表 10-1

序号	快捷键	执行命令	命令说明
28	DI	DIST	求两点间距离
29	DIV	DIVIDE	等分布点
30	DLI	DIMLINEAR	线性标注
31	DO	DONUT	圆环
32	DOR	DIMORDONATE	坐标式标注
33	DOV	DIMOVERRIDE	更新标注变数
34	DR	DRAWORDER	显示顺序
35	DRA	DIMRADIUS	半径标注
36	DRE	DIMREASSOCIATE	重新关联的标注
37	DS	DSETTINGS	绘图设定
38	DST	DIMSTYLE	尺寸型式设定
39	DT	DTEXT	写入文字
40	E	ERASE	删除物件
41	ED	DDEDIT	单行文字修改
42	EL	ELLIPSE	椭圆
43	EX	EXTEND	延伸
44	EXP	EXPSRT	输出资料
45	F	FILLET	倒圆角
46	FI	FILTER	过滤器
47	G	GROUP	对话框式群组设定
48	-G	-GROUP	指令式群组设定
49	GR	DDGRIPS	夹点控制设定
50	H	BHATCH	对话框式绘制剖面线
51	-H	HATCH	指令式绘制剖面线
52	HE	HATCHEDIT	编修剖面线
53	I	INSERT	对话框式插入图块
54	-I	-INSERT	指令式插入图块
55	IAD	IMAGEADJUST	影像调整
56	IAT	IMAGEATTACH	并入影像
57	ICL	IMAGECLIP	截取影像

续表 10-1

序号	快捷键	执行命令	命令说明
58	IM	IMAGE	对话框是贴附影像
59	-IM	-IMAGE	贴附影像
60	IMP	IMPORT	输入资料
61	L	LINE	直线
62	LA	LAYER	对话框式图层控制
63	-LA	-LAYER	指令式图层控制
64	LE	LEADER	引导线标注
65	LEN	LENGTHEN	长度调整
66	LI	LIST	查询物件资料
67	LO	-LAYOUT	配置设定
68	LS	LIST	查询物件资料
69	LT	LINETYPE	对话框式线型载入
70	-LT	-LINETYPE	指令式线型载入
71	LTYPE	LINETYPE	对话框式线型载入
72	-LTYPE	-LINETYPE	指令式线型载入
73	LTS	LTSCALE	线型比例设定
74	LW	LWEIGHT	线宽设定
75	M	MOVE	移动
76	MA	MATCHPROP	物体性质复制
77	ME	MEASURE	量测等距布点
78	MI	MIRROR	镜像
79	ML	MLINE	复制复线
80	MO	PROPERTIES	图元性质修改
81	MS	MSPACE	切换至模型空间
82	MT	MTEXT	兑行文字写入
83	MV	MVIEW	浮动视点
84	O	OFFSET	偏移复制
85	OP	OPTIONS	环境选项
86	OS	OSNAP	对话框式物件锁定设定
87	-OS	-OSNAP	指令式物件锁定设定

续表 10-1

序号	快捷键	执行命令	命令说明
88	P	PAN	即时平移
89	-P	-PAN	两点式平移
90	PA	PASTESPEC	选择性贴上
91	PE	PEDIT	编辑聚合线
92	PL	PLINE	绘制聚合线
93	PO	POINT	绘制点
94	POL	POLYGON	绘制正多边形
95	PR	OPTIONS	环境选项
96	PRCLOSE	PROPERTIESCLOSE	开关图元性质修改对话框
97	PROPS	PROPERTIES	图元性质修改
98	PRE	PREVIEW	输出预览
99	PRINT	PLOT	绘图输出
100	PS	PSPACE	图纸空间
101	PU	PURGE	肃清无用物件
102	-PU	-PURGE	指令式肃清无用物件
103	R	REDRAW	重画
104	RA	REDRAWALL	所有视图重画
105	RE	REGEN	重生
106	REA	REGENALL	所有视图重生
107	REC	RECTANGLE	绘制矩形
108	REG	REGION	2D 面域
109	REN	RENAME	对话框式更名
110	-REN	-RENAME	指令式更名
111	RM	DDRMODES	绘图辅助设定
112	RO	ROTATE	旋转
113	S	STRETCH	拉伸
114	SC	SCALE	比例缩放
115	SCR	SCRIPT	选择脚本文件
116	SE	DSETTINGS	绘图设定
117	SET	SETVAR	设定变数值

续表 10-1

序号	快捷键	执行命令	命令说明
118	SN	SNAP	锁点控制
119	SO	SOLID	填充的三边形或四边形
120	SP	SPELL	并字
121	SPE	SPLINEDIT	编修云型线
122	SPL	SPLINEDIT	云型线
123	ST	STYLE	字型设定
124	T	MTEXT	对话框式多行文字写入
125	-T	-MTEXT	指令式多行文字写入
126	TA	TABLET	数位板规划
127	TI	TILEMODE	图纸空间 & 模型空间设定切换
128	TM	TILEMODE	图纸空间 & 模型空间设定切换
129	TO	TOOLBAR	工具列设定
130	TOL	TOLERANCE	公差符号标注
131	TR	TRIM	修剪
132	UN	UNITS	对话框式单位设定
133	-UN	-UNITS	指令式单位设定
134	V	VIEW	对话框视景控制
135	-V	-VIEW	视景控制
136	W	WBLOCK	对话框式图块写出
137	-W	-WBLOCK	指令式图块写出
138	X	EXPLODE	炸开
139	XA	XATTACH	贴附外部参考
140	XB	XBIND	并入外部参考
141	-XB	-XBIND	文字式并入外部参照
142	XC	XCLIP	截取外部参考
143	XL	XLINE	构造线
144	XR	XREF	对话框式外部参考控制
145	-XR	-XREF	指令式外部参照控制
146	Z	ZOOM	视口缩放控制

10.3.2 功能键

键盘上的功能键和组合键,统称为功能键。其名称、功能和作用见表 10-2。

表 10-2 AutoCAD 功能键

类别	序号	键名	功能和作用	备注
键盘功能键	1	Esc	Cancel<取消命令执行>	状态栏
	2	F1	帮助(用户文档)HELP	
	3	F2	图形与文本窗口切换	
	4	F3	对象捕捉<开 or 关>	
	5	F4	打开数字化仪开关	
	6	F5	等轴测平面<上/右/左>	
	7	F6	坐标显示<开 or 关>	
	8	F7	栅格显示<开 or 关>	
	9	F8	正交(垂直水平)模式<开 or 关>	
	10	F9	捕捉模式<开 or 关>	
	11	F10	极轴追踪<开 or 关>	
	12	F11	对象追踪<开 or 关>	
	13	F12	动态输入<开 or 关>	
组合功能键	14	Ctrl+0	清除屏幕<开 or 关>	
	15	Ctrl+1	特性(Propertices)<开 or 关>	
	16	Ctrl+2	AutoCAD 设计中心<开 or 关>	
	17	Ctrl+3	工具选项板(Toolpalettes)<开 or 关>	
	18	Ctrl+4	图纸集管理器 SheetSet <开 or 关>	
	19	Ctrl+5	信息选项板 Assist <开 or 关>	
	20	Ctrl+6	数据库连接管理器<开 or 关>	
	21	Ctrl+7	标记集管理器 Markup <开 or 关>	
	22	Ctrl+8	快速计算器<开 or 关>	
	23	Ctrl+9	隐藏命令行窗口<开 or 关>	
	24	Ctrl+A	选取全部对象	
	25	Ctrl+B	捕捉模式<开 or 关>,功能同 F9	
	26	Ctrl+C	复制内容到剪贴板内	
	27	Ctrl+D	坐标显示<开 or 关>,功能同 F6	
	28	Ctrl+E	等轴测平面<上/右/左>,功能同 F5	
	29	Ctrl+F	对象捕捉<开 or 关>,功能同 F3	
	30	Ctrl+G	栅格显示<开 or 关>,功能同 F7	
	31	Ctrl+H	输入 Pickstyle 的新值<开 or 关>	
	32	Ctrl+J	Copyclip 复制内容到剪贴板	

续表 10-2

类别	序号	键名	功能和作用	备注
组合功能键	33	Ctrl+K	超连结	
	34	Ctrl+L	正交(垂直水平)模式,功能同 F8	
	35	Ctrl+M	同[Enter]功能键	
	36	Ctrl+N	New 新图	
	37	Ctrl+O	打开(Open)“选择文件”对话框	
	38	Ctrl+P	Plot 绘图输出	
	39	Ctrl+Q	退出(Quit) AutoCAD	
	40	Ctrl+S	图形保存(Qsave)	
	41	Ctrl+T	数字化仪<开 or 关>	
	42	Ctrl+U	极轴追踪<开 or 关>,功能同 F10	
	43	Ctrl+V	PasteClip 粘贴上剪贴板的内容	
	44	Ctrl+W	对象追踪<开 or 关>,功能同 F11	
	45	Ctrl+X	CutClip 剪下内容到剪贴板内或<删除>	
	46	Ctrl+Y	Redo 取消上一次的 Undo 操作	
	47	Ctrl+Z	Undo 取消上一次的命令操作	
	48	Ctrl+Shift+C	以基准点复制	
	49	Ctrl+Shift+S	图形另存为	
	50	Ctrl+Shift+V	粘贴为图块	
	51	Alt++F8	调出“宏”对话框(VBA 巨集管理员 Vbarun)	
	52	Alt+F11	AutoCAD & VBA 新编器画面切换	
	53	Alt+F	【文件】POP1 下拉式菜单	
	54	Alt+E	【编辑】POP2 下拉式菜单	
	55	Alt+V	【视图】POP3 下拉式菜单	
	56	Alt+I	【插入】POP4 下拉式菜单	
	57	Alt+O	【格式】POP5 下拉式菜单	
	58	Alt+T	【工具】POP6 下拉式菜单	
	59	Alt+D	【绘图】POP7 下拉式菜单	
	60	Alt+N	【标注】POP8 下拉式菜单	
	61	Alt+M	【修改】POP9 下拉式菜单	
	62	Alt+W	【窗口】POP10 下拉式菜单	
	63	Alt+H	【帮助】POP11 下拉式菜单	

10.3.3 系统变量

在命令“Setvar“后键入“?”即可显示全部的系统变量,其中一部分不能修改,只能读取(read only)大部分能修改的变量,也可以在对话框中修改。把 AutoCAD 的系统变量整理分类,如表 10-3 所示(尺寸变量的系统变量没有列入表内)。

表 10-3 系统变量

序号	系统变量名称	当前默认值	功能说明
1	ACADPREFIX		(read only)
2	ACADVER	"14.0"	(read only)
3	ACISOUTVER	16	(read only)
4	AFLAGS	0	设置特性定义的特殊码
5	ANGBASE	0	设置关于当前 UCS 的 0 角度方向
6	ANGDIR	0	设置关于当前 UCS 的从 0 角度出发的正方向
7	APBOX	0	打开或关闭 AutoSnap 框
8	APERTURE	10	设置目标捕捉的目标高度,单位为像素
9	AREA	0.0000	(read only)
10	ATTDIA	0	控制 Insert 是否使用对话框进行特性值输入
11	ATTMODE	1	控制特性的显示
12	ATTREQ	1	控制 Insert 在块插入时是否使用特性设置
13	AUDITCTL	0	控制 AUDIT 是否建立 ADT 文件
14	AUNITS	0	设置角度的单位
15	AUPREC	0	设置角度单位的小数数位
16	AUTOSNAP	7	控制 AutoSnap 标记和 SnapTips 的显示,并可打开或关闭 AutoSnap
17	BACKZ	0.0000	(read only)
18	BLIPMODE	0	控制标记是否可见
19	CDATE	20000901.11	(read only)
20	CECOLOR	"BYLAYER"	设置新物体的颜色
21	CELTSCALE	1.0000	设置当前物体的线段的缩放比例
22	CELTYPE	"BYLAYER"	设置新物体的线性
23	CHAMFERA	0.5000	设置倒角第一个边的倒角距离
24	CHAMFEEB	0.5000	设置倒角第二个边的倒角距离
25	CHAMFEEC	1.0000	设置倒角长度
26	CHAMFEEBD	0	设置倒角角度
27	CHAMMODE	0	设置 AutoCAD 倒角的输入方式

续表 10-3

序号	系统变量名称	当前默认值	功能说明
28	CIRCLERAD	0.0000	设置默认圆的半径
29	CLAYER	"0"	设置当前层
30	CMDACTIVE	1	(read only)
31	CMDDIA	1	控制是否打开用于 Plot 和外部数据库命令的对话框
32	CMDECHO	1	控制在 AutoLISP(命令)函数中 AutoCAD 是否回显提示和输入
33	CMDNAMES	"SETVAR"	(read only)
34	CMLJUST	0	控制结构线的对齐方式
35	CMLSCALE	1.0000	控制整个结构线的宽度
36	CMLSTY	"STANDARD"	设置结构线的形式(名称)
37	COORDS	1	控制更新状态行上的坐标
38	CURSORSIZE	5	控制十字光标的尺寸,其值为屏幕尺寸的百分比
39	CVPORT	2	设置当前识区的标识号
40	DAT	2451789.46705359	(read only)
41	DBMOD	4	(read only)
42	DCTCUST	"C:/PROGRAM/FILES/AUTOCAD/2002s/support/sample.cus"	
43	DCTMAIN	"enu"	显示当前主拼写字典的路径和文件名
44	DELOBJ	1	控制从图形数据库中保留或删除建立的对象
45	DEMANDLOAD	3	在引用程序中建立包含定制对象的图形时,设置是否要求、何时要求 AutoCAD 加载第三方应用程序
46	DIASTAT	1	(read only)
47	DISPSILH	0	控制在线框埋石下图素轮廓曲线的显示
48	DISTANCE	0.0000	(read only)
49	DONUTID	0.5000	设置圆环内径的默认值
50	DONUTOD	1.0000	设置圆环外径的默认值
51	DRAGMODE	2	控制拖动图素的显示
52	DRAGP1	10	设置重显拖动输入取样的速率
53	DRAGP2	25	设置快速拖动输入取样的速率
54	DWGCODEPAGE	"ANSI_936"	(read only)

续表 10-3

序号	系统变量名称	当前默认值	功能说明
55	DWGNAME	"Drawing. dwg"	(read only)
56	DWGPREFIX	"C:/Program FILES/AutoCAD 2002/"	(read only)
57	DWGTITLED	0	(read only)
58	EDGEMODE	0	控制如何确定 Trim 和 Extend 命令的剪切边界
59	ELEVATION	0	存储当前空间相对于当前 UCS 的基面标高
60	EXPERT	0	控制发出某些命令的提示
61	EXPLMODE	1	控制 Explode 是否支持非一致的比例缩放块
62	EXTMAX	-1. 0000E+20, -1. 0000E+20, -1. 0000E+20	(read only)
63	EXTMIN	0	(read only)
64	FACETRATIO	0. 5000	控制圆柱和圆锥 ACIS 实体的高宽比
65	FACETRES	1	调整带阴影和重画的图素以及消隐图素的平滑程度
66	FILEDIA	0. 5000	禁止文件对话框的显示
67	FILLETRAD	1	存储当前的圆角半径
68	FILLMODE	"simplex. shx	设置由实体填充建立的物体是否显示填充
69	FONTALT	"C:/Program FILES/AutoCAD 2002/support/acad. fmp"	在未找到指定的字体文件时,设置是否使用替代字体
70	FONTMAP	0. 0000	指定使用字体的映像文件
71	FRINTZ	0	(read only)
72	GRIDMODE	0	设置是否打开或关闭网店
73	GRIDUNIT	0. 5000,0. 5000	设置当前视区的网点间距
74	GRIPBLOCK	0	控制块中的特征点的显示
75	GRIPCOLOR	5	控制非特征点(以边框轮廓画出)的颜色
76	GRIPHOT	1	控制特征点(以填充形式画出)的颜色
77	MAXSORT	200	设置列表命令分类的最多符号名或文件名的数目
78	MEASUREINIT	1	
79	MEASUREMENT	0	设置绘图的单位为英制或公制
80	MENUCTL	1	控制屏幕菜单的开关

续表 10-3

序号	系统变量名称	当前默认值	功能说明
81	MENUECHO	0	设置菜单回显和提示控制
82	MENUNAME	C:/PROGRAM FILES/AutoCAD2002/support/acad	(read only)
83	MIRRTEXT	1	设置镜像操作时的文本反射
84	MODEMACRO	" "	在状态行显示文本字符串
85	MTEXTED	"Internal"	设置编辑多行文本使用的程序名称
86	OFFSETDIST	1.0000	设置默认偏移距离
87	OLEHIDE	0	控制 AutoCAD 嵌入物体的显示
88	ORTHOMODE	0	设置光标正交移动
89	OSMODE	0	设置运行捕捉模式
90	OSNAPCOORD	2	控制在命令行输入的坐标是否覆盖连续的物体捕捉
91	PDMODE	0	控制如何现实点的类型
92	PDSIZE	0.0000	设置点的显示尺寸
93	PELLIPSE	0	控制椭圆的类型
94	PERIMETER	0.0000	(read only)
95	PEACEVMAX	4	(read only)
96	PICKDD	1	控制添加物体的选择方式
97	PICKAUTO	1	控制选择物体的自动窗口
98	PICKBOX	3	设置物体的选择的目标高度
99	PICKDRAG	0	控制绘制物体选择窗口的方法
100	PICKFIRST	1	控制选择物体在命令之前或之后
101	PICKSTYLE	1	控制项目组选择和关联填充阴影选择的使用
102	PLATFORM	"Microsoft Windows Version4.0(x86)"	(read only)
103	PLINEGEN	0	设置如何沿二维多段线的顶点生成线性图案
104	PLINETLYPE	2	设置 AutoCAD 是否使用优化的二维多段线
105	PLINEWID	0.0000	存储默认的多段线的线宽
106	PLOTID	"Dfault System Printer"	默认系统绘图(打印)机
107	PLOTROTMODE	1	控制绘图的输出方向
108	PLOTTER	0	基于赋予的整数改变默认的绘图(打印)机

续表 10-3

序号	系统变量名称	当前默认值	功能说明
109	POLYSIDES	4	设置多边形的默认边数
110	MAXACTVP	48	设置一次激活的最多视区数目
111	MAXSOPT	200	设置列表命令分类的最多符号名或文件的数目
112	POPUSPS	1	(read only)
113	PROJECTNAME	""	存储当前项目名称
114	PROJMODE	1	设置剪切或拉伸的模式
115	PROXYGRAPAPHICS	1	设置代理的图像是否存储在图像中
116	PROXYNOTICE	1	当打开应用程序而该应用程序不存在时,显示注意信息
117	PROXYSHOW	1	控制图形中代理图素的显示
118	PSLTSCALE	1	控制图纸空间现行比例缩放
119	PSQUALITY	75	控制 PostScript 图像的输出质量
120	QTEXTMODE	0	控制如何显示文本
121	RASTERPREVIEQ	1	控制图形预览图像是否与图形一起存储并设置其格式类型
122	REGENMODE	1	控制图形的自动重新生成
123	RTDISPLAY	1	当实时缩放时,控制光栅图像的显示
124	SAVEFILE	"auto. sv $"	(read only)
125	SAVENAME	""	(read only)
126	SAVETIME	120	以分钟为单位设置自动重新存储间隔
127	SCREENBOXES	0	(read only)
128	SCREENMODE	3	(read only)
129	SCREENSIZE	462. 0000,245. 000	(read only)
130	SHADEDGE	3	控制重画时边缘的阴影
131	SHADEIF	70	设置漫射反射光到环境光线的比率
132	SHPNAME	""	设置一个默认的图形名
133	SKETCHINC	0. 1	设置 Sketch 的记录增量
134	SKPOLY	0	设置 Sketch 生成直线或多段线
135	SNAPANG	0	设置当前视区的捕捉和特征点的旋转角度
136	SNAPBASE	0	设置当前视区的捕捉和特征点的原点
137	SNAPISOPAIR	0. 5000,0. 5000	控制当前视区的轴测面
138	SNAPMODE	96	设置打开或关闭捕捉模式

续表 10-3

序号	系统变量名称	当前默认值	功能说明
139	SNAPSTYL	0	设置当前视区的捕捉类型
140	SNAPUNIT	8	设置当前视区的捕捉间距
141	SORTENTS	6	控制 Options 命令物体的排序操作
142	SPLFRAME	0	控制多段线样条拟合的显示
143	SPLINESEGS	8	设置多段线样条拟合生成的线段数目
144	SPLINETYPE	6	设置多段线样条拟合的类型
145	SURFTAB1	6	设置 M 向的网格密度
146	SURFTAB2	6	设置 N 向的网格密度
147	SURFTYPE	6	控制曲面拟合的类型
148	SURFU	6	设置 M 向的曲面密度
149	SURFV	6	设置 N 向的曲面密度
150	SYSCODEPAGE	"ANSI_936"	(read only)

参考文献

[1] 曾令宜. AutoCAD 2000 工程绘图教程[M]. 北京:高等教育出版社,2001.
[2] 邱志惠. AutoCAD 实用教程[M]. 西安:西安电子科技大学出版社,2005.
[3] 张多峰. AutoCAD 2005 二维工程图应用教程[M]. 北京:中国水利水电出版社,2006.
[4] 樊振旺. AutoCAD 2006 中文版实用教程[M]. 重庆:西南师范大学出版社,2006.
[5] 龚景毅,汪文萍. 工程 CAD[M]. 北京:中国水利水电出版社,2007.
[6] 樊振旺. AutoCAD 工程绘图技术[M]. 太原:山西科学技术出版社,2011.
[7] 许宝良. 建筑 CAD[M]. 北京:高等教育出版社,2015.
[8] 钟菊英. 工程 CAD 技术[M]. 北京:中国水利水电出版社,2015.
[9] 樊培利. AutoCAD 实操技术[M]. 北京:中国水利水电出版社,2017.
[10] 樊培利. AutoCAD 绘图技术[M]. 北京:中国水利水电出版社,2019.
[11] 庞毅玲,李琪. 建筑 CAD[M]. 武汉:华中科技大学出版社,2014.
[12] 曹光辉. 建筑 CAD[M]. 南京:南京大学出版社,2018.